Josef Settele, Roland Steiner
Reinart Feldmann, Gabriel H

Schmetterlinge

Die Tagfalter Deutschlands

2. aktualisierte Auflage

720 Farbfotos

Ulmer

Inhalt

Vorwort

Wer die erstaunliche Vielfalt an Formen, Farben und Lebensweisen unserer Schmetterlinge kennen- und unterscheiden lernen möchte, braucht dazu eine Anleitung, wie sie dieses Buch bietet. Es ist ein „feld-tauglicher" Bestimmungsführer und gleichzeitig ein Nachschlagewerk mit den wichtigsten Daten zu Lebensweise, Vorkommen und Gefährdung der bei uns heimischen Falter.

Nach dem Erscheinen der ersten Auflage der „Schmetterlinge – die Tagfalter Deutschlands" erreichten uns viele Leserhinweise, auf die wir in der hier vorliegenden Neubearbeitung eingegangen sind. Ebenso wurden sämtliche uns zur Verfügung stehenden Roten Listen auf den neuesten Stand gebracht sowie generell neue Erkenntnisse mit aufgenommen. Noch mehr Wert wurde auf die Präimaginalstadien gelegt, also auf Hinweise, wie Eier und Raupen der einzelnen Arten aussehen und wie man sie in ihren Lebensräumen aufspüren kann. Viele dieser Informationen stammen von Gabriel Hermann, der neu zum Kreis der Autoren gestoßen ist.

Zeitgleich mit dem Erscheinen der ersten Auflage begann 2005 das Tagfalter-Monitoring Deutschland (TMD). Die ersten Jahre dieses Langzeitprojektes, in dem Freiwillige in ganz Deutschland regelmäßig Schmetterlinge zählen, verliefen Erfolg versprechend und haben auch vielen Menschen die Tagfalter näher gebracht. Wenn es auch noch einige Jahre dauern wird, bis mit den Ergebnissen dieses Projektes die Trends der Bestandsentwicklung unserer Tagfalter wissenschaftlich fundiert dargestellt werden können, sind wir doch auf dem besten Weg zu anderen europäischen Ländern wie Großbritannien und den Niederlanden aufzuschließen. Dort liegen bereits Daten für lange Zeitreihen vor, die erschreckend deutlich dokumentieren, dass sich die Situation für die Mehrzahl der Tagfalter kontinuierlich verschlechtert.

Um diesem Verlust an Arten nachhaltig entgegenzuwirken, müssen wir das Wissen zu den uns umgebenden Tieren und Pflanzen fördern und die Wertschätzung für unsere Natur an nachfolgende Generationen vermitteln. Wie nötig das ist, zeigt das Beispiel von Grundschullehrern, die resigniert berichten, dass die Mehrzahl der Schüler gerade noch Tagpfauenauge und Zitronenfalter erkennen (und dass es im Gegensatz zu unserer optimistischen Aussage im Vorwort der ersten Auflage nicht zutrifft, dass buchstäblich jedes Kind auch den Kleinen Fuchs und den Kohl-Weißling kennt). Im Idealfall nutzen Jung und Alt dieses Buch gemeinsam, nehmen es mit auf Streifzüge durch die Natur und lernen, diese mit den Augen des jeweils anderen zu sehen.

Halle, Filderstadt, Mittweida, Leipzig
im Sommer 2008

Einführung

In Deutschland leben etwa 3700 Schmetterlingsarten. Der ganz überwiegende Teil davon sind Nachtfalter; die Tagfalter machen nur 190 Arten aus. Davon wiederum sind in Deutschland 44 Arten nur in den alpinen Regionen nahe der südlichen Landesgrenze zu finden. Sie wurden hier nicht aufgenommen, weil sie das Buch für die große Mehrheit der Nutzer unübersichtlich gemacht hätten. Dieser Naturführer liefert also Grundwissen zu allen außeralpinen Tagfaltern Deutschlands und ermöglicht deren einfache Bestimmung – eine Grundlage für jede intensivere Beschäftigung mit dieser Insektengruppe.
Lesern, die sich speziell mit den Tagfaltern des Alpenraumes beschäftigen wollen, seien „Die Tagfalter Bayerns und Österreichs" von STETTMER et al. (2006) wärmstens empfohlen.

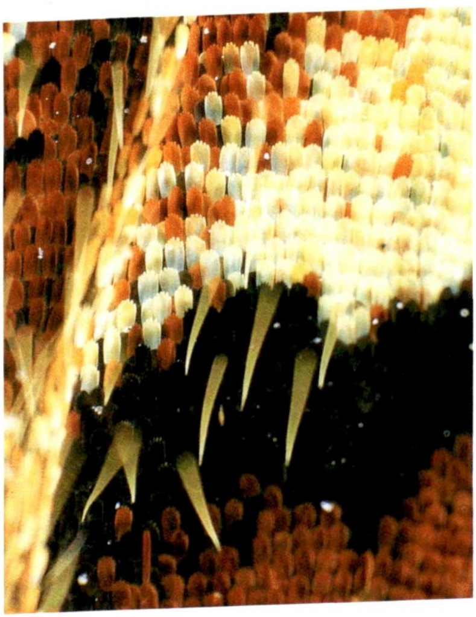

Die Flügel der Schmetterlinge sind mit Schuppen und Haaren besetzt. Nahaufnahme des Flügels eines Natterwurz-Perlmutterfalters (siehe Seite 120).

Merkmale der Tagfalter

Die wichtigsten anatomischen Merkmale der Tagfalter sind auf der vorderen Umschlaginnenseite dargestellt. Charakteristisches Merkmal sind ihre meist bunt gezeichneten, dicht beschuppten Flügel – daher der wissenschaftliche Name Lepidoptera (lepis = Schuppe, pteron = Flügel). Die meisten Tagfalter in Deutschland lassen sich anhand der Flügelzeichnung gut unterscheiden. Wo das nicht möglich ist, können nur Experten anhand von Präparationen des Genitalapparats ähnliche Arten auseinander halten (siehe Seite 21).
Farbpigmente in den Schuppen erzeugen die bunten Muster auf den Flügeln. Manche Schuppen sind farblos und hohl und lassen durch Lichtbrechung einen Schillereffekt entstehen, so bei heimischen Schillerfaltern oder noch viel prachtvoller bei südamerikanischen *Morpho*-Faltern. Eine besondere Differenzierung stellen Duftschuppen dar, die Pheromone absondern. Sie finden sich auf den Vorderflügeln der Männchen einiger Arten zusammengefasst in Duftschuppenflecken (beispielsweise beim Kaisermantel, siehe Seite 109). Im Laufe der relativ kurzen Flugzeiten verlieren die Falter einen Teil ihrer Schuppen. Die Flügelzeichnung wird blass und undeutlich, die Flügelhinterkanten sind ausgefranst; dann spricht man von „abgeflogenen" Tieren.
Gemeinsames Erkennungsmerkmal der heimischen Tagfalter sind ihre leicht keulenförmig verdickten Fühlerspitzen. Alle zugehörigen Familien weisen dieses Merkmal auf: die Dickkopffalter, Ritterfalter, Weißlinge, Bläulinge, Würfelfalter und Edelfalter. Die Fühler der Nachtfalter hingegen sind am Ende nicht verdickt und häufig gefiedert. Mit den Be-

Ein Weibchen des Kreuzdorn-Zipfelfalters bei der Eiablage an Kreuzdorn, der einzigen Nahrungspflanze der Raupen (siehe Seite 76).

griffen Schmetterlinge und Falter sind beide Gruppen gemeint, daher ist es zweckmäßig, von Tag- und Nachtfaltern zu sprechen, wenn man differenzieren will. Zu beachten ist, dass es auch tagaktive Nachtfalter gibt, nämlich die Familie der Widderchen und Arten wie die Gammaeule oder das Taubenschwänzchen.

Lebensweise und Lebensraum

Alle einheimischen Tagfalter leben als Raupe von pflanzlicher Nahrung. Das Spektrum der befressenen Pflanzenarten ist recht groß, es reicht von Gräsern über krautige Pflanzen bis zu den Blättern von Sträuchern und Bäumen.

Wirts- und Nektarpflanzen

Die verschiedenen Tagfaltergruppen bevorzugen meist bestimmte Pflanzenfamilien. So leben beispielsweise viele Bläulingsraupen an Schmetterlingsblütlern, Weißlingsraupen hingegen an Kreuzblütlern und Augenfalter an Gräsern. Die einzelnen Arten können sehr wählerisch sein und im Extremfall nur eine einzige Pflanzenart als Futter annehmen. So lebt die Raupe des Landkärtchenfalters ausschließlich von Brennnesseln, die des Kreuzdorn-Zipfelfalters mag nur Kreuzdornblätter. Man nennt solche Arten „monophag". Andere Arten nutzen nur eine kleine Auswahl von verwandten Pflanzenarten, während wieder andere ein breites Spektrum pflanzlicher Nahrung aufnehmen können und dann als „polyphag" bezeichnet werden.

Im Allgemeinen ist die Bindung der Falter an Nektar spendende Blütenpflanzen nicht so eng wie die der Raupen an ihre Wirtspflanzen. Manche Falter besuchen bevorzugt gelbe Blüten, andere violette; manche Blüten werden von Faltern kaum beachtet, andere dagegen wirken wie ein Magnet. Zu letzteren gehören beispielsweise Distel- und Kratzdistel-Arten sowie der Sommerflieder (*Buddleja*), aber auch Klee-Arten und weitere Schmetterlingsblütler.

Neben Blüten werden manche Falter von gärenden oder faulenden Früchten – in Gärten Fallobst – angezogen und saugen an diesen; hierzu zählen unter anderem Admiral, Trauermantel und C-Falter. Auch auf Tierkadavern und Kot findet man gelegentlich Falter. An feuchten Wegstellen sitzen manchmal regelrechte Schmetterlingsversammlungen, die Mineralien und Flüssigkeit aufnehmen; dazu zählen zum Beispiel viele Bläulingsarten, einige Dickkopffalter, Weißlinge und Augenfalter. Schillerfalter sind meist keine Blütenbesucher, aber auch sie saugen vormittags an Pfützen auf feuchten Waldwegen. Aus stark riechendem Käse kann man sogar Köder für Schillerfalter und Eisvögel herstellen. Auch menschlicher Schweiß lockt verschiedene Falter an, darunter Admiral, Landkärtchen und Schillerfalter.

Die Jungraupe des Schwalbenschwanzes tarnt sich, indem sie Vogelkot nachahmt (siehe Seite 48).

Lebensraumbindung

Viele der Tagfalter in Deutschland sind an bestimmte Lebensräume gebunden. So kommt der Hochmoor-Gelbling außerhalb der Alpen nur auf Hoch- und Zwischenmooren vor, der Fetthennen-Bläuling nur an offen stehenden Felsfluren in Flusslandschaften und der Randring-Perlmutterfalter nur in kühlen, staunassen Wiesenknöterichfluren. Einige Arten siedeln in sehr verschiedenen Lebensräumen, manchmal auch regional unterschiedlich. Der Storchschnabel-Bläuling bewohnt einerseits nasse Mädesüßfluren, wo die Raupe an Sumpf-Storchschnabel frisst, andererseits warm-trockene Säume mit Blut-Storchschnabel als Wirtspflanze. Ähnlich ist es beim Goldenen Scheckenfalter: Auf Feuchtwiesen lebt die Raupe v. a. an Teufelsabbiss, in anderen Regionen auf Trockenrasen an Tauben-Skabiose.

Vor allem wandernde Falter zeigen sich an keinen bestimmten Lebensraum gebunden – man kann sie beinahe überall antreffen. Lebensfeindlich für nahezu alle Arten sind jedoch Hochleistungsäcker mit Raps-, Mais- oder sonstigen Monokulturen ohne Randstreifen. Das gleiche gilt für Wiesenflächen, die mit Gülle überdüngt werden, und auch für junge, dicht stehende Fichtenmonokulturen. Wenn solche Flächen das Landschaftsbild bestimmen, fehlen wichtige Indikatoren für ökologisch intakte Biotope, nämlich die Tagfalter.

Schutz vor Feinden

In Anpassung an ihren Lebensraum sind bei den Tagfaltern wie überall im Tierreich Mechanismen entwickelt, durch die sie sich vor Fraßfeinden schützen. Eine Strategie ist es, sich von Pflanzen zu ernähren, die giftig sind oder eine abstoßende Wirkung auf Räuber haben. So vertrauen die Raupen mancher Weißlingsarten darauf, nicht gefressen zu werden, weil der Kohl, von dem sie sich ernähren, viel Senföle enthält. Offensichtlich profitieren auch die erwachsenen Falter davon, denn Kohl-Weißlinge werden nicht von Hornissen angegriffen.

Andere Raupen tarnen sich, indem sie aussehen wie Vogelkot auf einem Blatt, zum Beispiel die frühen Raupenstadien von Schwalbenschwanz oder Eisvogel. Die Tarnung der Raupen besteht in den meisten anderen Fällen darin, in Form, Farbe oder Zeichnung mit dem Untergrund, in der Regel der Nahrungspflanze, zu verschmelzen. Viele Bläulingsraupen scheiden aus speziellen Drüsen ein Sekret aus, das von Ameisen aufgenommen wird. Im Gegenzug verteidigen die Ameisen diese Raupen. Dass die Raupen der meisten Augenfalter erst nachts fressen, dient wahrscheinlich genauso dem Schutz vor tagaktiven Fraßfeinden.

Verbreitung

Die Verbreitung der Schmetterlinge auf der Erde entspricht ungefähr der Ausdehnung der Pflanzenwelt. Das heißt fast überall, wo es Pflanzen gibt, kommen auch Falter vor. Sie bevorzugen Sonne, Wärme und eine mannigfaltige, blütenreiche Vegetation. Deshalb ist die weitaus höchste Artenvielfalt in den tropischen und subtropischen Gebieten zu finden. Hohe Artenzahlen weisen auch die warmen und alpinen Gegenden der gemäßigten Zone auf, mehr als in den sehr heißen Ländern. Nördlich des 60. Breitengrades nimmt die Anzahl der Schmetterlingsarten schnell ab.

Unterschiede in Deutschland

In Deutschland besteht ein deutliches Süd-Nord-Gefälle in der Artenvielfalt der Tagfalter. Auch ohne den Alpenanteil kommen in Bayern und Baden-Württemberg wesentlich mehr Arten vor als in Schleswig-Holstein oder Mecklenburg-Vorpommern. Viele der wärmeliebenden Arten leben nur im südlichen Deutschland, wo auch ihre Wirtspflanzen in der Regel weiter verbreitet sind.
So hat der Segelfalter seine nördliche Verbreitungsgrenze südlich von Berlin – nur Einzeltiere findet man gelegentlich auch weiter nördlich. Andere Arten, insbesondere solche, deren Heimat kontinental geprägte Klimagebiete sind, erreichen in Ost- oder Nordostdeutschland ihre Verbreitungsgrenze, zum

Die Raupe des Nierenfleck-Zipfelfalters (siehe Seite 72) gibt ein zuckerhaltiges Sekret ab, das von Ameisen aufgenommen wird. Diese „beschützen" die Raupe im Gegenzug.

Beispiel der Östliche Perlmutterfalter. Manchmal können die Arten diese Gebiete nicht dauerhaft besiedeln und treten nur einige Jahre auf, um dann wieder aus Deutschland zu verschwinden, so z. B. der Östliche Große Fuchs. In der zweiten Hälfte des 19. Jahrhunderts sind einige Arten nach Schleswig-Holstein und Mecklenburg vorgedrungen, deren vorherige Verbreitungsgrenze südlicher lag: Schachbrettfalter, Waldbrettspiel, Kleines Ochsenauge und Landkärtchenfalter.

Auch von Nordosten nach Süden und Westen gibt es Ausbreitungen: Gold-Dickkopffalter, Spiegelfleck-Dickkopffalter und auch der Vogelwicken-Bläuling haben in der Vergangenheit weite Teile Deutschlands erobert. Der Große Feuerfalter dringt von Südwestdeutschland in Richtung Osten vor und in Ostdeutschland von Norden nach Süden. Auf der anderen Seite gibt es gut dokumentierte Beispiele von Arten, die sich auf dem Rückzug befinden. Extrembeispiele sind der Blauschwarze Eisvogel, der Mittlere Perlmutterfalter oder der Goldene Scheckenfalter.

Seltene Gäste

Es gibt etwa zehn Tagfalter-Arten, die in Deutschland unregelmäßig und nur vereinzelt beobachtet werden können. Dabei handelt es sich um verschleppte Exemplare oder so genannte Irrgäste. Erwähnenswert ist der Pelargonien-Bläuling, der sich derzeit von Spanien und Italien aus in Südeuropa ausbreitet und bereits in Deutschland und auf den Britischen Inseln gesichtet wurde. Aus

Oben: Der Pelargonien-Bläuling *Cacyreus marshalli* (BUTLER, 1898) ist ein Einwanderer aus Südafrika, der neuerdings auch bei uns wiederholt auftritt.

Mitte: Großer Wander-Bläuling (*Lampides boeticus* (LINNAEUS, 1767))

Unten: Langschwänziger Bläuling (*Leptotes pirithous* (LINNAEUS, 1767))

seiner ursprünglichen Heimat Südafrika wurde er vermutlich durch importierte Geranien- bzw. Pelargonien-Topfpflanzen verbreitet; dies sind die Wirtspflanzen der Raupen. Auch die Wanderbläulinge *Lampides boeticus* und *Leptotes pirithous* sind gelegentlich zu beobachten. Die Zeit wird zeigen, ob und wo sich diese Arten etablieren können. Eine andere Art ist der in Südosteuropa und Asien weit verbreitete Östliche Gelbling, der schon Ungarn, Österreich und die Slowakei erobert hat und seit 2000 regelmäßig in östlichen Landesteilen auftritt. Überwinterungen konnten für diese Art in Deutschland nicht nachgewiesen werden und sind auch wenig wahrscheinlich, weil Luzerne, die Wirtspflanze, erfriert und die auch im Winter aktiven Raupen dann verhungern.

Mittlerweile wird hingegen der Admiral als heimisch angesehen. Im Gegensatz zu früheren Zeiten dürfte die Mehrzahl der im Sommer zu beobachtenden Tiere von erfolgreichen Überwinterern abstammen. Früher hat es sich wohl vor allem um Zuwanderer aus dem Süden gehandelt. Heute überleben selbst Eier und Jungraupen der Art milde mitteleuropäische Winter.

Lebenszyklus

Im Gegensatz zu den so genannten hemimetabolen Insekten, bei denen die Larven den erwachsenen Tieren schrittweise immer ähnlicher werden (z. B. die Heuschrecken), sind die Schmetterlinge holometabol. Das bedeutet, dass bei der Entwicklung vom Ei über mehrere Larven(=Raupen)stadien zur Puppe und dann zum erwachsenen Falter eine völlige Umorganisation der Körperstruktur stattfindet.

Die befruchteten Falter-Weibchen legen ihre Eier normalerweise an den Pflanzen ab, an denen später die Raupen fressen. Einige Arten lassen die Eier auch mehr oder weniger gezielt ins Gras fallen oder heften sie irgendwo in der Nähe der Raupenpflanzen an. Die Eier werden einzeln abgelegt oder gruppenweise in so genannten Eispiegeln. Meist haben die Eier eine für die betreffende Artengruppe spezifische Form, und auch in ihrer Feinstruktur zeigen sie oft artspezifische Merkmale.

Nach meist ein bis zwei Wochen schlüpft aus dem Ei die Jungraupe, die so genannte L1 (1. Larvenstadium). Wenn ihre Haut zu eng wird, muss die Raupe sich häuten, um weiter wachsen zu können – die daraus entstehende Raupe ist die L2. In der Regel ist nach vier Häutungen mit der L5 das letzte Entwicklungsstadium der Raupe erreicht. Bis hierhin dauert die Entwicklung etwa vier bis sechs

Die Entwicklung eines Tagfalters am Beispiel des Segelfalters: Ein frisch gelegtes Ei.

Nach einigen Tagen färbt sich das Ei rötlich braun.

Nach etwa 20 Tagen beginnt die Raupe zu schlüpfen.

Nach dem Schlupf frisst die Raupe des Segelfalters die Eihülle bis auf einen am Blatt haftenden Rest, den so genannten „Eiboden".

Die schwärzliche Jungraupe (L1) häutet sich erstmalig und wird so zur grünen L2.

Die L3 ist grün mit feinen gelben Punktreihen.

Die „fertige" Raupe, die L5, trägt ein bräunlich rotes Muster auf dem Rücken.

Kurz vor der Verpuppung verfärbt sich die L5 leuchtend gelb und begibt sich auf die Wanderung auf der Suche nach einem geeigneten Verpuppungsort.

Rechte Seite, von links oben nach links unten: Oben: Die Raupe hat einen geeigneten Ort für die Verpuppung gefunden und beginnt, sich dort anzuspinnen. Mitte: Die verpuppungsreife Raupe hat sich mit einem Gürtelfaden angehängt und häutet sich noch einmal: Hier ist die so genannte Präpuppenhaut schon vom Kopfvorsprung abgestreift. Unten: Die Puppe ist fertig ausgehärtet.

Rechts oben: Soeben hat der Segelfalter die Puppenhülle verlassen.
Rechts unten: Die Flügel des Falters brauchen einige Zeit, um sich vollständig zu entfalten.

Der „fertige“ Segelfalter mit entfalteten Flügeln.

Wochen – bei Arten, die in einem Raupenstadium überwintern, entsprechend länger.
Nach einer letzten Häutung wandelt sich die Raupe zur Puppe. Solange die Puppenhaut noch weich ist, sind die Tiere sehr empfindlich. Wenn der nötige Platz fehlt oder Störungen auftreten, kann es zu Deformationen und Missbildungen beim späteren Falter kommen.
Man unterscheidet Gürtel- und Stürzpuppen, die sich irgendwo anheften, von solchen, die in der Streuschicht am Boden liegen, manchmal verborgen in einem Kokon oder einem Gespinst. Die Puppen von Weißlingen und Ritterfaltern befestigen sich in mehr oder weniger aufrechter Position mit ihrem Hinterende an Pflanzenstängeln oder Ähnlichem und spinnen zusätzlich einen Haltefaden um ihre Körpermitte – daher der Name Gürtelpuppe. Die Puppen der Edelfalter sind Stürzpuppen, die kopfunter hängend befestigt sind. Bei Apollofaltern und auch vielen Augenfaltern und Bläulingen liegen die Puppen mehr oder weniger gut verborgen am Boden.
Nach der Puppenruhe, während der die inneren Organe von der Raupenfunktion in die Funktion des Falters umgebaut werden, schlüpfen die Falter. Die Flügel der frisch geschlüpften Falter sind noch nicht entfaltet und schlaff. Erst wenn Körperflüssigkeit in die Adern gepumpt wird, vergrößert sich die Flügelfläche bis zum Endzustand. Es dauert mitunter einige Stunden, bis die Flügel ausgehärtet sind und die Falter davonfliegen können. In dieser Zeit sind die Tiere recht hilflos und Fraßfeinden besonders stark ausgesetzt. Die Lebensspanne der Falter beträgt in der Regel einige Tage bis wenige Monate. Die Einzeltiere mancher Arten leben mitunter nur zwei bis drei Tage lang, während Zitronenfalter zehn bis elf Monate alt werden können.

Tagfalter-Generationen

In Zonen mit gleichmäßigem Klima läuft der beschriebene Lebenszyklus ununterbrochen ab, es wird eine Generation nach der anderen hervorgebracht. Höhere Temperaturen beschleunigen, niedrige Temperaturen verzögern die Entwicklung. In unseren gemäßigten Breiten können die wechselwarmen Organismen die unwirtlichen Zeiten nur in einem widerstandsfähigen Stadium überstehen, oder indem sie in wärmere Gebiete ausweichen. Die Arten der letztgenannten Gruppe werden als Wanderfalter bezeichnet.

Wanderfalter

Der international wohl bekannteste Wanderfalter ist der Monarch. Jedes Jahr im Herbst

fliegen massenhaft Exemplare aus den nördlichen Vereinigten Staaten und Kanada nach Süden. Obwohl so zahlreiche Tiere unterwegs sind, hat es viele Jahre gedauert, bis das Rätsel des Ziels dieser Wanderungen gelöst wurde. Das Winterquartier des Monarchs befindet sich in den mexikanischen Bergen in etwa 3000 m Höhe. Hier versammeln sich die Falter zu zig Millionen und bedecken die Bäume und den Boden. Im Frühjahr fliegen dieselben Tiere wieder zurück in die Ausgangsgebiete. Dabei legen sie mühelos 3000 km und mehr zurück. Wiederholt verschlägt es von dort – evtl. aber auch von den Kanaren – einige Monarch-Falter nach Europa. Sie werden von Westwinden abgetrieben und über den Atlantik verdriftet. In Bezug auf die zurückgelegten Strecken können sich Wanderfalter also durchaus mit manchen Zugvögeln messen.
Auch der in Deutschland häufig zu findende Distelfalter vollbringt beeindruckende Flugleistungen, wenngleich er eine völlig andere Strategie als der Monarch hat. Distelfalter wandern jedes Frühjahr über die Alpen kommend bei uns ein und vermehren sich in zwei bis drei Generationen. Wird die Populationsdichte zu hoch oder wird durch andere Faktoren Wanderbereitschaft ausgelöst, fliegen große Schwärme in Gebiete mit zu erwartendem besseren Klima, also z. B. von Deutschland aus im Spätsommer bis nach Nordafrika. Dort durchlaufen sie ebenfalls mehrere Generationen, bevor im Folgejahr die Nachkommen wieder bei uns einfliegen. Distelfalter fliegen auf ihren Wanderungen in großen Höhen und mit hohen Geschwindigkeiten und überqueren dabei Hochgebirge offenbar genauso problemlos wie die Sahara.

Überwinterung

Die meisten Schmetterlinge jedoch überwintern bei uns je nach Art als Ei, Raupe, Puppe oder Falter. Zitronenfalter, Kleiner und

Eine Stürzpuppe, hier vom Flockenblumen-Scheckenfalter (siehe Seite 134).

Die Puppe des Ockerbindigen Samtfalters (siehe Seite 166) liegt verborgen in der Bodenstreu.

Großer Fuchs, C-Falter, Trauermantel und Tagpfauenauge überdauern den Winter als Falter. Daher sind sie stets die ersten Frühlingsboten und fliegen manchmal schon, während noch Schnee liegt.
Die Überwinterungsstrategien der übrigen Arten sind zeitlich auf die Entwicklung von Knospen, Blüten und Blättern der Raupennahrungspflanze abgestimmt. Gut angepasst an die Bedingungen in unseren Breiten sind die Arten, bei denen abnehmende Tageslängen das Signal für eine vollständige Winterruhe, die Diapause, sind. Andere Arten reduzieren nur ihre Aktivitäten in Abhängigkeit von den fallenden Temperaturen (siehe auch Seite 22).

Sonderfall Landkärtchenfalter

Interessant sind die Entwicklungsabläufe beim Landkärtchenfalter. Die Art überwintert als Puppe. Ab Mitte April schlüpft aus ihr der oberseits orange-schwarz gefleckte Falter; diese Frühjahrsform wird *levana* genannt. Aus den im Mai gelegten Eiern entwickeln sich Raupen, die sich Ende Juni verpuppen und aus denen ab Anfang Juli die Falter der zweiten Generation schlüpfen. Diese sind völlig anders gezeichnet: die Grundfarbe der Flügeloberseiten ist schwarz mit einer weißen Binde (Sommerform *prorsa*). Das unterschiedliche Aussehen der beiden Generationen hatte den Naturforscher Linné veranlasst, zwei getrennte Arten zu beschreiben. Erst über 100 Jahre später erkannte man, dass es sich in Wirklichkeit um zwei Erscheinungsformen einer Art handelt. Zwischen beiden Farbvarianten gibt es auch Übergänge, indem die dunkle Sommerform einen mehr oder weniger großen Anteil an orangen Schuppen ausbilden kann. Diese als *porima* bezeichnete Form entsteht durch verlängerte Puppenruhe, beispielsweise infolge kühler, regnerischer Witterung. In Jahren mit warmem Frühjahr und Frühsommer schlüpfen die Falter der Sommergeneration

Einige Falterarten überwintern als Raupe: Hier die vollkommen von einer Eisschicht umgebene, aber durchaus lebende Raupe des Großen Schillerfalters (siehe Seite 144).

bereits so früh, dass es eine dritte Generation gibt, wenn die Temperaturen auch weiterhin hoch bleiben. An diesem Beispiel wird deutlich, wie verschiedene Umweltfaktoren die Lebenszyklen und Generationsfolgen der Schmetterlinge steuern und variieren.

Schmetterlinge beobachten

Das Sammeln von Belegexemplaren ist heute nur noch in begrenztem Umfang für wissenschaftliche Zwecke gestattet. Man darf aber nicht vergessen, dass Sammlungen die zentrale Quelle unseres Wissens zur Entwicklung von Falterbeständen sind. Auch in Zukunft dürfte ihnen erhebliche Bedeutung zukommen – beispielsweise für die Analyse von Ausbreitung und Fragmentierung durch molekulargenetische Methoden. Heute finden Schmetterlingsfreunde ihr Vergnügen darin, zu beobachten, aufzuzeichnen und zu fotografieren. Schnell lernt man dabei, Färbungs- und Zeichnungsvarianten innerhalb der einzelnen Arten zu registrieren. Eine entsprechende Fotodokumentation kann durchaus wissenschaftlich interessante Ergebnisse liefern. Um eine Art zu identifizieren, reichen häufig schon mehrere Bilder verschiedener Ansichten (Ober-, Unterseite) des Falters, die man dann im Zweifel in Internetforen von Experten nachbestimmen lassen kann (z. B. www.lepiforum.de, www.s2you.de).

Tagfalter sind überall

Tagfalter begegnen uns in verschiedensten Lebensräumen, selbst auf Blumenrabatten im Zentrum von Großstädten. Viele Falterarten lieben das Offenland und baumfreie Plätze im Wald. Sie kommen auf Wiesen, Weiden, Magerrasen, Schneisen, Lichtungen oder auch auf Feldern vor. Bevorzugte Flugplätze sind dabei Flächen mit einer vielfältigen, blütenreichen Flora. Arten wie Großer Kohl-Weißling, Zitronenfalter, Tagpfauen-

Der Landkärtchenfalter sieht in der ersten Generation ganz anders aus als in der zweiten (siehe Seite 131).

auge, Kleiner Fuchs und Kleines Wiesenvögelchen spielen dabei auch eine Rolle als Pflanzenbestäuber.

Manche Tagfalterarten sind sehr standorttreu, das heißt dieselben Individuen können Tag für Tag an denselben Stellen gefunden werden, so z.B. das Kleine Wiesenvögelchen. Andere Arten dieser Gruppe, wie der Schwalbenschwanz, haben einen hohen Raumbedarf und fliegen weit umher; folglich trifft man sie meist nur einzeln an. Viele heimische Tagfalter fliegen auch an Wald-, Feld- und Gewässerrändern, an mit Büschen durchsetzten Hängen oder Tallagen oder anderen reich strukturierten Geländeabschnitten.

Oftmals nehmen die Männchen Sitzwarten ein, von denen aus sie Konkurrenten vertreiben und auf vorbeifliegende Weibchen warten. Über Bergkuppen, Hügeln und exponierten Bauwerken kann man Schwalbenschwänze und Segelfalter beim so genannten „Hilltopping“ beobachten: Die männlichen Falter führen Balzflüge aus und versuchen dabei, jeweils die attraktivsten Plätze zu besetzen, wo sich dann auch die Weibchen einfinden.

Viele Tagfalter (z.B. Schillerfalter, Eisvögel, Großer Fuchs, Samtfalter-Arten) leben entlang breiter Forstwege, in Schneisen und auf Lichtungen. In dicht geschlossene Hochwälder dringen dagegen nur wenige Arten vor; so etwa das Waldbrettspiel, das gelegentlich sogar in lichtarmen Fichtenmonokulturen zu finden ist.

Warum sind so viele Tagfalter gefährdet?

Um Tagfalter effizient schützen zu können, müssen ihre Biologie und ihre ökologischen Ansprüche sehr gut bekannt sein. Obwohl schon unzählige Untersuchungen durchgeführt wurden, gibt es in Detailfragen immer noch erhebliche Kenntnislücken. Es ist klar, dass streng an einen Lebensraum gebundene Arten mit dessen Veränderung bzw. Vernichtung unmittelbar gefährdet sind. Vielfach werden aber auch Arten, die über Jahrzehnte als häufig und in ihren Ansprüchen als unspezifisch galten, plötzlich seltener oder verschwinden aus Gebietsteilen, ohne dass es bemerkt wurde und vielfach auch ohne dass die Ursachen erklärt werden könnten.

Arten mit sehr kompliziertem Lebenszyklus wie der Dunkle und der Helle Wiesenknopf-Ameisenbläuling sind besonderen Gefährdungsfaktoren ausgesetzt. Die Raupen dieser beiden Arten sind monophag und kommen demnach ausschließlich dort vor, wo ihre Wirtspflanze, der Große Wiesenknopf, wächst.

Die Weibchen legen ihre Eier an die Blütenköpfe noch unreifer Pflanzen. Damit sich die Pflanzen entwickeln können und die Weibchen zur Eiablage geeignete Blütenköpfe vorfinden und später, damit sich die Raupen entwickeln können, ist die Mahd entsprechender Wiesen in der Zeit von Juni bis Anfang September sehr kritisch. Die Pflanzen sind gleichzeitig auch Nektarquelle und Rendezvousplatz für die Falter. Die Jungraupen fressen die Wiesenknopf-Blüten und verlassen im vierten Stadium die Pflanze. Am Boden werden sie von bestimmten Ameisen „adoptiert“, das heißt in deren Nester getragen. Es müssen also auch geeignete Lebensbedingungen für die Ameisen gegeben sein. Fatale Folgen haben auch lang andauernde Überschwemmungen von Flussniederungen, wenn dadurch die Ameisenbaue zerstört werden. In den Nestern leben die Bläulingsraupen bevorzugt räuberisch von der Ameisenbrut; der Ameisenstaat kann die Verluste nur verkraften, wenn er optimal entwickelt ist. Die Wiesenknopf-Ameisenbläulinge überwintern im Ameisennest, verpuppen sich im Juni und verlassen es im Juli als Falter.

Dieses Beispiel macht deutlich, wie stark unterschiedliche Bewirtschaftungsmaßnahmen darüber entscheiden, ob der komplexe Entwicklungszyklus einer Art ablaufen kann oder nicht.

Nutzungsaufgabe und -intensivierung

Neben ganz offensichtlichen Ursachen für die Beeinträchtigung der Fauna allgemein wie Flächenversiegelung und Verkehrswegebau, sind für den Rückgang der heimischen Tagfalter zwei besonders einschneidende Ursachen zu nennen.

An erster Stelle ist das die Aufgabe historischer Nutzungen von Magerrasen, Heiden, Mooren und Wald. Die davon abhängigen Falterhabitate gehen entweder im Zuge des „Sich-Selbst-Überlassens" oder besonders drastisch durch Aufforstung solcher Flächen verloren. Beispiele alter Nutzungsformen sind Nieder- und Mittelwaldnutzung, Streumahd und Beweidung von Mooren, Wanderschäferei oder Drei-Felder-Wirtschaft mit Brache. Auch in renaturierten Tagebauen und aufgegebenen Truppenübungsplätzen in Ostdeutschland gehen wertvolle Habitate verloren. In den letzten Jahren ist – mit besonders schlimmen Auswirkungen für Tagfalter – die flächendeckende Abschaffung von Kahlschlägen im Rahmen des sogenannten naturnahen Waldbaus dazu gekommen. Ebenfalls verheerend wirken sich drastische Eingriffe in unsere Landschaft wie Flussregulierung, Entwässerung und Düngung aus. Die nachfolgende Intensivnutzung als Acker, Rebland, Vielschnittwiese oder dichter Forst bietet nur noch sehr wenigen Arten Lebensraum.

Weil Schmetterlinge so empfindlich und schnell auf Umweltveränderungen reagieren können, sind sie hervorragende Indikatoren für den Zustand der Landschaft. Projekte zum Schutz einzelner Tagfalter sind selten nur eindimensionale Artenschutzmaßnahmen. In der Regel profitiert von ihnen die gesamte Lebensgemeinschaft, also alle Arten mit ähnlichen Habitatansprüchen.

Tagfalter-Monitoring

In vielen europäischen Ländern gibt es mittlerweile sogenannte Monitoring-Programme zur Langzeit-Erfassung der Tagfalterbestände. Auf europaweit über 2000 Zählstrecken – sog. Transekten – notieren Freiwillige, welche Schmetterlinge sie sehen und wie viele von jeder Art. Bei ihren wöchentlichen Begehungen legen die Falterzähler zusammen 40.000 Kilometer pro Jahr zurück. Da Tagfalter als wichtige Indikatoren der Biodiversität gelten, können die gewonnenen Ergebnisse auch über andere Artengruppen Aufschluss geben. In Großbritannien und den Niederlanden, wo bereits seit 1976 bzw. 1990 kontinuierlich gezählt wird, finden die Daten längst Verwendung im praktischen Naturschutz und der ökologischen Forschung wie auch bei Fach-Behörden und politischen Instanzen.

Nicht nur regionale und nationale Trends von Arten und Artengruppen können mit Hilfe der Aufzeichnungen beobachtet werden. Dank einer weitgehend einheitlichen Erfassungsmethode werden Veränderungen der Falterbestände auf europäischer Ebene feststellbar. Basierend auf diesen Ergebnissen wurden nun Kennwerte entwickelt, die uns die Auswirkung von Landnutzungs- und Klimawandel auf Falter und somit auf die Artenvielfalt verdeutlichen können.

Tagfalter-Monitoring in Deutschland (TMD)

In Deutschland begann das bundesweite Tagfalter-Monitoring 2005 unter wissenschaftlicher Leitung des Helmholtz-Zentrums für Umweltforschung (UFZ). Seitdem werden regelmäßig Daten gesammelt und zwar zu den vermeintlich häufigen Arten genauso wie zu den seltenen und gefährdeten. Sowohl die ehrenamtlich tätigen Transektzähler als auch die Regionalkoordinatoren – das sind Fachleute, die den Zählern aus ihrer Umgebung Hilfestellungen geben – leisten mit ihrem Engagement einen unschätzbaren Beitrag für das Erkennen und Bewerten des Zustands der Biodiversität.

Jeder kann mithelfen

Die Erfassungs-Methode und die nötigen Artenkenntnisse sind auch für Anfänger relativ einfach zu erlernen. In langsamem Spaziertempo wird der ausgewählte Transekt abgeschritten und alle Falter registriert, die je 2,50 m links und rechts dieser Strecke zu sehen sind. Die wöchentlichen Begehungen beginnen in der Regel im März oder April und enden im September oder Oktober. Wenn Unsicherheiten bei der Bestimmung bestehen, empfiehlt es sich, Fotos zu machen und diese über www.lepiforum.de fachkundigen Kollegen „virtuell vorzulegen“. Alternativ können Fotos oder ein Belegexemplar auch einem Regionalkoordinator vorgelegt werden. Auf www.s2you.de finden sich Informationen, wie die Zähler ihre Daten online eingeben und verwalten können. Natürlich ist auch die Weiterleitung in Papierform an die zentrale Koordination des TMD möglich.

Wichtiger Hinweis: In Deutschland ist zum Fang wild lebender Arten eine Ausnahmegenehmigung nach § 43, Abs. 8 Bundesnaturschutzgesetz erforderlich, sowie ggf. eine zusätzliche Genehmigung für das Verlassen der Wege in Naturschutzgebieten. Auch die Aufzucht gefundener Falter-Eier zwecks Artbestimmung ist für besonders und streng geschützte Arten generell genehmigungspflichtig. Die in der Regel gebührenpflichtigen Genehmigungen erteilen die Landschafts- bzw. Naturschutzbehörden.

Mitmachen

Das Tagfalter-Monitoring ist ein System, das auf der freiwilligen Arbeit vieler Amateure und Fachleute basiert. Im Jahr 2008 werden in Deutschland bereits auf etwa 500 Transekten (siehe innerer Umschlag hinten) regelmäßig Tagfalter nebst Widderchen und tagaktiven Nachtfaltern gezählt. Weitere Freiwillige sind jederzeit herzlich willkommen, damit das Projekt dem Anspruch gerecht werden kann, möglichst flächendeckend die Situation der Schmetterlinge wiederzugeben. Alle notwendigen Informationen zum Mitmachen finden sich auf www.tagfalter-monitoring.de und können beim Helmholtz-Zentrum für Umweltforschung – UFZ angefordert werden (Anschrift: Tagfalter-Monitoring Deutschland (TMD), UFZ, Theodor-Lieser-Str. 4, 06120 Halle).

Zur Benutzung des Buches

Die Farbtafeln (ab Seite 172) zeigen alle Falter im Vergleich und eignen sich zum schnellen Erkennen. Die Steckbriefe zu den Arten (ab Seite 26) liefern Informationen zu Bestimmungsmerkmalen, Nachweis, Biologie, Verbreitung und Schutz der Tagfalter. Für große Teile dieser Informationen wurde auf die gängigen Standardwerke zurückgegriffen (siehe Literaturverzeichnis, Seite 248). Sie seien hier als weiterführende Lektüre ans Herz gelegt.

Gliederung der Texte

Name: Deutsche Namen werden meist wie in dem Buch „Die Tagfalter Deutschlands“ von SETTELE et al. (2000), wissenschaftliche Namen auf dem aktuellen Stand entsprechend SETTELE et al. (2008) verwendet. Wichtige Synonyme werden mit den entspre-

Hinterleibsende (Genital) eines männlichen Tagfalters am Beispiel eines Scheckenfalters.

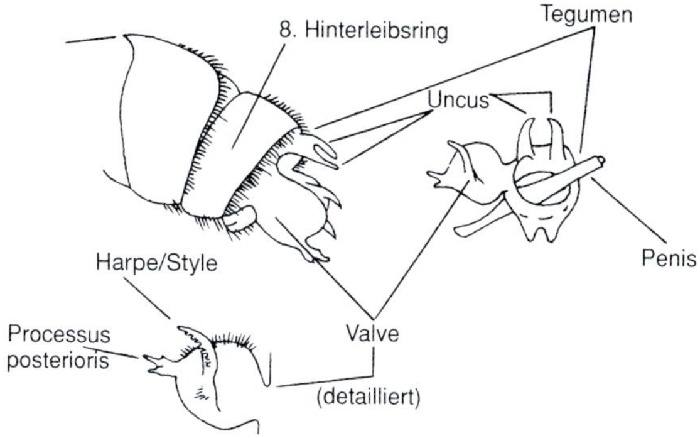

chenden Verweisen im Register aufgeführt (ab Seite 250).

Merkmale: Hier erfolgt die Beschreibung der wichtigsten Unterscheidungsmerkmale des Falters und meist auch von Raupe und Ei, falls diese wichtige Nachweisstadien sind. Beim Falter werden gelegentlich Fachausdrücke der Gliederung der Flügel verwendet, die auf der vorderen Umschlaginnenseite als Übersicht zusammengestellt sind.

Bei einigen Arten ist das Risiko einer Verwechslung sehr hoch; hier wird stets empfohlen, einen Experten zu befragen. In vielen Fällen kann es ausreichen, den Experten Fotos zu senden. Dabei sollte man möglichst mehrere Fotos anfertigen, da sich die Bestimmungsmerkmale sowohl auf den Ober- als auch den Unterseiten der Flügel befinden können. Für schwer bestimmbare Arten ist der männliche Genitalapparat oft ein wertvolles Unterscheidungsmerkmal. Die wesentlichen Elemente sind in der Abbildung oben dargestellt. In solchen und einigen weiteren Fällen ist zur eindeutigen Bestimmung die Entnahme von Belegexemplaren unumgänglich, wofür aber Ausnahmegenehmigungen eingeholt werden müssen. Genauere Ausführungen hierzu finden sich ebenfalls in „Die Tagfalter Deutschlands“ von SETTELE et al. (2000).

Lebensraum/Lebensweise: Hier erfolgt eine knapp gehaltene Charakterisierung der Hauptlebensräume der jeweiligen Art sowie der Nektar- (❀) und Raupenwirtspflanzen (🍃). Ebenso werden Besonderheiten der Lebensweise genannt.

Nachweis: In vielen Fällen sind für den Nachweis der Art vor allem oder zusätzlich zu den Faltern die Eier und/oder Raupen besonders geeignet. Das beste (jeweils im Text mit „1“ gekennzeichnet) bzw. die besten Nachweisstadien sind auch in den ausgewählten Fotos festgehalten.

Gefährdung/Schutz: Hinweise auf gesetzlichen Schutzstatus und Einstufung der Roten Listen Deuschlands (Stand 2008) mit Charakterisierung von Gefährdungsfaktoren und Schutzmöglichkeiten. Beachte: Die „streng geschützten“ Arten sind auch „besonders geschützt“.

Phänogramme

Graphisch dargestellt wird die **Entwicklung**, also die jahreszeitliche Abfolge der einzelnen Entwicklungsstadien in so genannten Phä-

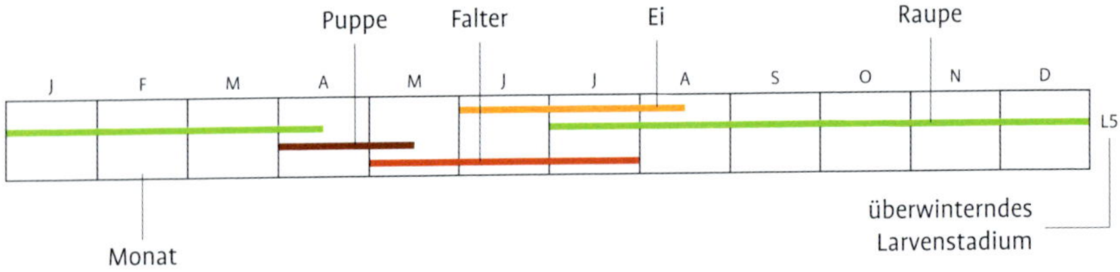

nogrammen. Diese stellen in Halbmonatsschritten die einzelnen Entwicklungsstadien im Jahresverlauf dar. Oben ist jeweils das Eistadium (orange) dargestellt, darunter die Raupen (grün), dann die Puppen (braun) und schließlich die Falter (rot).

Die Phänogramme zeigen typische, das heißt durchschnittliche zeitliche Angaben. Diese können in Abhängigkeit von der geographischen Lage (Ebene, Gebirge; südliche oder nördliche Bundesländer) oder in klimatischen Extremjahren variieren. Es werden auch die „normalen" Abläufe dargestellt, die durchaus variieren können. Abweichende Abläufe werden im Text erklärt, z. B. wenn eine Art ausnahmsweise zwei (oder mehr) Generationen pro Jahr entwickelt, sie im Normalfall aber nur eine (oder zwei) durchläuft. Der Balken, der über die Wintermonate eingezeichnet ist, besagt nicht, dass man die Art auch den ganzen Winter aktiv beobachten kann, es ist damit lediglich das überwinterungsfähige Stadium markiert. Ob als Ei, Raupe, Puppe oder Falter: Tagfalter überwintern meist im Verborgenen.

Verbreitung und Rote-Liste-Einstufung

Die graphische Darstellung der **Verbreitung** erfolgt vereinfacht in einer Deutschlandkarte auf Ebene der Bundesländer. Ist die Art in dem entsprechenden Bundesland nach 1980 nachgewiesen worden und auch heute verbreitet, ist es kräftig grün hinterlegt. Ist die Art nach 1980 nachgewiesen worden, jedoch nur relativ selten anzutreffen, ist das Bundesland blassgrün gefärbt (alle Arten mit den Einstufungen 0, 1, 2, R und D in der Roten Liste des jeweiligen Landes).

Zudem wurden Angaben zur **Rote-Liste-Einstufung** sowie Informationen zur Verbreitung entsprechend der Situation in den einzelnen Bundesländern in einem Block unter der Verbreitungskarte zusammengestellt. So kann man einschätzen, wie hoch die Chance ist, die entsprechende Art in dem jeweiligen Bundesland zu finden. Der Gefährdungsgrad ist ebenfalls sofort ersichtlich. Eingang gefunden haben hierbei die Listen, die bis Juni 2008 verfügbar waren (siehe Literaturverzeichnis ab Seite 248).

Erläuterungen zur Roten Liste

(= Angabe vor dem Schrägstrich)

0 = ausgestorben oder verschollen
1 = vom Aussterben bedroht
2 = stark gefährdet
3 = gefährdet
V = Art der Vorwarnliste
R = seltene Art mit eng begrenztem Vorkommen
D = Daten defizitär
G = Status unbekannt, Gefährdung anzunehmen
– = nicht gefährdet
= = nicht bewertet

Erläuterungen zur Verbreitung
(= Angabe nach dem Schrägstrich)
\+ = Vorkommen nach 1980
x = Vorkommen 1945–1980
o = Vorkommen vor 1945

Generelle Erläuterungen
(= Angabe ohne Schrägstrich; keine Gefährdungseinstufung)
– = kein Vorkommen
? = unsichere Meldung
(E) = Einzelnachweis vor 1981
E = Einzelnachweis nach 1980

Beispiele
2/+ = Art ist stark gefährdet und nach 1981 nachgewiesen worden.
0/x = Art ist ausgestorben oder verschollen und im betreffenden Gebiet letztmalig zwischen 1945 und 1980 nachgewiesen worden.
Die Roten Listen haben in den einzelnen Bundesländern einen unterschiedlichen Aktualitätsgrad (s. Literaturverzeichnis S. 248).

Abkürzungen der Bundesländer und Deutschlands
SH = Schleswig-Holstein
HH = Hansestadt Hamburg
MV = Mecklenburg-Vorpommern
NI = Niedersachsen (inkl. Bremen)
ST = Sachsen-Anhalt
BE = Berlin
BB = Brandenburg
SN = Sachsen
TH = Thüringen
HE = Hessen
NW = Nordrhein-Westfalen
RP = Rheinland-Pfalz
SL = Saarland
BW = Baden-Württemberg
BY = Bayern
D = Deutschland

SH –	HH –	MV –	NI 3/+
ST 3/+	BE –	BB –	SN R/+
TH 3/+	HE 2/+	NW 2/+	RP 3/+
SL 3/+	BW V/+	BY 3/+	D V/+

Oben: Verbreitungskarte auf Ebene der Bundesländer. Blassgrün: Art ist nur relativ selten anzutreffen. Kräftig grün: Art ist weiter verbreitet. Weiß: Art kommt nicht vor (siehe Text).
Unten: Angaben zur Rote-Liste-Einstufung (vor dem Schrägstrich) und zum Vorkommen (hinter dem Schrägstrich) in den Bundesländern und Deutschland gesamt.

Hinweise zu den Tafeln (S. 172–231)
Die artdiagnostischen Merkmale im Text werden durch die Darstellungen auf den Tafeln ergänzt. Es wurde versucht, auf den Tafeln jeweils die ähnlichsten Arten direkt untereinander abzubilden, um den direkten Vergleich zu ermöglichen.

Verwendete Abkürzungen
O = Oberseite
U = Unterseite
♂ = Männchen
♀ = Weibchen

Roter Würfel-Dickkopffalter
Spialia sertorius
(HOFFMANNSEGG, 1804)

→Tafel Seite 172

Merkmale Falter: Kleinste Würfel-Dickkopffalter-Art. Gleichmäßige Reihe von Submarginalflecken (vgl. Abb. Umschlaginnenseite) auf den Vorderflügeln. Hinterflügelunterseite beim Männchen kräftig rotbraun (Foto). Ei: glänzend hellgrün, halbkugelförmig und deutlich längsgerippt, feine Querrippen erkennbar (kl. Foto). Raupe: schwarz mit gelben Streifen, rotem Nacken und silbriger Behaarung; gut an die Umgebung des Lebensraums angepasst.

Lebensraum/Lebensweise: Trockene, lückig bewachsene Standorte (Magerrasen, Steinbrüche, felsige Böschungen etc.). Im Habitat blühende Pflanzen. Kleiner Wiesenknopf. Verpuppung in einem dünnen Kokon.

Nachweis: 1) Falter ab Mai in enger Synchronisation zur Entwicklung des Kleinen Wiesenknopfes; in Wärmegebieten eine 2. Generation bis Ende September (im Diagramm nicht dargestellt). 2) Suche nach Eiern an Blütenknospen (Frühjahr). Besser auffindbar, aber nur bei Auftreten einer 2. Generation: Eier auf Blattoberseiten kümmerlicher Pflanzen im Spätsommer (kl. Foto), bevorzugt über Fels, Schotter, Streu, Rohboden usw. oder Suche nach Raupen in Blattgespinsten.

Gefährdung/Schutz: Rote Liste BRD (2008): nicht gefährdet. – Erhaltung von trockenen Magerrasen und Pionierstandorten (Straßenböschungen, Steinbrüche); durch Überweidung und Sukzession solcher Flächen gehen die Wirtspflanzen verloren.

Besonderheiten: Falter leben bodennah und sind daher oft schwer auszumachen. Tritt nur 1 Generation auf, überwintern erwachsene Raupen (L5), bei 2 Generationen überwintern hingegen die Jungraupen (L1).

Kleiner Würfel-Dickkopffalter
Pyrgus malvae
(LINNAEUS, 1758)

→Tafel Seite 172

Merkmale Falter: Hinterflügel-Oberseite ist arttypisch: Die Flecken sind weiß und scharf konturiert (Foto). Ei: matt hellgrün, halbkugelförmig, an den Polen stark abgeplattet und deutlich längsgerippt, feine Querrippen sind erkennbar (kl. Foto). Raupe: grün bis braungrün im Seidengespinst in zusammengezogenem Blatt der Nahrungspflanzen lebend.

Lebensraum/Lebensweise: Breites Spektrum an Biotoptypen, in denen Rosengewächse an trockenwarmen Kleinstandorten wachsen: Kahlschläge, lückige Magerrasen und Ruderalflächen, streureiche Brachen, bultige Moorwiesen. Von besonderer Bedeutung sind freie Bodenstellen oder trockene Streu. Löwenzahn, Hornklee; auch an feuchter Erde. Verschiedene Rosengewächse wie Brombeere, Himbeere, Kriechendes Fingerkraut, Wald-Erdbeere, Hügel-Erdbeere, Kleiner Odermennig, Kleiner Wiesenknopf und Mädesüß – keine Malven, wie es der wissenschaftliche Artname suggeriert!

Nachweis: 1) Falter bis Ende Juni; selten eine partielle 2. Generation im August. 2) Suche nach Eiern an Blattunterseiten der erwähnten Rosengewächse, bevorzugt an Blättern über Streu, Rohboden, Steinen usw. oder Suche nach Raupen in Blattgespinsten (Foto: Eiablagestelle).

Gefährdung/Schutz: BArtSchV (2005): besonders geschützt, Rote Liste BRD (2008): V. – Die spezifischen Larvalhabitat-Ansprüche dieser Art sind derzeit noch in etlichen, weit verbreiteten Biotoptypen hinreichend erfüllt.

SH –	HH –	MV –	NI 2/+
ST 3/+	BE –	BB –	SN 0/+
TH 3/+	HE 2/+	NW 2/+	RP 3/+
SL 3/+	BW V/+	BY 3/+	D –/+

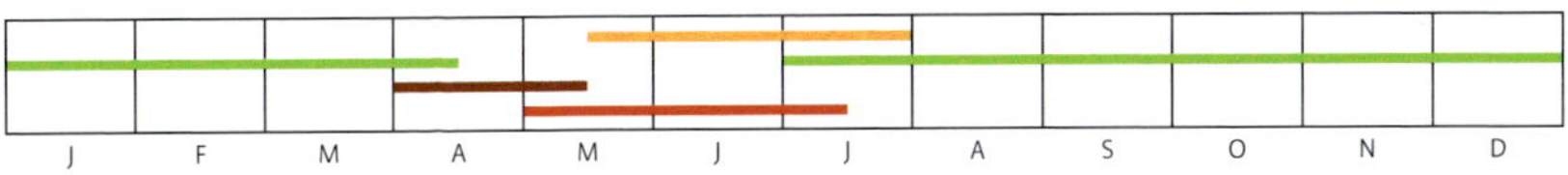

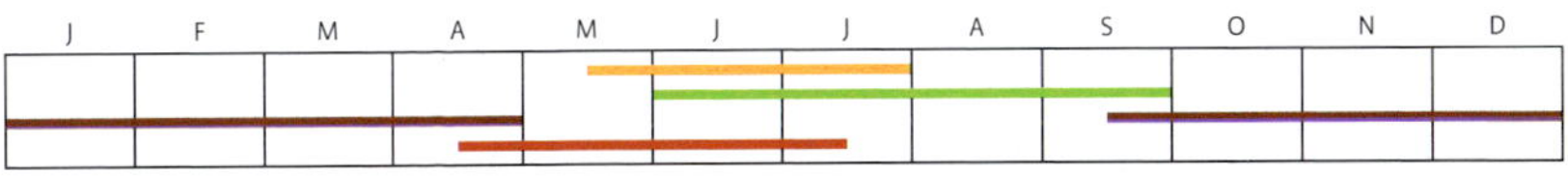

SH 2/+	HH 0/x	MV –/+	NI V/+
ST –/+	BE 1/+	BB 3/+	SN V/+
TH –/+	HE V/+	NW 2/+	RP V/+
SL 3/+	BW V/+	BY –/+	D V/+

Mehrbrütiger Würfel-Dickkopffalter

Pyrgus armoricanus (OBERTHÜR, 1910)

→ Tafel Seite 172

Merkmale Falter: Zentraler Fleck auf der Mitte der Hinterflügelunterseite auffallend groß. Männchen mit schwarzem Augenfleck auf Vorderflügel. Sichere Artdiagnose nur durch Spezialisten (anhand des männlichen Genitalapparates; Abb. S. 30). Ei: halbkugelförmig, stark abgeplattet, hellgrün mit deutlichen Längsrippen, feine Querrippen erkennbar (kl. Foto). Raupe: dunkel, kurz behaart.

Lebensraum/Lebensweise: Trocken- und Magerrasen mit kurzer Vegetation und freien Bodenstellen (Beweidung), Schwerpunktvorkommen auf militärischen Übungsplätzen. diverse Kräuter (z. B. Kl. Habichtskraut). Fingerkraut-Arten. Zusammengesponnene Blätter dienen sowohl der Überwinterung der Raupen als auch der Verpuppung (am Boden).

Nachweis: 1) Falter. 2) Suche nach Eiern der 2. Generation (bei der 1. Generation Verwechslungsgefahr mit *P. malvae*, S. 26) an Blattunterseiten der Wirtspflanzen (Foto), bevorzugt an Blättern über Rohboden, Steinen etc. 3) Suche nach Raupen in Blattgespinsten.

Gefährdung/Schutz: BArtSchV (2005): streng geschützt, Rote Liste BRD (2008): 3. – Gefährdet durch fehlende oder zu extensive Beweidung und durch Aufgabe militärischer Übungsplätze (gelegentliches Befahren mit schweren Fahrzeugen zur Schaffung offener Bodenstellen fördert die Art).

Besonderheiten: Falter in niedriger Dichte auf großen Flächen, sodass die Art jahrelang nicht zu beobachten sein kann. Überraschend, besonders nach Hitzesommern wie im Jahr 2003, tritt die Art im Spätherbst in einer 3. Generation auffällig in Erscheinung.

Sonnenröschen-Würfel-Dickkopffalter

Pyrgus alveus (HÜBNER, 1803)

→ Tafel Seite 172

Merkmale Falter: Da *Pyrgus alveus* optisch kaum von *P. armoricanus* (s. o.) und weiteren *Pyrgus*-Arten zu unterscheiden ist, sollten Spezialisten bei der Artbestimmung hinzugezogen werden. Im Falle von *P. accretus* (S. 30) und *P. trebevicensis* (S. 30) sind überhaupt keine morphologischen Merkmale bekannt, die der Abtrennung gegenüber *P. alveus* dienen könnten. Zur Unterscheidung der übrigen Arten siehe Abb. S. 30. Genitale von *P. trebevicensis* und *P. accretus* stimmen weitgehend mit *P. alveus* überein. Ei: halbkugelförmig, stark abgeplattet, hellgrün mit deutlichen Längsrippen, feine Querrippen sind erkennbar. Raupe: braun mit schwarzem Kopf (kl. Foto: Jungraupe mit Eihülle).

Lebensraum/Lebensweise: Trockene Magerrasen und Heiden. Acker-Witwenblume, Händelwurz. Sonnenröschen, regional auch Fingerkraut-Arten. Männchen mit ausgeprägtem Territorialverhalten und Hilltopping (S. 232).

Nachweis: 1) Falter. 2) Suche nach Eiern (Blattunterseiten) oder nach Raupen zwischen zusammengesponnenen Blättern von Sonnenröschen-Arten, bevorzugt in Polstern über Fels, offenem Boden oder auf Ameisenhügeln.

Gefährdung/Schutz: BArtSchV (2005): besonders geschützt, Rote Liste BRD (2008): 2. – Wie zahlreiche andere Magerrasenfalter heute in erster Linie durch Nutzungsaufgabe, Verbuschung und Wiederbewaldung der Habitate gefährdet.

SH	HH	MV	NI
–	–	–	–
ST	BE	BB	SN
0/x	–	–	–
TH	HE	NW	RP
0/+	0/x	–	1/+
SL	BW	BY	D
R/+	1/+	1/+	3/+

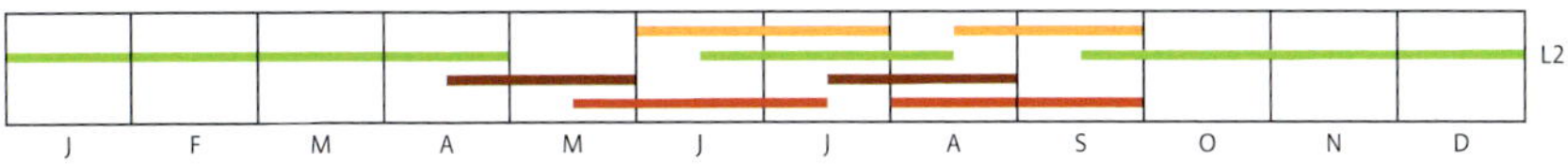

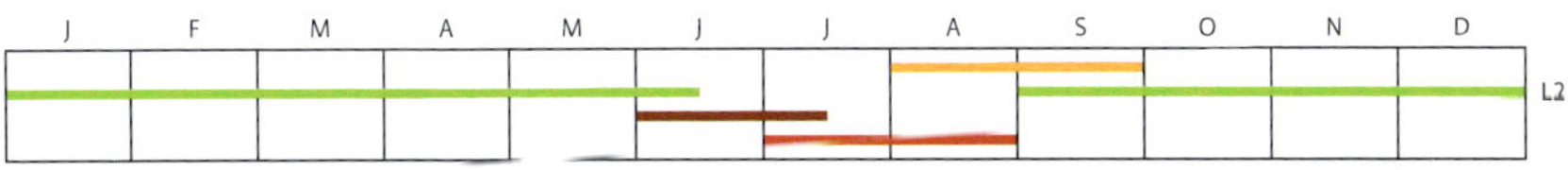

SH	HH	MV	NI
–	–	0/o	1/+
ST	BE	BB	SN
1/+	0/x	1/+	1/+
TH	HE	NW	RP
1/+	0/x	–	1/+
SL	BW	BY	D
(E)	2/+	3/+	2/+

Warrens Würfel-Dickkopffalter
Pyrgus trebevicensis (WARREN, 1926)

⟶ Tafel Seite 172

Merkmale Falter: Siehe bei *P. alveus* (S. 28). Diese Art ist optisch nicht von *P. alveus* und *P. accretus* (s. u.) zu trennen. Sichere Arttrennung nur durch Spezialisten (Genitalpräparation kann mit Ausnahme von *P. alveus* und *P. accretus* einer sicheren Abgrenzung gegenüber den übrigen *Pyrgus*-Arten dienen). Raupe: unbekannt.

Lebensraum/Lebensweise: Trockene, niedrigwüchsige und lückige Magerrasen. ❀ Große Braunelle. ⌀ Sonnenröschen-Arten.

Nachweis: Falter (Juni bis Mitte Juli, im Gegensatz zu *P. alveus* und *P. accretus*, die im Juli/August bzw. im Mai/Juni fliegen!). Eier und Raupen siehe *P. alveus* (kl. Foto: Eiablagestelle)

Gefährdung/Schutz: BArtSchV (2005): besonders geschützt, Rote Liste BRD (2008): D. – Die Lebensweise dieser schwer von *P. alveus* zu unterscheidenden Art ist weitgehend unbekannt. Gefährdungsfaktoren vermutlich wie bei den übrigen Arten der Gattung.

Veritys Würfel-Dickkopffalter
Pyrgus accretus VERITY, 1925

⟶ Tafel Seite 172

Merkmale Falter: Siehe bei *P. alveus* (S. 28); extrem schwer zu trennen von *P. alveus* und *P. trebevicensis* (s. o.). Sichere Artansprache nur durch Spezialisten. Ei: siehe kl. Foto. Raupe: unbekannt.

Lebensraum/Lebensweise: Xerotherme Standorte (Magerrasen, trockene Hänge). In Deutschland aktuell wahrscheinlich nur im Kaiserstuhl. ❀ Zur Flugzeit vorhandene Blüten, im Einzelnen aber unbekannt. ⌀ Vermutlich wie die anderen *Pyrgus*-Arten.

Nachweis: Falter; Flugzeit im Mai/Juni (im Gegensatz zu *P. alveus* und *P. trebevicensis*, die im Juli/August bzw. Juni/Juli fliegen!).

Gefährdung/Schutz: BArtSchV (2005): besonders geschützt, Rote Liste BRD (2008): 1.

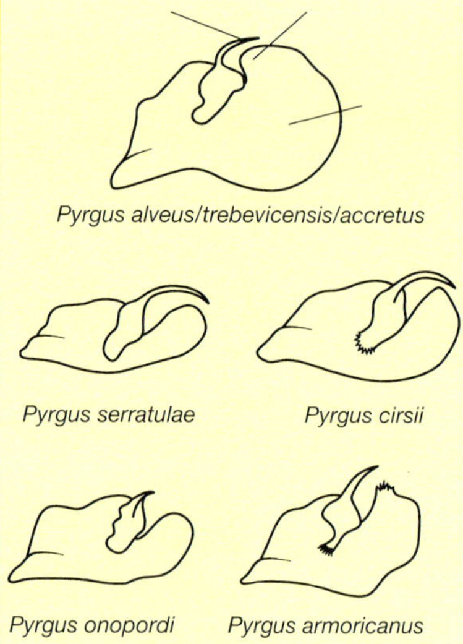

Männliche Genitalstrukturen zur *Pyrgus*-Unterscheidung

Der Cuiller von *P. alveus* ist gleichmäßig gerundet, die Style ist abgewinkelt und durchgehend dünn.

Der Cuiller von *P. serratulae* besitzt einen zungenförmigen, breit gezahnten Apex; Style lang und kräftig.

Bei *P. cirsii* Apex des Cuiller zugespitzt, Style ähnlich der von *P. serratulae*.

Der Apex von *P. armoricanus* bildet einen rechten Winkel und trägt deutliche Zähne, die Style ist fast gerade und läuft spitz zu.

SH	HH	MV	NI
–	–	–	–
ST	BE	BB	SN
1/+	–	–	0/x
TH	HE	NW	RP
1/+	0/x	1/+	1/+
SL	BW	BY	D
–	–/+	2/+	D/+

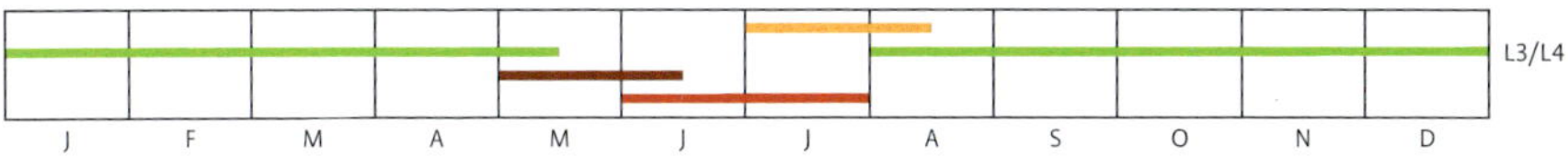

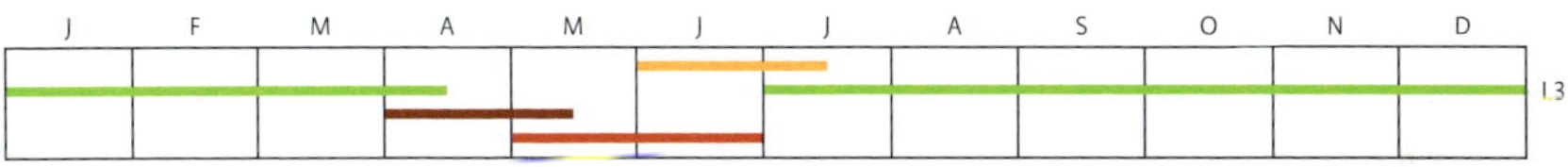

SH	HH	MV	NI
–	–	–	–
ST	BE	BB	SN
–	–	–	–
TH	HE	NW	RP
–	–	–	–
SL	BW	BY	D
–	1/+	–	1/+

Schwarzbrauner Würfel-Dickkopffalter

Pyrgus serratulae (RAMBUR, 1840)

→ Tafel Seite 172

Merkmale Falter: Unterseite olivgrün. Siehe *P. alveus* (S. 28) und Abbildung S. 30. Eindeutige Bestimmung nur durch Spezialisten (Genitalpräparation). Ei: hellgrün, halbkugelförmig, stark abgeplattet und mit sehr deutlichen Längsrippen (kl. Fotos: Ei und typische Eiablagestelle). Raupe: zuerst grün, dann purpurrot bis schwarzbraun.

Lebensraum/Lebensweise: Lückig bewachsene, trockene Magerrasen, offenbar mit einer Präferenz für montan geprägte Regionen. Vielfach im gleichen Lebensraum wie *Chazara briseis* (S. 168). z. B. Kleines Habichtskraut, Rauher Löwenzahn, Günsel. Rötliches Fingerkraut. Raupe lebt zwischen zusammengezogenen Blättern, später in der Moosschicht, Überwinterung im Winterkokon (zusammengesponnene Pflanzenpartikel).

Nachweis: 1) Falter. 2) Suche nach Eiern an Blattunterseiten von Fingerkräutern an lückig bewachsenen Standorten (Foto). Zur Absicherung der Artbestimmung muss die Raupe jedoch aufgezogen werden, um Verwechslungen mit verwandten Arten auszuschließen.

Gefährdung/Schutz: BArtSchV (2005): besonders geschützt, Rote Liste BRD (2008): 2. – Habitatverlust durch Nutzungsaufgabe und Aufforstung stellen heute die wesentlichen Gefährdungsfaktoren für *P. serratulae* dar.

Spätsommer-Würfel-Dickkopffalter

Pyrgus cirsii (RAMBUR, 1840)

→ Tafel Seite 172

Merkmale Falter: Unterschied zu übrigen *Pyrgus*-Arten: Flügelunterseiten rötlich braun, weiße Flecken auf Hinterflügeloberseite beinahe ebenso deutlich und hell wie auf Vorderflügeln (Foto). Eine sichere Bestimmung ist nur durch Spezialisten möglich (Genitalpräparation; S. 30). Ei: typisches, halbkugelförmiges Ei vom „*Pyrgus*-Typ" mit deutlichen Längsrippen (kl. Foto). Raupe: graugrün.

Lebensraum/Lebensweise: Extrem trockenwarme und lückige, fast immer beweidete Magerrasen mit Massenbeständen der Wirtspflanzen. Nur noch wenige aktuellere Nachweise in Deutschland, v. a. aus Bayern und aus der Schwäbischen Alb. Zahlreich, z. B. Wiesen-Flockenblume, Dost, Tauben-Skabiose, Hornklee. Kriechendes Fingerkraut. Raupe lebt wie auch die anderen *Pyrgus*-Arten in zusammengezogenen Blättern der Wirtspflanzen. Einzige heimische *Pyrgus*-Art, die als fertig entwickeltes Räupchen in der Eischale überwintert.

Nachweis: 1) Falter. 2) Suche nach Eiern oder Raupen (Blatttüten). Nur Eier, die überwintern und aus denen erst im Frühjahr die Jungraupe schlüpft, sind solche von *P. cirsii*.

Gefährdung/Schutz: BArtSchV (2005): streng geschützt, Rote Liste BRD (2008): 1. – Gefährdet durch Sukzession nach Aufgabe der Beweidung.

Weitere Art: Letztmalig wurde 1928 in Baden-Württemberg der Ambossfleck-Würfel-Dickkopffalter *Pyrgus onopordi* (RAMBUR, 1840) nachgewiesen, mit dessen Auftreten aber nicht mehr zu rechnen ist und der daher im Tafelteil nicht abgebildet und hier nicht ausführlicher behandelt wird.

SH –	HH –	MV 0/o	NI 1/+
ST 1/+	BE –	BB –	SN 0/+
TH 1/+	HE 1/+	NW 1/+	RP 1/x
SL 0/+	BW 2/+	BY 3/+	D 2/+

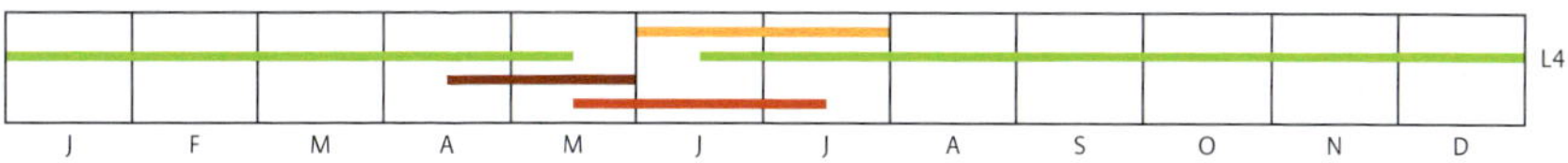

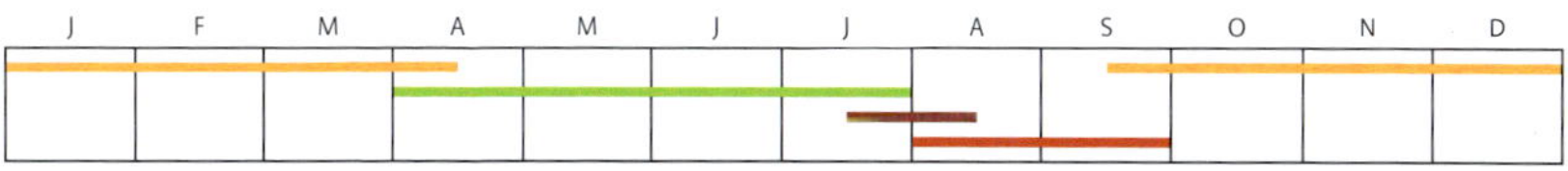

SH –	HH –	MV –	NI –
ST –	BE –	BB –	SN –
TH –	HE 1/+	NW –	RP 0/x
SL E	BW 1/+	BY 1/+	D 1/+

Steppenheiden-Würfel-Dickkopffalter

Pyrgus carthami
(HÜBNER, 1813)

→ Tafel Seite 172

Merkmale Falter: Die hellen Flecken auf der Hinterflügelunterseite tragen graue Ringe. Eindeutige Bestimmung nur durch Spezialisten möglich. Raupe: braun mit schwarzem Kopf (kl. Foto).

Lebensraum/Lebensweise: Die Art ist an ausgesprochen warme und trockene Standorte im Offenland mit flächigen Rohbodenanteilen gebunden, wie Trockenrasen, Steppenheiden und Kalkmagerrasen. Zur Flugzeit vorhandene blühende Pflanzen. Niedrig wachsende Fingerkraut-Arten. Um der Sommerhitze zu entgehen, lebt die Jungraupe tagsüber versteckt in den Fingerkrautrosetten. Überwinterung als fast erwachsene Raupe in einem Hibernaculum (siehe S. 232), Verpuppung in der Streuschicht.

Nachweis: Falter (eine partielle 2. Generation ist im Diagramm nicht dargestellt, aber nicht auszuschließen).

Gefährdung/Schutz: BArtSchV (2005): besonders geschützt, Rote Liste BRD (2008): 2. – Einzelfunde vom Anfang der 1980er-Jahre aus TH und BB zählen zu den letzten Nachweisen dieser Art im nord- und ostdeutschen Raum. Von der Ausweisung vieler Trockenrasengebiete als Naturschutzgebiet in der Vergangenheit konnte sie offenkundig nicht profitieren. In Baden-Württemberg aktuell ebenfalls verschollen, in Bayern stark gefährdet.

Malven-Dickkopffalter

Carcharodus alceae
(ESPER, 1780)

→ Tafel Seite 173

Merkmale Falter: Flügeloberseiten stark marmoriert (Foto). Ähnlich *C. flocciferus* (S. 36). Ei: halbkugelförmig, bräunlich rot mit undeutlichen Längsrippen, die mit 5 bis 6 Noppen besetzt sind (Foto). Raupe: dunkelgrau mit schwarzem Kopf und gelbem Nackenfleck.

Lebensraum/Lebensweise: Biotope mit sonnigen Beständen von Malvengewächsen; typisch: Brachen, Säume, Weinberge und Ruderalflächen in offener Umgebung. Z. B. Löwenzahn, Heil-Ziest, Natternkopf, Moschus-Malve, auch an feuchten Bodenstellen. Verschiedene Malven-Arten; regional auch in Gärten an Kulturmalven und Stockrosen.

Nachweis: 1) Suche nach Raupen zwischen zusammengesponnenen Malven-Blättern (kl. Foto) oder Eier-Suche auf Blattoberseiten. 2) Falter (schwieriger nachweisbar) – in manchen Jahren unvollständige 3. Generation im September.

Gefährdung/Schutz: BArtSchV (2005): besonders geschützt, Rote Liste BRD (2008): nicht gefährdet. – Regional gefährdet durch häufige Pflegemahd von Brachen, Dämmen, Straßenböschungen und ähnlichen Biotopen.

Besonderheiten: Falter meist nur in Einzeltieren, da vagabundierendes Verhalten.

Weitere Art: Der Ziest-Dickkopffalter *Carcharodus lavatherae* (ESPER, 1783) ist auf Seite 173 abgebildet. Aufrechter Ziest. Nachweis erfolgt über den Falter, der von Anfang Juni bis Ende Juli auftritt. Die Überwinterung erfolgt als L2-Raupe. BArtSchV (2005): streng geschützt. Rote Liste BRD (2008): 1. – Einzig sichere deutsche Nachweise aus dem mittleren Rheintal.

SH –	HH –	MV 0/o	NI –
ST 0/o	BE 0/x	BB 1/+	SN –
TH 1/+	HE 0/x	NW 0/o	RP 2/+
SL E	BW 0/x	BY 2/+	D 2/+

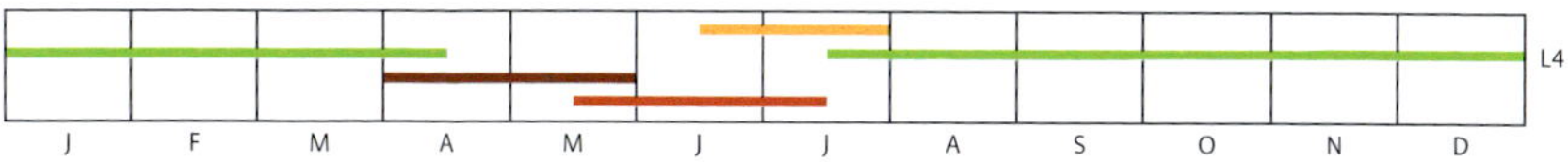

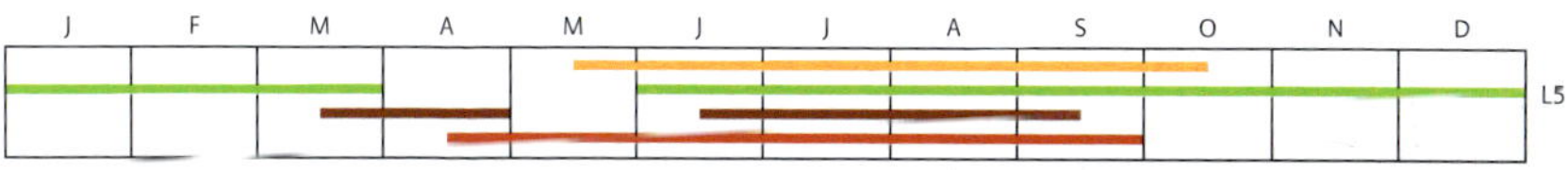

SH –	HH –	MV R/+	NI 1/+
ST 3/+	BE 1/+	BB 3/+	SN 2/+
TH 2/+	HE 3/+	NW 1/+	RP 3/+
SL –/+	BW 3/+	BY 2/+	D –/+

Heilziest-Dickkopffalter

Carcharodus flocciferus (ZELLER, 1847)

→ Tafel Seite 173

Merkmale Falter: Verwechslungsgefahr besteht mit *C. alceae* (S. 34). Zur Unterscheidung kann der zentrale weiße Fleck auf der Hinterflügeloberseite herangezogen werden (Foto). Insgesamt nimmt die Art in der Flügelfärbung eine Mittelstellung zwischen den beiden anderen *Carcharodus*-Arten ein. Zur eindeutigen Bestimmung sollten Spezialisten hinzugezogen werden. Ei: bräunlich, halbkugelförmig mit undeutlichen Querrippen, die im oberen Teil mit 3 bis 6 Noppen besetzt sind. Raupe: nach der Überwinterung hell.

Lebensraum/Lebensweise: Die Art ist in Deutschland weitgehend auf wechseltrockene, niedrigwüchsige Streuwiesen mit zahlreichem Vorkommen des Heil-Ziests beschränkt. Heil-Ziest, Sumpf-Kratzdistel, Wiesen-Salbei, Kuckucks-Lichtnelke, Wiesen-Flockenblume, Hornklee, Rot-Klee u. a. Heil-Ziest.

Nachweis: 1) Falter. 2) Suche nach Raupen zwischen zusammengesponnenen Blättern (Foto: erwachsene Raupe in geöffneter Blatttüte) oder Suche nach Eiern auf Blattoberseiten steriler Jungpflanzen (kl. Foto).

Gefährdung/Schutz: BArtSchV (2005): streng geschützt, Rote Liste BRD (2008): 2. – Schlüsselfaktor zum Schutz der Art ist die Fortsetzung oder Wiederaufnahme der traditionell einschürigen Mahd wechseltrockener Streuwiesen.

Dunkler Dickkopffalter

Erynnis tages (LINNAEUS, 1758)

→ Tafel Seite 173

Merkmale Falter: Grundfärbung der Flügelunterseiten einheitlich braun. Art ist nahezu unverwechselbar. Ei: halbkugelförmig, trägt 12 bis 13 deutliche Längsrippen (5 bis 7 davon erreichen den Pol) und feine Querrippen. Raupe: grün mit dunklem (braunem) Kopf.

Lebensraum/Lebensweise: Breites Spektrum an nicht überdüngten Offenlandbiotopen; trockene Magerrasen kalkreicher wie auch bodensaurer Standorte, regional typisch für zweimal jährlich gemähte Heuwiesen mit Hornklee (Oberrheinebene). Gelegentlich auch in Feuchtgebieten mit trockenen Magerstandorten. Hornklee, Hufeisenklee, Günsel, Löwenzahn, auch auf feuchter Erde oder Tierkadavern. Bunte Kronwicke, Gewöhnlicher Hornklee, Hufeisenklee, ausnahmsweise Sumpf-Hornklee. Verpuppung in einem Blattgespinst in der Streuschicht.

Nachweis: 1) Falter – abweichend vom Phänogramm in manchen Jahren oder Gegenden in 1 Generation Mitte Juni bis Ende Juli. 2) Suche nach Eiern auf den Blattoberseiten (Foto), bevorzugt an Jungtrieben über Rohboden, Streu, Schotter usw.

Gefährdung/Schutz: Rote Liste BRD (2008): nicht gefährdet. – In der südlichen Hälfte des Bundesgebietes ist die Art regional noch häufig anzutreffen, während sie in den nördlichen Bundesländern in vielen Gebieten fehlt. Wichtig ist insbesondere die Fortsetzung oder Wiederaufnahme düngungsfreier Grünlandnutzung auf trockenen Standorten.

SH –	HH –	MV –	NI –
ST –	BE –	BB –	SN –
TH –	HE 0/o	NW –	RP 0/x
SL –	BW 1/+	BY 2/+	D 2/+

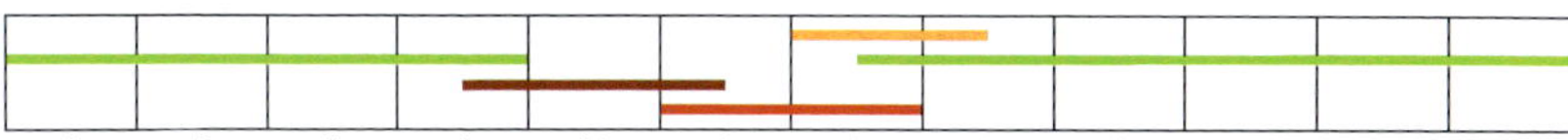

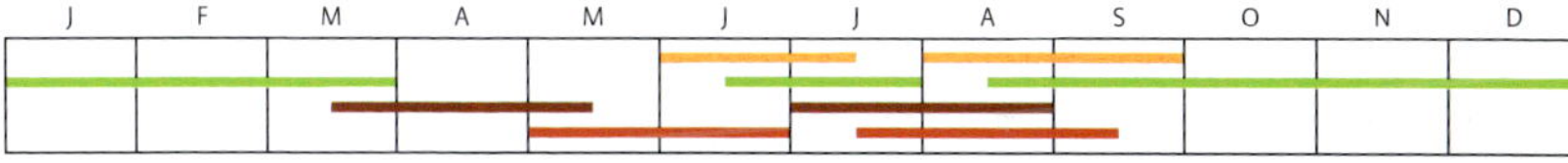

SH 1/+	HH 2/+	MV 0/o	NI V/+
ST –/+	BE –	BB 3/+	SN V/+
TH –/+	HE 3/+	NW 3/+	RP V/+
SL 3/+	BW V/+	BY V/+	D –/+

Spiegelfleck-Dickkopffalter

Heteropterus morpheus (PALLAS, 1771)

→ Tafel Seite 173

Merkmale Falter: Hinterflügelunterseite durch große, deutlich schwarz umringte hellgelbe Flecken unverwechselbar (Foto). Flug „hüpfend". Ei: halbkugelförmig, längsgerippt. Raupe: grün mit weißen Längsstreifen und braunem Kopf (kl. Foto).

Lebensraum/Lebensweise: Ränder von vorwiegend feuchten Wäldern (z. B. Erlenbruchwälder); in offenen Wäldern auch im Waldesinneren. Auf offenen Niedermooren, Gewässerrändern, Feuchtwiesen sowie (vorübergehend?) hocheutrophen Standorten, sind aber auch im trockenen Grasland anzutreffen. Kratzdistel-Arten (*Cirsium* spec.), Blutweiderich, Glockenheide. Die Falter saugen auch gern an feuchten Bodenstellen. Pfeifengras und Sumpf-Reitgras. Die Eier werden einzeln oder in kleinen Gruppen abgelegt. Die halberwachsene Raupe überwintert in einer Röhre aus zusammengesponnenen Blättern (Hibernaculum, S. 232) der Nahrungspflanzen. Verpuppung an den Wirtspflanzen.

Nachweis: Falter.

Gefährdung/Schutz: Rote Liste BRD (2008): nicht gefährdet. – Die Verbreitungsschwerpunkte der Art in Mittel- und Westeuropa beschränken sich auf Nordostdeutschland und das nordwestliche Frankreich. Die Art breitet sich gegenwärtig vor allem von Nordost- nach Mitteldeutschland aus. Der Erhalt feuchter Grasstreifen, die an Wälder oder Moorgebiete grenzen, wie auch von Feuchtwiesen trägt zum Schutz des Spiegelflecks bei.

Gelbwürfeliger Dickkopffalter

Carterocephalus palaemon (PALLAS, 1771) → Tafel Seite 175

Merkmale Falter: Die hellen Bereiche auf den Flügeloberseiten sind weniger ausgedehnt als bei der nächsten Art *C. silvicolus* (S. 40), des Weiteren sind sie orangebraun und nicht goldgelb (Foto). Ei: halbkugelförmig, gelblich. Raupe: zunächst grün mit dünnen Längsstreifen, Kopf und letztes Abdominalsegment oben schwarz, nach der Überwinterung strohgelb mit braunen Streifen.

Lebensraum/Lebensweise: Saumbereiche von Wäldern und Gebüschen; v. a. auf Schneisen, Lichtungen, gebüschreichen Brachen. Trockene Standorte ebenso wie feuchte, hier unter anderem auf Hochmooren. Günsel, Margeriten, Wald-Storchschnabel, gern auch an feuchten Erdstellen sowie Pferdekot. Verschiedene Gras-Arten: Fieder-Zwenke, Gemeines Knäuelgras, Pfeifengras, Rohr-Pfeifengras, Wolliges Honiggras, Land-Reitgras, Wiesen-Lieschgras und Wiesen-Fuchsschwanz. Die Eier werden einzeln an Gräser abgelegt. Die Raupe baut mittels Spinnfäden eine Blattröhre (kl. Foto), die nur zur Nahrungsaufnahme verlassen wird. Typisches Fraßbild (Grasblätter werden vom Rand her bis auf die Mittelrippe befressen). Überwinterung ebenfalls in Blattröhre.

Nachweis: Falter.

Gefährdung/Schutz: Rote Liste BRD (1998): nicht gefährdet. – Wichtigste Schutzmaßnahmen sind die regelmäßige Neuschaffung von Lichtungen (Kahlschlag) sowie der Verzicht auf häufiges Mähen der Säume entlang von Waldwegen, äußeren Waldrändern und Gebüschen.

SH	HH	MV	NI
V/+	2/+	–/+	V/+
ST	BE	BB	SN
–/+	2/+	3/+	–/+
TH	HE	NW	RP
E	–	1/+	–
SL	BW	BY	D
–	–	–	–/+

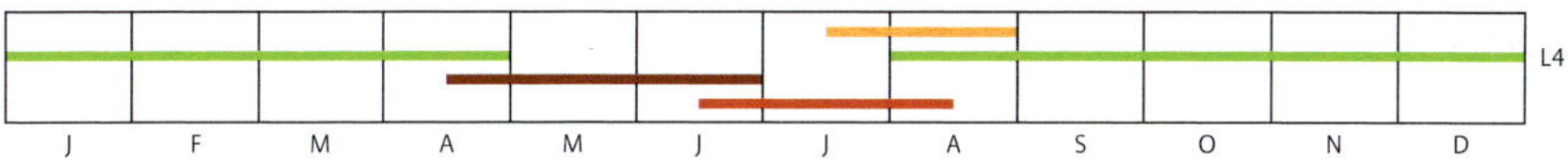

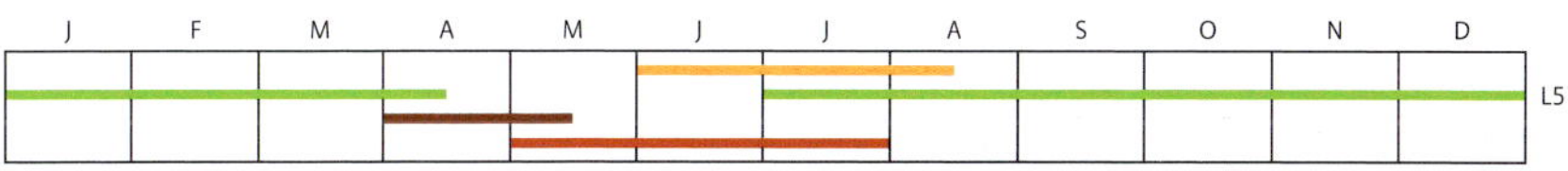

SH	HH	MV	NI
0/+	–	R/+	–/+
ST	BE	BB	SN
–/+	–	V/+	–/+
TH	HE	NW	RP
–/+	V/+	3/+	V/+
SL	BW	BY	D
–/+	V/+	–/+	–/+

Gold-Dickkopffalter
Carterocephalus silvicolus (MEIGEN, 1829)

→ Tafel Seite 175

Merkmale Falter: Die hellen Bereiche auf den Flügeloberseiten sind weiter ausgedehnt als bei der verwandten Art *C. palaemon* (S. 38). Sie sind goldgelb gefärbt und nicht orangebraun wie bei *C. palaemon*. Raupe: grasgrün mit blassen Längsstreifen.
Lebensraum/Lebensweise: Feuchte Saumbereiche von Nadel- und Erlenbruchwäldern. Offene Stellen in feuchten Wäldern. In NI fliegt die Art auf Waldschneisen und an Grabenrandböschungen, manchmal vergesellschaftet mit der Schwesterart *C. palaemon*. Boreal-kontinentale Art. Ehrenpreis-Arten. Wald-Reitgras und Wald-Flattergras. Die ausgewachsene Raupe überwintert in einem Hibernaculum (zur Tüte zusammengesponnenes dürres Blatt) erhöht in der Krautschicht.
Nachweis: Falter.
Gefährdung/Schutz: Rote Liste BRD (2008): 2. – Das deutsche Verbreitungsgebiet der Art beschränkt sich auf einige Vorkommen in Nord- und Ostdeutschland. Offenbar stellen atlantisch geprägte Klimabereiche eine Ausbreitungsgrenze dar. Auch hier gilt, die Gräser entlang von Waldwegen, -schneisen und -lichtungen nur selten zu mähen und regelmäßig neue Lichtungen innerhalb der besiedelten Waldgebiete zu schaffen.
Besonderheiten: Die Männchen zeigen ausgeprägtes Revierverhalten und attackieren vorbeifliegende Artgenossen.

Mattscheckiger Braun-Dickkopffalter
Thymelicus acteon (ROTTEMBURG, 1775)

→ Tafel Seite 174

Merkmale Falter: *T. acteon* ist leicht mit den beiden anderen bei uns heimischen *Thymelicus*-Arten zu verwechseln. Die Flügeloberseite ist jedoch dunkler braun, zusätzlich sind auf der Vorderfügeloberseite gelbliche Flecken zu erkennen (Foto: Männchen). Ei: milchweiß, für alle Arten der Gattung *Thymelicus* typische längsovale Form, ca. 1 mm lang, starker Perlmuttglanz und nahezu keine Oberfächenstruktur (Foto: Ei an dürrem Blatt der Fiederzwenke). Raupe: hellgrün, glatt mit dunklerem Rückenstreifen.
Lebensraum/Lebensweise: Art des trocken-warmen Graslandes und der Säume; Trocken- und Kalkmagerrasen mit Vegetationslücken ebenso wie solche mit dichter und höher bewachsenen Bereichen. Typisch auch für aufgelassene Abbauschichten und Bergbaufolgelandschaften sowie trockene Waldlichtungen und Heideflächen. Gern an violetten Blüten, z. B. Acker-Witwenblume, Tauben-Skabiose, Heil-Ziest. Süßgräser, insbesondere Fieder-Zwenke und auch Kriechende Quecke. Eiablage an Blattscheiden dürrer Gräser. Die Jungraupe bildet einen Kokon, in dem sie überwintert. Verpuppung zwischen zusammengesponnenen Blättern.
Nachweis: Falter.
Gefährdung/Schutz: Rote Liste BRD (2008): 3. – *T. acteon* ist in unserem Faunengebiet viel seltener als die beiden Schwesterarten, selbst wenn man davon ausgeht, dass er zwischen den zahlreicher und bereits früher fliegenden *T. sylvestris* (S. 42) und *T. lineola* (S. 42) häufig übersehen wurde. Die Art profitiert in Wiesengebieten von Säumen und Brachen.

SH 1/+	HH 1/+	MV 3/+	NI 1/+
ST 1/+	BE 1/+	BB 1/+	SN (E)
TH –	HE –	NW –	RP –
SL –	BW –	BY –	D 2/+

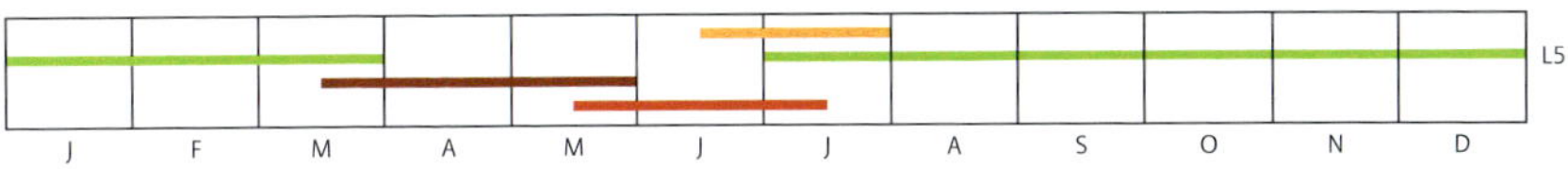

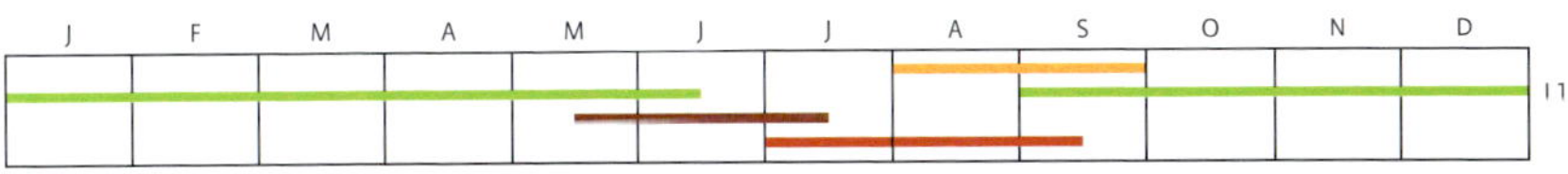

SH –	HH –	MV 1/+	NI 3/+
ST –/+	BE 0/x	BB 2/+	SN 2/+
TH 3/+	HE 3/+	NW 3/+	RP 3/+
SL V/+	BW V/+	BY 3/+	D 3/+

Schwarzkolbiger Braun-Dickkopffalter

Thymelicus lineola
(OCHSENHEIMER, 1808)

→Tafel Seite 174

Merkmale Falter: Unterseiten (!) der Fühlerkolbenspitzen sind schwarz (Foto). Der Duftschuppenfleck des Männchens ist sehr dünn und daher nicht auffallend und verläuft gerade. Weibchen ohne Duftschuppenfleck (kleines Foto). Ei: *Thymelicus*-typische, längsovale Form, ca. 1 mm lang, gelblich. Raupe: grün mit weißlichen Längsstreifen (Foto o. r.).

Lebensraum/Lebensweise: Breites Spektrum verschiedener Habitate; bevorzugt werden geschützte Stellen wie Saumbiotope, Wegränder, Bahndämme, Ruderalflächen, Lichtungen; oft gemeinsam mit *T. sylvestris* anzutreffen. Violette/violettrote und gelbe Blüten werden bevorzugt, z. B. Sommerflieder, Acker-Kratzdistel, Sumpf-Kratzdistel, Acker-Witwenblume, Heide-Nelke, Sandköpfchen, Hornklee, Teufelsabbiss, Blutweiderich, Greiskraut, Brombeere usw. Falter saugt gern an feuchten Erdstellen. Hochproduktive Gras-Arten, hauptsächlich Land-Reitgras und Kriechende Quecke. Eier werden an Blattscheiden der Gräser gelegt, wo sie überwintern. Die Raupe verpuppt sich an Grashalmen.

Nachweis: Falter.

Gefährdung/Schutz: Rote Liste BRD (2008): nicht gefährdet. – Eine Gefährdung dieser weit verbreiten Art ist zurzeit im Bundesgebiet nicht erkennbar.

Braunkolbiger Braun-Dickkopffalter

Thymelicus sylvestris
(PODA, 1761)

→Tafel Seite 174

Merkmale Falter: Unterseiten (!) der Fühlerkolbenspitzen (großes Foto) sind braunorange. Der Duftschuppenfleck des Männchens (kleines Foto) ist gut ausgebildet und deutlich sichtbar, leicht gekrümmt. Ei: oval, gelblich. Raupe: grün, schlank mit weißen Längsstreifen.

Lebensraum/Lebensweise: Breites Spektrum verschiedener Habitate, vor allem Saumbiotope; vom Offenland bis hin zu Waldlichtungen, in trockenen ebenso wie in eher feuchten Bereichen. Viele verschiedene Nektarpflanzen, wobei violette Blüten offenbar deutlich gegenüber gelben bevorzugt werden. Sie müssen aber in der Sonne stehen, z. B. Vogel-Wicke, Acker-Kratzdistel, Sandköpfchen, Sand-Thymian, Wiesen-Flockenblume, Schwarze Flockenblume, Heil-Ziest, Hornklee, Brombeere usw. Verschiedene Gräser – zumindest in Süddeutschland deutliche Bevorzugung von Honiggras. Eiablage in Gruppen in die Blattscheiden dürrer Gräser. Überwinterung der Jungraupen in einem Kokon.

Nachweis: Falter.

Gefährdung/Schutz: Rote Liste BRD (2008): nicht gefährdet. – Weit verbreitete Art, eine bundesweite Gefährdung ist zurzeit nicht erkennbar. In manchen Regionen ist jedoch selbst diese Falterart bereits selten geworden oder verschwunden (z. B. Oberrheinebene).

SH –/+	HH 2/+	MV –/+	NI –/+
ST –/+	BE –/+	BB –/+	SN –/+
TH –/+	HE –/+	NW –/+	RP –/+
SL –/+	BW –/+	BY –/+	D –/+

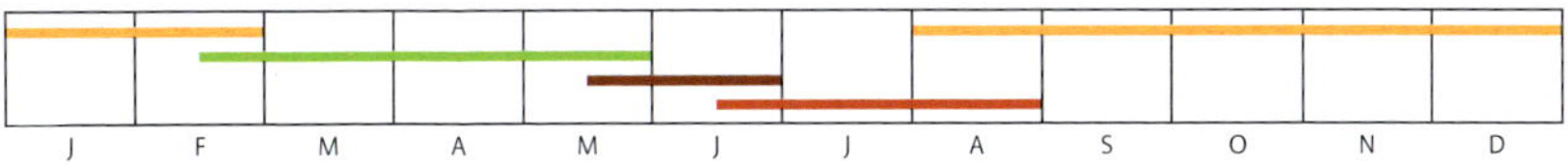

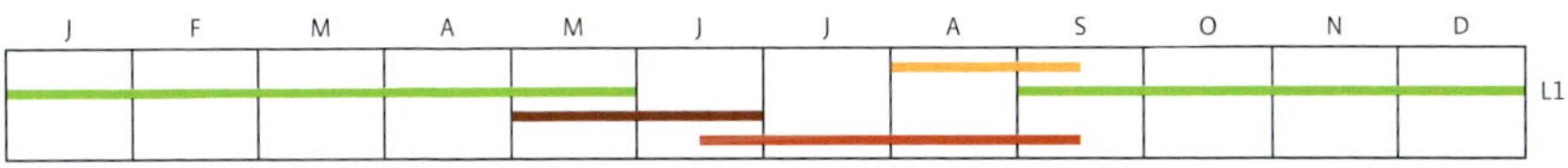

SH –/+	HH –/+	MV –/+	NI –/+
ST –/+	BE 3/+	BB –/+	SN –/+
TH –/+	HE –/+	NW –/+	RP –/+
SL –/+	BW –/+	BY –/+	D –/+

Komma-Dickkopffalter
Hesperia comma (LINNAEUS, 1758)

→ Tafel Seite 175

Merkmale Falter: Ähnlich der folgenden Art *Ochlodes sylvanus*. Die Flecken auf der Hinterflügelunterseite sind jedoch scharf umgrenzt silbrig weiß und nicht mattgelb (Foto). Ei: relativ groß (Durchmesser ca. 1 mm), weißlich, halbkugelförmig. Die Basisfläche ist nahezu eben, der obere Pol leicht eingedrückt. Raupe: schwarz mit glänzendem Kopf.

Lebensraum/Lebensweise: Kurzrasiges, lückiges und trocken-mageres Grasland, insbesondere Kalkmagerrasen, Borstgrasrasen, Silikatmagerrasen, Silbergrasfluren, regional auch Schafschwingel-Thymian-Rasen in entwässerten Moorgebieten oder magere, trockene Waldlichtungen. Distel- und Kratzdistel-Arten, Acker-Witwenblume, Sandköpfchen, Heide-Nelke, Flockenblumen. Ausschließlich Magergräser, insbesondere Schaf-Schwingel, Borstgras, Silbergras. Verpuppung in der Streuschicht.

Nachweis: 1) Suche nach Eiern in kümmerlichen, meist sterilen Horsten der erwähnten Gräser an kurzrasigen Stellen (Foto) oder über offenem Boden. 2) Falter.

Gefährdung/Schutz: Rote Liste BRD (2008): 3. – Gefährdet v. a. durch nachlassende Beweidung und Aufgabe sonstiger extensiver Landnutzungen. Bereits bei geringfügiger Verfilzung der Vegetation geht das Larvalhabitat verloren und die Art verschwindet. Die Situation des Komma-Dickkopffalters wird vielerorts besser eingeschätzt als sie tatsächlich ist, da er leicht mit dem häufigeren *Ochlodes sylvanus* (siehe unten) verwechselt wurde und wird.

Rostfarbiger Dickkopffalter
Ochlodes sylvanus (ESPER, 1777)

→ Tafel Seite 174

Merkmale Falter: Ähnlich der vorhergehenden Art *Hesperia comma*. Die Flecken auf der Hinterflügelunterseite sind jedoch weniger scharf umgrenzt, mattgelb und nicht silbrig weiß (großes Foto; das kl. Foto zeigt die Oberseite des Männchens). Ei: halbkugelförmig, weißlich. Raupe: graugrün mit braunem Kopf.

Lebensraum/Lebensweise: Weit verbreitet; in trockenen ebenso wie in feuchten Brachen und Säumen, auf Lichtungen, an äußeren Waldrändern. Acker-Kratzdistel, Glockenheide, Acker-Witwenblume, Schwarze Flockenblume, Brombeere, Natternkopf, Greiskraut, Rundblättrige Glockenblume, Teufelsabbiss, Heil-Ziest usw. Verschiedene (produktive) Gras-Arten: Fieder-Zwenke, Wiesen-Knäuelgras, Rotes Straußgras, Land-Reitgras und Wiesen-Lieschgras. Eiablage einzeln auf Blattoberseiten. Die Raupe versteckt sich in einem zur Röhre zusammengesponnenen Blatt. Im dritten oder vierten Raupenstadium überwintert sie in dieser Röhre. Zur Verpuppung werden mehrere Halme zusammengesponnen und ein mit Wachs ausgekleideter Kokon gebildet.

Nachweis: Falter.

Gefährdung/Schutz: Rote Liste BRD (2008): nicht gefährdet. – Aufgrund des breiten Spektrums an besiedelbaren Biotopen und nutzbaren Wirtspflanzen ist die Art in der Bundesrepublik Deutschland nicht akut gefährdet zu sein.

SH 2/+	HH 1/+	MV 2/+	NI 3/+
ST V/+	BE 1/+	BB 2/+	SN 2/+
TH 3/+	HE 2/+	NW 2/+	RP 2/+
SL 1/+	BW 3/+	BY 3/+	D 3/+

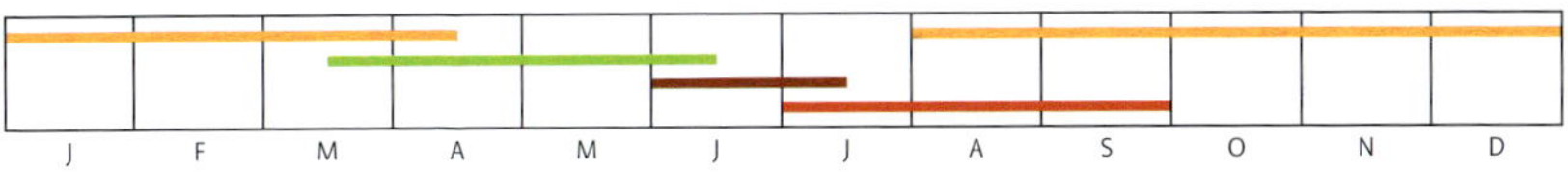

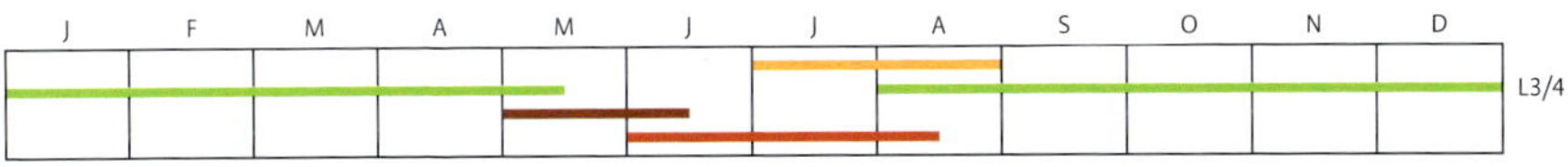

SH –/+	HH –/+	MV –/+	NI –/+
ST –/+	BE –/+	BB –/+	SN –/+
TH –/+	HE –/+	NW –/+	RP –/+
SL –/+	BW –/+	BY –/+	D –/+

Apollofalter
Parnassius apollo
(LINNAEUS, 1758)
⟶ Tafel Seite 176

Merkmale Falter: Unverwechselbarer, großer Falter mit roten Augenflecken auf den Hinterflügeln (*P. mnemosyne*, s. u.: schwarze Flecken), diese meist weiß gekernt. Begattete Weibchen mit Begattungstasche. Ei: rundlich, abgeplattet, weiß mit körniger Oberflächenstruktur. Raupe: schwarz mit orange bis roten Längs-Punktreihen (kl. Foto).
Lebensraum/Lebensweise: Besonnte, felsige, blumenreiche Hänge mit kurzer Vegetation und Vorkommen der Wirtspflanze. Ersatzhabitate: Straßen- und Bahnböschungen aus Natursteinen und Abraumhalden in Steinbrüchen, Weinbergsmauern (Mosel). ✿ Korbblütler, z. B. Disteln, Flockenblumen, Schafgarben, Fetthennen. Weiße Fetthenne. Eiablage entweder an die Wirtspflanze selbst oder an Gesteinsschotter, trockenes Pflanzenmaterial u. Ä. In deren Nähe Verpuppung am Boden unter zusammengewobenem Streumaterial.
Nachweis: 1) Falter (nur bei Sonnenschein aktiv). 2) Suche nach Raupen auf oder in der Nähe der Nahrungspflanzen oder Suche nach Eiern (Foto o. r.).
Gefährdung/Schutz: BArtSchV (2005): streng geschützt, Rote Liste BRD (2008): 2, FFH-Richtlinie Anhang IV. – Gefährdung durch Pestizideinsatz, Verbuschung von Grenzertragsflächen in Hanglagen. Fragmentierung der Landschaft führt zu Verinselung und genetischer Isolation. Management zum Schutz: Unterbindung der Humusbildung und Freihalten der Felsen von höherer Vegetation, zudem Offenhaltung der als Nektarhabitate wichtigen Magerrasen und Säume.
Besonderheiten: Vorkommen derzeit nur an einigen Standorten in RP, BW, BY.

Schwarzer Apollofalter
Parnassius mnemosyne
(LINNAEUS, 1758)
⟶ Tafel Seite 176

Merkmale Falter: In Größe, Transparenz der Flügelspitzen und Aderzeichnung *Aporia crataegi* (S. 58) ähnlich. Durch die schwarzen Punkte auf beiden Flügelpaaren eindeutig von diesem zu unterscheiden. Ei: rundlich, weiß mit körniger Oberflächenstruktur. Raupe: dunkelbraun bis schwarz mit orangen Fleckenreihen (kl. Foto).
Lebensraum/Lebensweise: Raupenentwicklung nur an ausreichend besonnten Beständen der Wirtspflanzen in Randzonen lichter Laub- und Laubmischwälder oder auf Lichtungen. ✿ Zur Flugzeit blühende Nektar spendende Blumen. Für die Falter sind blumenreiche Nektarhabitate erforderlich, die von den Raupenhabitaten häufig räumlich getrennt (z. B. Waldrand/Waldwiese), jedoch stets in deren unmittelbarer Umgebung liegen. Lerchensporn-Arten (regional unterschiedlich). Die Eier werden in der Nähe der Wirtspflanzen an dürres Material abgelegt, wo sie überwintern.
Nachweis: Falter bei Sonnenschein.
Gefährdung/Schutz: BArtSchV (2005): streng geschützt, Rote Liste BRD (2008): 2, FFH-Richtlinie Anhang IV. – Gefährdung durch fehlende Waldnutzung (Kahlschlag, Nieder- und Mittelwaldnutzung) und Aufforstung von artenreichem Grünland in Waldnähe (Nektarhabitate).
Besonderheiten: Während der Flugzeit sind die Raupenhabitate nicht mehr zu erkennen, da die oberirdischen Teile der Wirtspflanzen bis Juni abgestorben sind. Zur Planung von Schutzmaßnahmen sind Begehungen zur Blütezeit von Lerchensporn unerlässlich, da nur dann die Wuchsorte der potenziellen Ablagepflanzen sichtbar sind.

SH –	HH –	MV –	NI –
ST –	BE –	BB –	SN (E)
TH 0/x	HE –	NW –	RP R/+
SL –	BW 1/+	BY 2/+	D 2/+

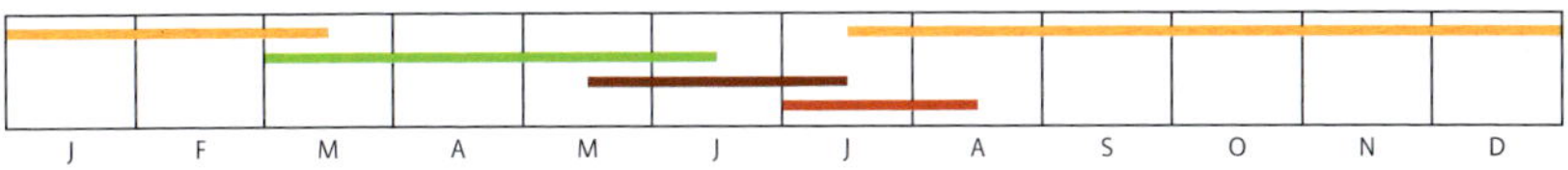

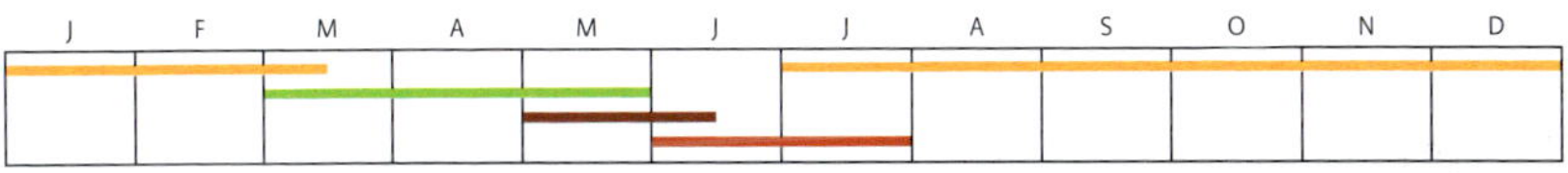

SH –	HH –	MV –	NI 0/+
ST 1/+	BE –	BB –	SN –
TH 1/+	HE 1/+	NW –	RP –
SL –	BW 1/+	BY 2/+	D 2/+

Schwalbenschwanz
Papilio machaon
LINNAEUS, 1758
→ Tafel Seite 186

Merkmale Falter: Großer, gut fliegender Falter; charakteristische gelb-schwarze Flügelzeichnung und schwanzförmiger Fortsatz der Hinterflügel (Name!). Ei: kugelrund, glatt; frisch abgelegt gelblich grün, später rötlich und kurz vor dem Schlüpfen der Jungraupe tintenblau. Raupe: zuerst (L1, L2) schwarz mit hellem Fleck (S. 8), später grün mit schwarzen, rot punktierten Querstreifen (Foto).

Lebensraum/Lebensweise: Magerrasen unterschiedlichster Typen, Brach- und Ruderalflächen sowie extensiv genutzte Mähwiesen. Auch andere Biotope mit Doldengewächsen, wie Waldlichtungen, Steinbrüche, Kiesgruben, Böschungen, Gemüsegärten. Besonders violette Blumen (Rot-Klee, Sommerflieder, Flockenblumen usw.). Doldengewächse, z. B. Kleine Pimpinelle, Wilde Möhre, Fenchel, Wiesen-Kümmel, Petersilie, Gartenmöhre und Dill.

Nachweis: 1) Falter (mitunter 3 Generationen). 2) Suche nach Eiern und Raupen (Foto) bevorzugt an Jungpflanzen von Doldengewächsen über Rohboden oder Schotter bzw. an Störstellen usw. (Spätsommer: v. a. an Bibernell in Magerrasen oder Kulturpflanzen in Gemüsegärten).

Gefährdung/Schutz: BArtSchV (2005): besonders geschützt, Rote Liste BRD (2008): nicht gefährdet. – Schutz durch Förderung vegetationsarmer Straßenböschungen (keine Begrünung und Gehölzpflanzung), düngungsarme Grünlandnutzung und Verzicht auf Pestizideinsatz in Gemüsegärten.

Besonderheiten: Raupe zeigt bei Störung auffällige Nackengabel (Osmaterium). Hilltopping (siehe S. 232) auf kahlen Hügelkuppen.

Segelfalter
Iphiclides podalirius
(LINNAEUS, 1758)
→ Tafel Seite 186

Merkmale Falter: *Papilio machaon* (s. o.) nicht unähnlich, jedoch beim Sitzen längs über die Flügel laufende, unterschiedlich weit reichende dunkle Binden. Ei sowie Entwicklung siehe Einleitung (S. 11ff.). Raupe: L1 schwarz, später walzig-dick, grün gefärbt mit gelben Streifen und braunen Flecken.

Lebensraum/Lebensweise: Extrem wärmebedürftige Art. Heiße, felsige Hänge, Blockschutthalden, Steinriegel, Bahndämme, Trockenrasen, auch auf trockenwarmen Waldlichtungen; Kiefernheidegebiete und Bergbaufolgelandschaften in der Lausitz. Verschiedene, meist helle Blüten (Pflaume, Holunder, Raps, Liguster), aber auch violette wie Wiesen-Salbei und Sommerflieder. Verschiedene Rosengewächse, vor allem Schlehe, Felsen-Kirsche, Späte Traubenkirsche, Eberesche; auch an Kulturobstsorten.

Nachweis: Kurz nach der Flugzeit Suche nach schwarzen L1-Raupen auf Blattoberseiten an trocken-heißen Standorten (Foto). In warmen Regionen abweichend vom Diagramm im Juli/August eine (manchmal nur partielle) zweite Generation.

Gefährdung/Schutz: BArtSchV (2005): besonders geschützt, Rote Liste BRD (2008): 3. – Gefährdet v. a. durch das Zuwachsen trockenheißer, offener Standorte. Die Art profitiert von Entbuschung in mehrjährigen Abständen, da hierdurch geeignete Larvalhabitate neu geschaffen werden (Stockausschläge). Das großflächige Abholzen aller in einem Gebiet geeigneten Ablagebüsche sollte unterbleiben.

Besonderheiten: Auch bei dieser Art wurde Hilltopping (S. 232) beobachtet, allerdings wählen die Falter Kuppen, die nicht völlig kahl, sondern mit Gebüsch bewachsen sind.

SH G/+	HH 2/+	MV 3/+	NI 2/+
ST –/+	BE 3/+	BB V/+	SN –/+
TH –/+	HE V/+	NW 3/+	RP V/+
SL V/+	BW –/+	BY –/+	D –/+

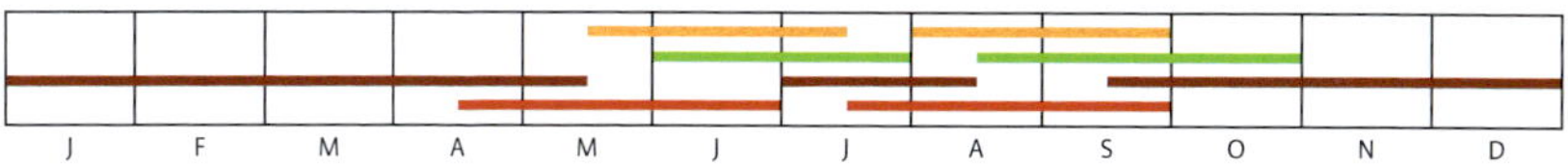

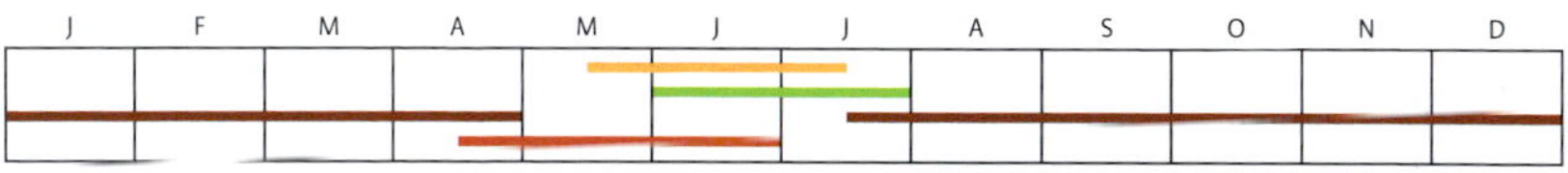

SH –	HH –	MV E	NI 0/x
ST 2/+	BE –/x	BB 2/+	SN 2/+
TH 1/+	HE 2/+	NW 1/+	RP 1/+
SL 0/+	BW 2/+	BY 2/+	D 3/+

Leguminosen-Weißling
Leptidea sinapis
(LINNAEUS, 1758)

→ Tafel Seite 178

Merkmale Falter: Kleiner Weißling mit rundem, grauschwarzem (beim Weibchen hellgrauem oder fehlendem) Fleck an der Spitze der Vorderflügeloberseite (Apikalfleck); äußerlich annähernd identisch mit dem erst 1989 beschriebenen und auch für Deutschland nachgewiesenen *L. reali* (s. u.). Genaue Artdiagnose ist nur durch Spezialisten möglich (vgl. Zeichnung rechte Seite). Apikalfleck weiß umrandet. Bei der Frühjahrsgeneration der Männchen ist er konvex geformt. Wenn keine hinreichende Sicherheit besteht, sollte vom *L. sinapis/reali*-Komplex gesprochen werden. Ei: spindelförmig, weiß; feine Längs- und Querrippen (kl. Foto). Raupe: hellgrün, auf beiden Körperseiten je ein heller, gelbgrüner Längsstreifen, auf dem Rücken dunkler grüner Streifen mit gelben Rändern (Foto rechte Seite unten).
Lebensraum/Lebensweise: siehe *L. reali.*
Nachweis: Falter (bei günstigem Klima auch unvollständige 3. Generation möglich).
Gefährdung/Schutz: Rote Liste BRD (2008): D. – Schutz durch weitgehenden Verzicht auf Düngung bei der Grünlandnutzung, regelmäßige Neuschaffung von Waldlichtungen, Entwicklung selten gemähter Säume entlang von Wiesen und Gebüschen.

Reals Schmalflügel-Weißling
Leptidea reali
REISSINGER, 1989

→ Tafel Seite 178

Merkmale siehe *L. sinapis.*
Lebensraum/Lebensweise: Allgemein für die beiden Arten *L. sinapis* und *L. reali*: Saumbiotope, Ränder von Wegen, Lichtungen, aber auch nicht überdüngte Wiesen und höherwüchsige bis verbuschende Magerrasen. Wiesen-Platterbse, Berg-Platterbse, Gewöhnlicher Hornklee, Vogel-Wicke, Rauhaarige Gänsekresse, Kugelblumen. Schmetterlingsblütler in nicht zu nährstoffreichem Grünland. Gewöhnlicher Hornklee (Foto) und Vogel-Wicke scheinen eher *L. sinapis* als Eiablagepflanze zu dienen, während *L. reali* eher Wiesen-Platterbse und Berg-Platterbse bevorzugt. Hierzu sind aber weitere Untersuchungen mit regionalspezifischem Fokus erforderlich.
Nachweis: siehe *L. sinapis.*
Gefährdung/Schutz: siehe *L. sinapis.* Rote Liste BRD (2008): D. – Für Berlin und Brandenburg wird gemeldet, dass *L. reali* seit den 1970er-Jahren die dominierende Art sei und *L. sinapis* verdrängt. Die Verbreitung in den deutschen Bundesländern ist noch ungenügend bekannt, weshalb bei den Verbreitungsangaben noch große Lücken bestehen.

Abb. rechts: Merkmale zur Unterscheidung von *Leptidea sinapis* und *L. reali*: Oben Genitalapparat und unten Ventralplatten der Männchen (vgl. SETTELE et al. 2000, S. 248). Aedoeagus und Saccus von *reali* sind deutlich länger ausgebildet als bei *sinapis*. Bei den Männchen muss in Zweifelsfällen die Form der Ventralplatten mit einbezogen werden. Bei den Weibchen ist als eindeutiges Merkmal der Ductus bursae (nicht abgebildet) von *L. reali* mindestens um 1/3 länger bis fast doppelt so lang wie bei *L. sinapis*.

SH 0/x	HH 0/x	MV 1/+	NI 2/+
ST –/+	BE 1/+	BB V/+	SN V/+
TH –/+	HE V/+	NW D/?	RP V/+
SL D/+	BW V/+	BY D/+	D D/+

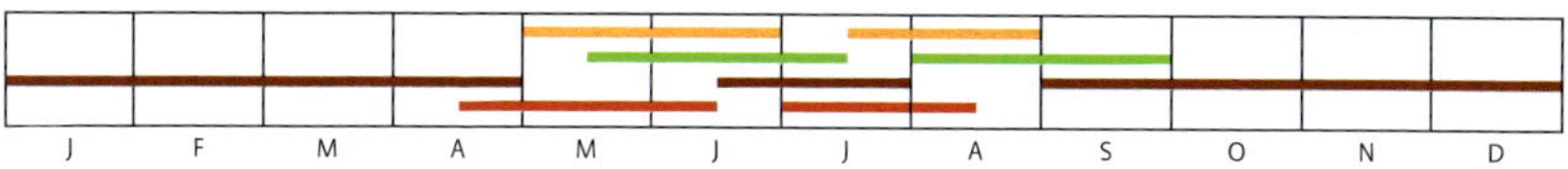

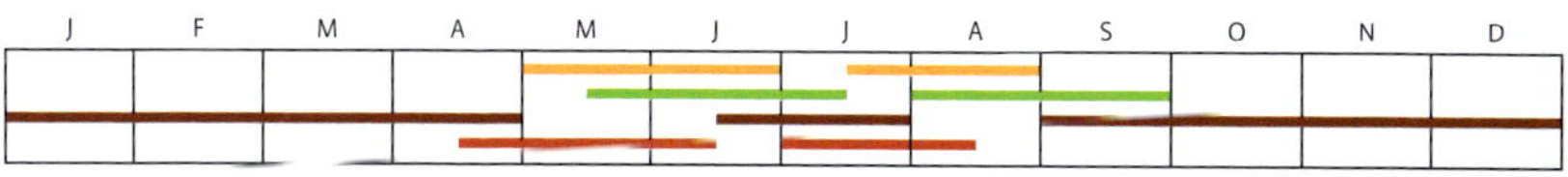

SH –	HH –	MV –	NI =/+
ST –	BE –/+	BB –/+	SN D/+
TH –/+	HE D/+	NW D/+	RP –/+
SL –/+	BW V/+	BY D/+	D D/+

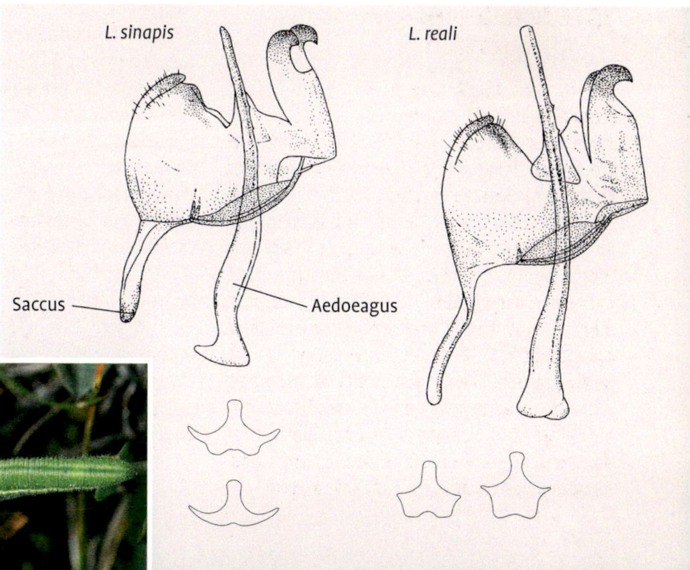

Hochmoor-Gelbling

Colias palaeno
(LINNAEUS, 1761)
→ Tafel Seite 183

Merkmale Falter: Die Kombination von Färbung (Männchen schwefelgelb, Weibchen blassgelb) und Zeichnung (Vorderflügelrand oberseits durchgehend schwarz) unterscheidet die Art eindeutig von den übrigen Arten der Gattung. Ei: spindelförmig; frisch gelegt gelbgrün (Foto o.r.), später rötlich, mit feinen Längs- und Querrippen. Raupe: grün mit gelblich weißer Seitenlinie (Foto).

Lebensraum/Lebensweise: Moorgebiete mit besonnten Beständen der Wirtspflanze und Nektarquellen in erreichbarer Entfernung. Gestörte, d.h. eutrophierte und/oder austrocknende Moorstandorte, bieten nur vorübergehend besonders günstige Bedingungen, solange noch ausreichend besonnte Rauschbeerensträucher vorhanden sind und gleichzeitig schon durch die geänderten Standortbedingungen ein verbessertes Angebot an Nektarpflanzen besteht. Arnika, Disteln, Kratzdisteln. Rauschbeere.

Nachweis: 1) Falter. 2) Suche nach Eiern (Foto) oder Jungraupen (kl. Foto mit Fraßbild) auf Blattoberseiten meist kümmerlicher oder randständiger, gut besonnter Bestände der Rauschbeere.

Gefährdung/Schutz: BArtSchV (2005): besonders geschützt, Rote Liste BRD (2008): 2. – Der zunehmende Stickstoff-Eintrag aus der Luft erhöht die Gefahr der ungewollten Bewaldung von Mooren. Für den Schutz der Art muss der gesamte Standortgradient zwischen Nieder- und Hochmoor offen (baumfrei) gehalten werden, also nicht nur das Larvalhabitat.

Östlicher Gelbling

Colias erate
(ESPER, 1805)
→ Tafel Seite 183

Merkmale Falter: Gegenüber *C. crocea* (S. 56, 182) und *C. myrmidone* (S. 56): beim Männchen kein Duftschuppenfleck auf den Oberseiten der Hinterflügel (kl. Foto), beim Weibchen Marginalbinde auf den Oberseiten der Hinterflügel unterbrochen. Männchen mit breitem schwarzem Flügelrand und in der Regel zitronengelber Färbung der Oberseiten. Zur Absicherung der Artbestimmung sollten Spezialisten konsultiert werden. Raupe: grün, wie *C. hyale* (S. 54) oder *C. crocea* (S. 56).

Lebensraum/Lebensweise: In Deutschland wurden die Falter bisher auf Klee- und Luzernefeldern gefunden, als Wanderfalter kann die Art jedoch auch in anderen Offenlandbiotopen auftreten. Bislang in Deutschland nur Futter-Luzerne bekannt. Futter-Luzerne. Bislang in Deutschland keine erfolgreiche Überwinterung nachgewiesen.

Nachweis: Die bisherigen Nachweise in Deutschland erfolgten ausnahmslos anhand von Faltern der 2. Generation. Ob sich als ergänzende Nachweismethode auch die gezielte Suche nach Eiern oder Jungraupen eignet und ob die Präimaginalstadien von jenen verwandter Arten (*C. hyale*, *C. crocea*) sicher zu unterscheiden sind, wurde wohl bislang nicht näher untersucht.

Gefährdung/Schutz: BArtSchV (2005): besonders geschützt. Rote Liste BRD (2008): nicht bewertet. – *C. erate* ist ein Wanderfalter, dessen Entwicklungsschwerpunkt außerhalb unseres Faunengebietes in Südosteuropa liegt, weshalb hier keine näheren Angaben gemacht werden können.

Besonderheiten: Erstnachweis 1995, seit 2000 regelmäßiger, besonders in Brandenburg und Sachsen.

SH –	HH –	MV 0/o	NI ?
ST –	BE –	BB 0/x	SN 1/+
TH 0/o	HE R/+	NW 0/x	RP 0/o
SL –	BW 2/+	BY 2/+	D 2/+

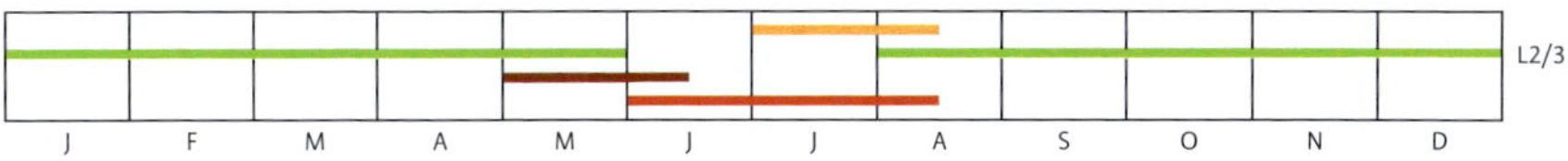

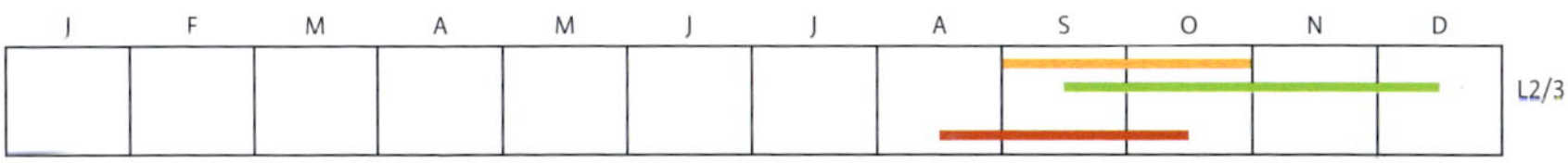

SH –	HH –	MV –	NI –
ST –	BE –	BB –/+	SN =/+
TH –	HE –	NW –	RP –
SL –	BW –	BY E	D =/+

Weißklee-Gelbling
Colias hyale
(LINNAEUS, 1758)
→ Tafel Seite 181

Merkmale Falter: Männchen oberseits blass- bis zitronengelb, Weibchen gelblich weiß. An Vorderflügelspitze und Flügelrand schwärzliche Zeichnungselemente. Außenseite in beiden Geschlechtern gelb bis grünlich gelb. Lässt sich äußerlich oft nicht eindeutig von *C. alfacariensis* (s. u.) unterscheiden, der aber vor allem in bestimmten Naturräumen Süd- und Ostdeutschlands vorkommt (diese aber alle innerhalb des Verbreitungsgebietes von *C. hyale*). Wenn eine sichere Artansprache nicht möglich ist, sollte vom „*C.-hyale-alfacariensis*-Komplex" gesprochen werden. Ei: spindelförmig; frisch gelegt weiß, später orange (kl. Foto); mit feinen Längs- und Querrippen. Raupe: grün mit heller Seitenlinie (dadurch ab L2 eindeutig von *C. alfacariensis* unterscheidbar; vgl. Fotos rechts).
Lebensraum/Lebensweise: Nutzt ein breites Spektrum von Offenlandbiotopen: Mähwiesen, Viehweiden, Brachen, Magerrasen; großer Raumbedarf. ✿ Z. B. Klee-Arten, Witwenblume, Teufelsabbiss, Flockenblume, Distel-Arten. 🍃 Luzerne, Hopfenklee, Weiß-Klee, Rot-Klee, Gewöhnlicher Hornklee, Bunte Kronwicke, Hufeisenklee, Vogel-Wicke, Rauhaarige und Viersamige Wicke.
Nachweis: 1) Falter (♀♀ können eingefangen und an bereitgestellten Wirtspflanzen zur Eiablage gebracht werden; BNatSchG beachten – s. S. 20). 2) Suche nach Eiern auf Blattoberseiten (Foto), vor allem in frisch gemähten/beweideten Flächen und an Störstellen. Raupenaufzucht nach Eifund/Eiablage gewährleistet die Artbestimmung.
Gefährdung/Schutz: BArtSchV (2005): besonders geschützt, Rote Liste BRD (2008): nicht gefährdet. – Regional durch intensive Grünlandnutzung rückläufig.

Hufeisenklee-Gelbling
Colias alfacariensis
RIBBE, 1905
→ Tafel Seite 181

Merkmale Falter: Siehe *C. hyale* (s. o.). Ei: im Vergleich zu *C. hyale* etwas länglicher; kurz nach Eiablage weißlich, später rötlich und kurz vor dem Schlüpfen der Jungraupe bräunlich; feine Längsrippen (ca. 22) erkennbar. Raupe: grün mit gelben Längsstreifen und schwarzen Flecken (daher ab der L2 eindeutig von *C. hyale* unterscheidbar; kl. Foto).
Lebensraum/Lebensweise: Die Präferenzen dieser Art sind gegenüber *C. hyale* zu wärmeren, trockeneren Biotopen hin verschoben. Dies sind in erster Linie Mager-, Trocken- und Steppenrasen sowie sonnige Böschungen und Weinbergsbrachen, auf denen die Wirtspflanzen der Raupen wachsen. ✿ Tauben-Skabiose, Stängellose Distel. 🍃 Fast ausschließlich Hufeisenklee und Bunte Kronwicke.
Nachweis: 1) Falter (mögliche Vorgehensweise, siehe *C. hyale*). 2) Suche nach Eiern (werden wie bei allen Gelblingen nur auf der Blattoberseite abgelegt) und Jungraupen zwischen Juli und Oktober an offenen Bodenstellen, über Fels oder Geröll. Nur Raupenaufzucht nach Eifund/Eiablage gewährleistet die zweifelsfreie Artbestimmung. Eifunde an Hufeisenklee oder Bunter Kronwicke sind allein noch kein sicherer Artnachweis, da auch *C. croceus* (S. 56) und *C. hyale* (s. o.) an diesen Pflanzen ablegen.
Gefährdung/Schutz: BArtSchV (2005): besonders geschützt, Rote Liste BRD (2008): nicht gefährdet. – Schutz von Kalkmagerrasen und Pionierstandorten auf Kalk; Verbuschung und Düngung entziehen die Lebensgrundlage. Bei Verzicht auf Begrünung kann sich die Art auch an felsigen Straßenböschungen ansiedeln.

SH	HH	MV	NI
−/+	−/+	=/+	V/+
ST	BE	BB	SN
−/+	−/+	−/+	V/+
TH	HE	NW	RP
3/+	−/+	3/+	V/+
SL	BW	BY	D
V/+	V/+	−/+	−/+

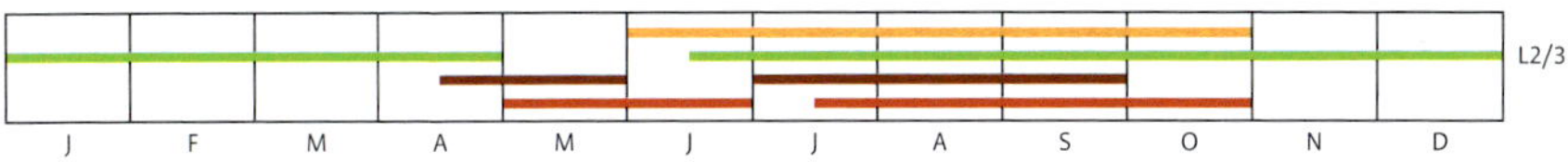

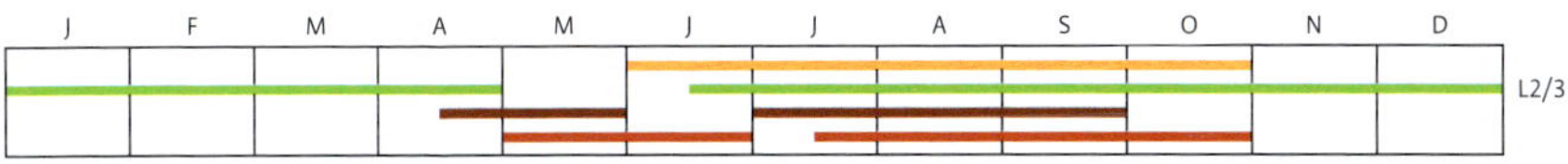

SH	HH	MV	NI
–	–	?	1/+
ST	BE	BB	SN
3/+	–	D/+	1/+
TH	HE	NW	RP
−/+	D/+	2/+	3/+
SL	BW	BY	D
2/+	V/+	V/+	−/+

Wander-Gelbling
Colias croceus (GEOFFROY, 1785)
→ Tafel Seite 182

Merkmale Falter: *C. croceus* ist morphologisch schwer von der Schwesterart *C. myrmidone* (s. u.) zu trennen. Die schwarze Randbinde auf den Vorderflügeln von *C. croceus* ist von feinen gelben Adern durchquert, die bei *C. myrmidone* fehlen. Bei den Weibchen beider Arten ist diese Binde von gelben Flecken unterbrochen, während sie bei den Männchen durchgängig ist. Da *C. myrmidone* in Deutschland nicht mehr vorkommt, sollte die Bestimmung i. d. R. eindeutig sein. Ei: spindelförmig schlank; frisch gelegt gelblich, später rötlich; mit feinen Längsrippen. Raupe: grün (kl. Foto), ähnlich *C. hyale* (S. 54) und *C. erate* (S. 52).

Lebensraum/Lebensweise: Offenland. Äcker und Wiesen mit verschiedenen Klee-Arten und Luzerne. Viele verschiedene Blüten. Verschiedene Schmetterlingsblütler (z. B. Gewöhnlicher Hornklee, Luzerne-Arten, Bunte Kronwicke, Hufeisenklee).

Nachweis: Falter (im Spätsommer auf Rotklee- oder Luzerneäckern sowie in sonstigen blumenreichen Offenlandbiotopen). An Leguminosen gefundene *Colias*-Eier müssen zur Art-Bestimmung aufgezogen werden, da sie nicht zweifelsfrei von Eiern der verwandten Arten unterscheidbar sind.

Gefährdung/Schutz: BArtSchV (2005): besonders geschützt, Rote Liste BRD (2008): nicht gefährdet. – *C. croceus* ist eine Wanderart, deren Entwicklungsschwerpunkt außerhalb unseres Faunengebietes liegt.

Besonderheiten: Die Art galt bisher in Deutschland als nicht bodenständig (Wanderfalter); in den letzten Jahren sind aber – vor allem am Kaiserstuhl – erfolgreiche Überwinterungen von Raupen nachgewiesen worden.

Regensburger Gelbling
Colias myrmidone (ESPER, 1780)
→ Tafel Seite 182

Merkmale Falter: Siehe *C. crocea* (oben). Ei: spindelförmig. Raupe: grün mit hell gelblichem Seitenstreifen.

Lebensraum/Lebensweise: Die Art ist streng an das Vorkommen ihrer einzigen Wirtspflanze gebunden. Bei den in Deutschland bekannt gewordenen Lebensräumen (Oberpfalz) handelte es sich um felsdurchsetzte Trespen-Trockenrasen südwestexponierter Flusstal-Hänge und magere Kiefernwald-Kahlschläge. Wiesen-Salbei, Knautie, Dost, Flockenblume, Skabiose. Regensburger Geißklee.

Nachweis: Eine Wiederbesiedlung von Südosten her ist nicht ganz auszuschließen. Um *C. myrmidone* nachzuweisen, müssen Wuchsorte der Raupenwirtspflanzen zur Flugzeit der 2. Generation gezielt nach Faltern abgesucht werden. Ei (kl. Foto) und Jungraupe sind durch erfahrene Tagfalter-Bearbeiter ebenfalls gut nachweisbar. Man sucht hierzu die Blattoberseiten besonders heiß stehender Geißklee-Pflanzen ab (z. B. Triebe über Fels, offenem Boden oder trockener Nadelstreu). Raupenaufzucht nach Eifund/Eiablage gewährleistet die zweifelsfreie Unterscheidung von den anderen *Colias*-Arten.

Gefährdung/Schutz: BArtSchV (2005): streng geschützt, Rote Liste BRD (2008): 0. FFH-Anhang II + IV. – Gegenwärtig gilt die Art in Deutschland als verschollen. In der RL von Bayern (2004) wird die Art als ausgestorben (Kategorie 0) geführt. Anders als z. B. *C. hyale* (S. 54) und *C. croceus* (s. o.) ist die Art sehr standorttreu und nicht in der Lage, binnen kurzer Frist neue Habitate zu besetzen.

SH –/+	HH –/+	MV =/+	NI =/+
ST –/+	BE –/+	BB –/+	SN –/+
TH –/+	HE –/+	NW –/+	RP –/+
SL =/+	BW –/+	BY –/+	D =/+

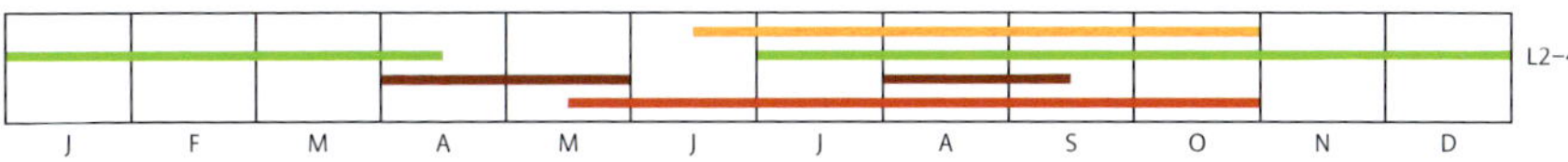

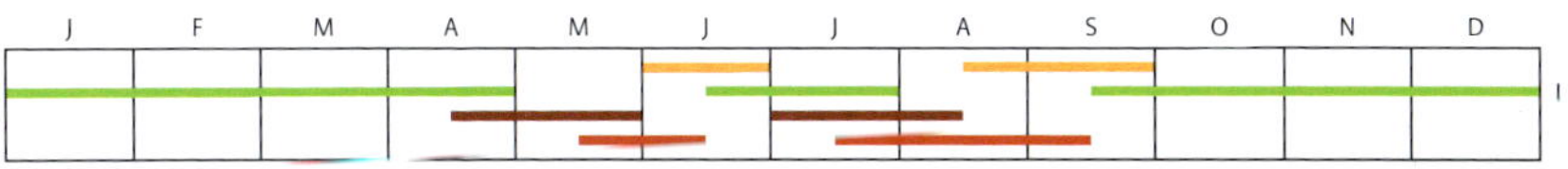

SH –	HH –	MV –	NI –
ST (E)	BE –	BB –	SN (E)
TH –	HE –	NW –	RP –
SL –	BW –	BY 0/+	D 0/+

Zitronenfalter

Gonepteryx rhamni
(LINNAEUS, 1758)
→ Tafel Seite 180

Merkmale Falter: Unverwechselbar durch den typischen Flügelschnitt; Männchen kräftig gelb, Weibchen grünlich weiß. In Ruhestellung Flügel stets geschlossen. Ei: grünlich gelb, spindelförmig und deutlich längsgerippt; verfärbt sich während der Entwicklung rötlich. Raupe: grün, porzellanartig glänzend, vor der Verpuppung an den Seiten helle Streifen.

Lebensraum/Lebensweise: Der Zitronenfalter nutzt als Raupenhabitat fast alle Wuchsorte seiner Wirtspflanzen. Dementsprechend vermag sich die Art in einer Vielzahl gehölzgeprägter Lebensräume zu reproduzieren. Die Falter fliegen gern entlang der Waldwege und, solange die Bäume unbelaubt sind, auch im Waldesinneren. Seidelbast, Lerchensporn, Blutweiderich, Kohldistel u. a. Je nach Nektarangebot findet man die Falter in verschiedenen Offenlandbiotopen, wie Wiesen, Ruderalflächen, Garten- und Parkanlagen. Kreuzdornarten und Faulbaum.

Nachweis: Zitronenfalter sind auffällig. Sie sind bei sonnigem Wetter sowie bei mittlerer bis hoher Populationsdichte gut im Falterstadium zu kartieren. An bedeckten oder regnerischen Tagen sowie bei geringer Populationsdichte ist dagegen die Suche nach Eiern und Raupen wesentlich effizienter. Die Eier findet man zwischen April und Juni an den Blattknospen oder auf Blattunterseiten der Nahrungspflanzen (kl. Foto: Eier an Faulbaum), die Raupen dagegen anhand ihres Fraßbildes (anfangs Löcher, später Randfraß) auf den Blattoberseiten.

Gefährdung/Schutz: Rote Liste BRD (2008): nicht gefährdet. – Spezifischer Schutz scheint in Deutschland nicht nötig zu sein.

Baum-Weißling

Aporia crataegi
(LINNAEUS, 1758)
→ Tafel Seite 176

Merkmale Falter: Große Weißlings-Art ohne Fleckenzeichnung, aber mit schwarzen Flügeladern. Weibchen mit transparenteren Vorderflügelspitzen (Foto). Ei: gelb, kegelförmig und deutlich längsgerippt. Raupe: gesellig im Gespinst, nach der Überwinterung vereinzeln sich die bunten Raupen oder bleiben in kleinen Gruppen zusammen.

Lebensraum/Lebensweise: Gebüsch- und Saumgesellschaften im Offenland, an Waldrändern auf Lichtungen. Waldschneisen, Hecken, Straßenböschungen und Bahndämme, auch verbuschte Ruderalflächen und ungespritzte Obstkulturen. Deutliche Bevorzugung violetter Blüten, z. B. Wald-Storchschnabel, Wiesen-Knöterich, Kuckucks-Lichtnelke, Acker-Witwenblume, Sumpf-Kratzdistel, Kohldistel u. a. Verholzte Rosengewächse, z. B. Weißdorn, Eberesche, Kirsch- und Pflaumen-Arten. Raupengespinste bevorzugt an kleinen, einzeln stehenden Büschen der Wirtspflanzen. Die Verpuppung findet an Ästen der Wirtsgehölze statt; die Gürtelpuppen wurden aber auch schon an einem Begrenzungspfosten aus Beton gefunden.

Nachweis: 1) Falter. 2) Suche nach Eigelegen oder Jungraupengespinsten (diese sind anhand der weißlichen Gespinstfäden auch im Winter an unbelaubten Büschen gut nachweisbar; Foto: Wintergespinst an Weißdorn).

Gefährdung/Schutz: Rote Liste BRD (2008): nicht gefährdet. – Lokal wurde die Art in der Vergangenheit durch Insektizideinsatz gegen den Goldafter beeinträchtigt, einen mitunter „schädlichen“ Nachtfalter, der teilweise in den gleichen Lebensräumen auftritt.

SH –/+	HH –/+	MV –/+	NI –/+
ST –/+	BE –/+	BB –/+	SN –/+
TH –/+	HE –/+	NW –/+	RP –/+
SL –/+	BW –/+	BY –/+	D –/+

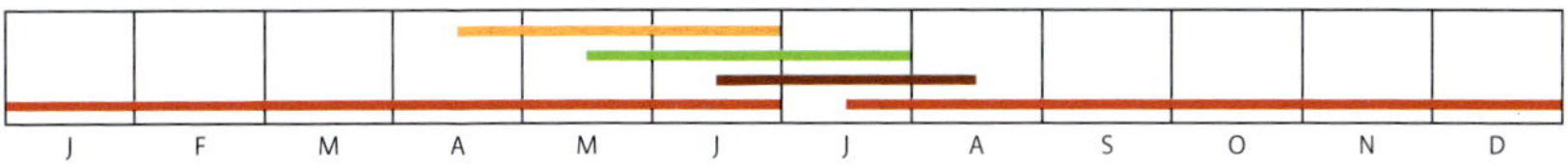

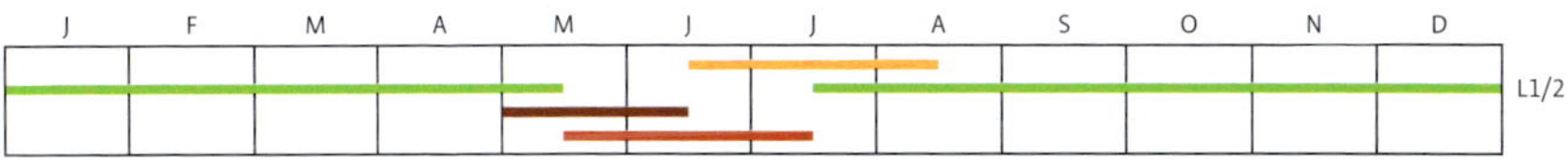

SH 0/+	HH 0/x	MV R/+	NI 3/+
ST –/+	BE –/+	BB –/+	SN –/+
TH 3/+	HE 3/+	NW 2/+	RP V/+
SL 3/+	BW V/+	BY 3/+	D –/+

Großer Kohl-Weißling

Pieris brassicae
(LINNAEUS, 1758)
→ Tafel Seite 177

Merkmale Falter: Außen auf der Vorderflügeloberseite zieht sich die schwarze Randzeichnung bis zur Flügelmitte hin. Männchen ohne, Weibchen (Foto) mit 2 schwarzen Punkten auf den Vorderflügeln. Ei: kegelförmig, gelblich, mit feinen Längsrippen, in Gelegen an Blattunterseiten. Raupe: gelb genetzt auf grünem Grund (kl. Foto).

Lebensraum/Lebensweise: Raupen: besonders Kohlfelder, Gärten und Ruderalflächen; auch Küstenlinien. Falter: auf Nektarsuche auch in vielen anderen Offenlandbereichen. Breites Spektrum an violetten Blütenpflanzen. Gesellig an Kohl-Arten, Kapuzinerkresse, an der Küste auch an Meerkohl. Überwinterung als Gürtelpuppe, häufig an Mauern und Wänden.

Nachweis: Falter (3 Generationen von Mai bis September; in der 2. Generation sind mitunter gerichtete Massenwanderungen zu beobachten). Eispiegel und Raupen sind in Jahren mit Massenvermehrung an ihren Wirtspflanzen gut nachzuweisen.

Gefährdung/Schutz: Rote Liste BRD (1998): nicht gefährdet. – *P. brassicae* ist ein Kulturfolger, dessen Verbreitungsschwerpunkt sich ursprünglich auf die europäischen Küstengebiete beschränkte. Durch den Feldanbau von Kohl und die Öffnung der Landschaft im Zuge der agrarischen Nutzung wurde es ihm möglich, sich über den gesamten Kontinent auszubreiten. In den letzten Jahren ist die Bestandsentwicklung rückläufig, sodass die Schädigung von Feldkulturen nur noch selten vorkommt, was sicherlich auf den Einsatz von Pestiziden zurückzuführen ist. Eine Gefährdung ist zurzeit nicht gegeben.

Kleiner Kohl-Weißling

Pieris rapae
(LINNAEUS, 1758)
→ Tafel Seite 178

Merkmale Falter: Siehe *P. napi* (S. 62). Ei: kegelförmig, gelblich, mit feinen Längsrippen. Raupe: grün, an der Seite zwischen den Stigmen gelbe Punkte, mit gelben (deutlichen) Längsstreifen auf dem Rücken (Foto unten links: Unterschied zu *P. napi*, S. 62).

Lebensraum/Lebensweise: Kohl- und Rapsfelder, Gärten, Brachland, Wegränder und Böschungen. Der Falter ist sehr mobil, sodass er auch fernab der Larvalhabitate auf Nektarsuche gefunden werden kann, z.B. auf Schlagfluren und Lichtungen in Wäldern oder in Feuchtgebieten. Deutliche Präferenz für violette Blüten, jedoch geringer als bei *P. brassicae* (s.o.), z.B. Sommerflieder, Acker-Kratzdistel, Kohldistel, Dost, Teufelsabbiss, Rot-Klee u.a. Kreuzblütler. Die Eier werden meist einzeln oder in kleinen Gruppen an die Blätter gelegt. Überwinterung als Gürtelpuppe.

Nachweis: 1) Falter 2) Raupen (Foto o. l.); sind einzeln auf ihren Wirtspflanzen zu finden.

Gefährdung/Schutz: Rote Liste BRD (2008): nicht gefährdet. – *P. rapae* ist ein typischer Kulturfolger. Es ist keine Gefährdung erkennbar.

Weitere Art: Der Karst-Weißling *Pieris mannii* (MAYER, 1851) wurde in BW am 20. 8. 2008 erstmals nachgewiesen und könnte sich weiter ausbreiten. Raupen leben an der in Trockenmauern wachsenden Schleifenblume (*Iberis sempervirens*). Zur Unterscheidung vor allem von *Pieris rapae* siehe Seite 178. Die Genitalien sind nicht unterschiedlich. Absolut sicheres Artmerkmal: Die Jungraupe von *P. rapae* hat einen grünen, die von *P. mannii* (L1 und L2) einen schwarzen Kopf (siehe kl. Foto links unten).

SH –/+	HH –/+	MV –/+	NI –/+
ST –/+	BE –/+	BB –/+	SN –/+
TH –/+	HE –/+	NW –/+	RP –/+
SL 3/+	BW –/+	BY –/+	D –/+

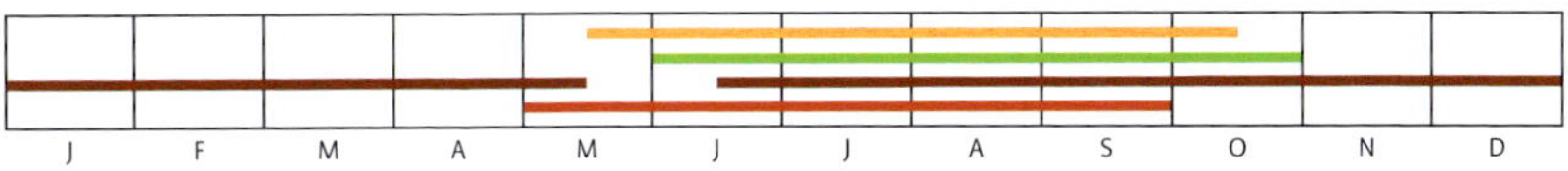

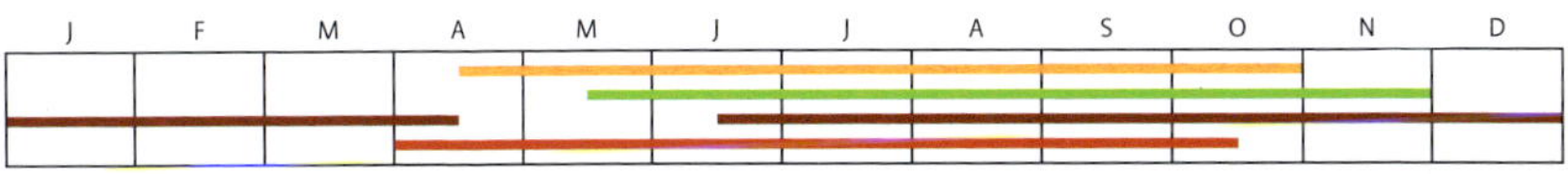

SH –/+	HH –/+	MV –/+	NI –/+
ST –/+	BE –/+	BB –/+	SN –/+
TH –/+	HE –/+	NW –/+	RP –/+
SL –/+	BW –/+	BY –/+	D –/+

Grünader-Weißling

Pieris napi
(LINNAEUS, 1758)
→ Tafel Seite 178

Merkmale Falter: Unterseite der Hinterflügel (Foto) im Gegensatz zu *P. rapae* (S. 60) mit breiter dunkler Adernzeichnung, die aber mit steigender Generationenzahl blasser wird. Schwarze Zeichnung auf der Spitze der Vorderflügel bis zur vierten Längsader reichend. Männchen mit einem, Weibchen mit 2 dunklen Flecken auf der Vorderflügeloberseite. Ei: weißlich, flaschenförmig, längsgerippt. Raupe: grün, an der Seite zwischen den Stigmen gelbe Punkte, mit undeutlichem Längsstreifen auf dem Rücken (kl. Foto; Unterschied zu *P. rapae* S. 60).

Lebensraum/Lebensweise: Wälder, Lichtungen, Saumbiotope, Wegränder und Böschungen, aber auch Felder, Wiesen und Gärten. Die Präferenzen des Grünader-Weißlings sind im Vergleich zu denen der beiden anderen *Pieris*-Arten deutlich zugunsten von feuchteren, stärker beschatteten Biotopen verschoben. Diese Art ist also kein Kulturfolger im engeren Sinne (das heißt auch kein Schädling; der früher verwendete deutsche Name „Raps-Weißling" ist irreführend). Breites Blütenspektrum, bevorzugt Blutweiderich. In erster Linie wild wachsende Kreuzblütler.

Nachweis: Falter (April bis September; in der 2. Generation sind mitunter gerichtete Massenwanderungen, oft mit den anderen *Pieris*-Arten gemischt, zu beobachten).

Gefährdung/Schutz: Rote Liste BRD (2008): nicht gefährdet. – Eine Gefährdung der Art ist derzeit nicht gegeben.

Reseda-Weißling

Pontia edusa
(FABRICIUS, 1777)
→ Tafel Seite 179

Vorbemerkung: Bis vor kurzem war nicht geklärt, ob die vorliegende Art in Deutschland eindeutig zu *Pontia edusa* zu rechnen ist. Nach neueren Untersuchungen (DNA-Analysen) ist dies nun bestätigt. *P. edusa* ist die Art mit der größeren europäischen Verbreitung und einer permanenten Flächendynamik, während *P. daplidice* (LINNAEUS, 1758) (bislang in Deutschland meist verwendeter Name) als eher stationäre Art im westlichen Mittelmeergebiet vorkommt.

Merkmale Falter: Die graugrünen Flecken auf der Hinterflügelunterseite sind nicht so stark aufgelöst wie beim Aurorafalter (S. 64), mit dessen Weibchen eine Verwechslung möglich wäre. Ei: orange, spindelförmig, längsgerippt. Raupe: Jungraupe grün, später dunkel graublau mit gelben Streifen (kl. Foto), der Raupe von *P. brassicae* (S. 60) nicht unähnlich, aber einzeln lebend.

Lebensraum/Lebensweise: Offenlandbiotope wie Magerrasen, trockene Brachen, Tagebaurekultivierungsflächen und besonnte Waldschneisen. Freie Bodenstellen mit Kies oder Sand werden gern aufgesucht. Wanderfalter Bevorzugung violetter Blüten. Wild wachsende Kreuzblütler, z. B. Virginische Kresse, Nacktstängeliger Bauernsenf, Resede, Besenrauke (im Osten).

Nachweis: 1) Falter. 2) Suche nach Raupen, die vor allem im Hochsommer in Blüten-/Fruchtständen der erwähnten Wirtspflanzen einfach nachweisbar sind.

Gefährdung/Schutz: Rote Liste BRD (2008): nicht gefährdet. – Neuerdings ist der Reseda-Weißling in einigen Regionen Deutschlands vertreten, in denen er jahrzehntelang gefehlt hat oder zuvor nie gefunden worden war.

SH –/+	HH –/+	MV –/+	NI –/+
ST –/+	BE –/+	BB –/+	SN –/+
TH –/+	HE –/+	NW –/+	RP –/+
SL –/+	BW –/+	BY –/+	D –/+

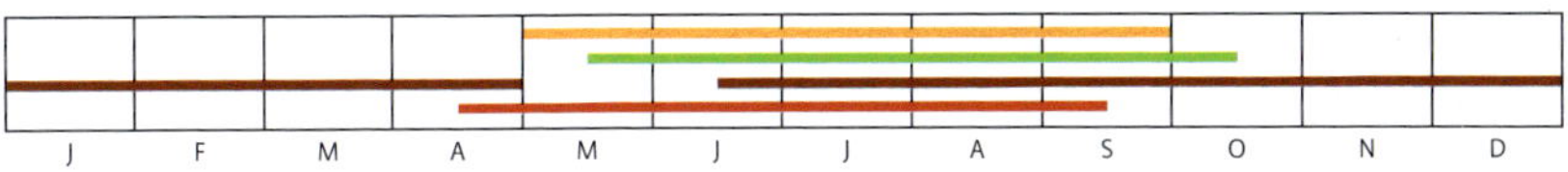

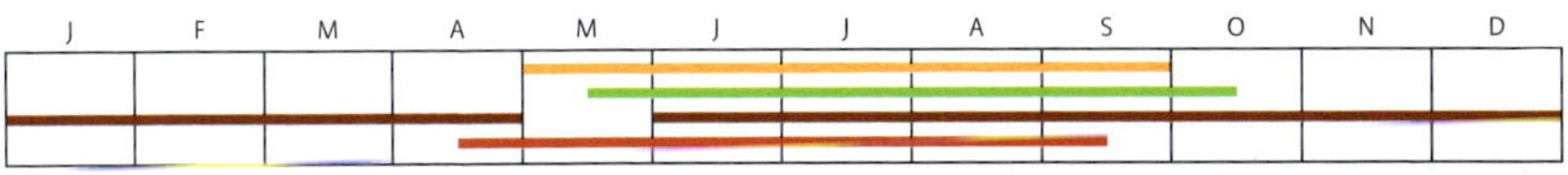

SH –/+	HH 0/x	MV R/+	NI 3/+
ST –/+	BE –/+	BB –/+	SN –/+
TH 3/+	HE D/+	NW –/+	RP (E)
SL E	BW E	BY –/+	D –/+

Aurorafalter

Anthocharis cardamines (LINNAEUS, 1758)

→ Tafel Seite 179

Merkmale Falter: Männchen mit orangefarbener Vorderflügelhälfte, Weibchen mit schwarzer Vorderflügelspitze. Unterseite der Hinterflügel mit grüngelben Sprenkeln (vgl. Foto und *P. edusa*, S. 62). Ei: spindelförmig, vergleichsweise dick und im Längsschnitt oval; frisch gelegt weiß, später rötlich (kl. Foto). Raupe: oberseits bläulich grün, unterseits dunkelgrün und seitlich sehr aufgehellt (Foto).

Lebensraum/Lebensweise: Fast alle Gehölzgesellschaften und Lichtungen, ebenso äußere Waldränder, Ruderalflächen, Brachen, strukturreiches Grünland, Wohngebiete, Gärten und Parks; auch Felsbiotope mit Rauhaariger Gänsekresse, Störstellen in trockenen Magerrasen mit Stängelumfassendem Hellerkraut, sowie Feucht- und Nassstandorte mit Bitterem Schaumkraut. Vorzugsweise wohl an Wiesen-Schaumkraut und Knoblauchsrauke, aber auch z. B. an Bitterem Schaumkraut, Nachtviole, Berg-Platterbse, Zaunwicke, Echter Sternmiere, Roter Lichtnelke oder Weißdorn. Blüten und Fruchtstände wild wachsender Kreuzblütler, z. B. Rauhaarige Gänsekresse, Knoblauchsrauke, Schaumkraut- und Hellerkraut-Arten, Meerrettich, Pfeilkresse, Echtes Barbarakraut, u. a. m. Gürtelpuppe überwintert an Pflanzenstängeln.

Nachweis: 1) Eier und Raupen auf Wirtspflanzen (Fotos: Ei an Wiesenschaumkraut, Raupe an Knoblauchsrauke). 2) Falter (männliche Falter im Frühjahr recht auffällig).

Gefährdung/Schutz: Rote Liste BRD (2008): nicht gefährdet. – Die Art ist nirgends ernsthaft gefährdet.

Großer Feuerfalter

Lycaena dispar (HAWORTH, 1803)

→ Tafel Seite 184

Merkmale Falter: Große Bläulings-Art; in unserem Faunengebiet kommt die Unterart *rutila* vor. Auf dem Vorderflügel weist das Männchen (im Gegensatz zu *L. virgaureae*, S. 66) einen dunklen Punkt auf (Foto). Hinterflügelunterseiten bei beiden Geschlechtern blaugrau. Ei: weiß, charakteristisches Aussehen („tortenartig"; siehe kl. Foto, linkes Ei mit soeben schlüpfender L1). Raupe: grün (Foto u. l.).

Lebensraum/Lebensweise: In Norddeutschland Feuchtwiesen, Graben- und Gewässerränder, Niedermoore vorzugsweise mit Seggen- und Röhrichtbeständen. Im übrigen Deutschland dagegen regelmäßig auch in eutrophierten Acker- und Wiesenbrachen, mehrschürigen Wiesen sowie in anderen, sporadisch gestörten und nährstoffreichen Offenlandbiotopen (Baubrachen, Holzrückeplätze, Ufer von Regenrückhaltebecken, Ruderalfluren, Straßenböschungen etc.). Die Falter sind mobil und können auch weitab von (und in völlig anderen Lebensräumen als) den Raupenhabitaten gefunden werden. Vielzahl verschiedener zur Flugzeit blühender Pflanzen. Breitblättrige, nicht saure Ampfer-Arten: v. a. Stumpfblättriger, Krauser und Fluss-Ampfer.

Nachweis: Suche nach Eiern auf Blattoberseiten (Foto) der genannten Ampfer-Arten am Ende der Flugzeit der jeweiligen Generation (in NO-Deutschland mitunter nur 1 Generation).

Gefährdung/Schutz: BArtSchV (2005): streng geschützt, Rote Liste BRD (2008): 3, FFH-Richtlinie, Anhang II + IV. – Gegenwärtig expansive Art. Zum Schutz v. a. der Vorkommen in Norddostdeutschland Drainage von Nasswiesen stoppen sowie extensive Pflege von Gräben und Grabenrändern.

SH V/+	HH 3/+	MV –/+	NI –/+
ST –/+	BE –/+	BB –/+	SN –/+
TH –/+	HE –/+	NW –/+	RP –/+
SL –/+	BW –/+	BY –/+	D –/+

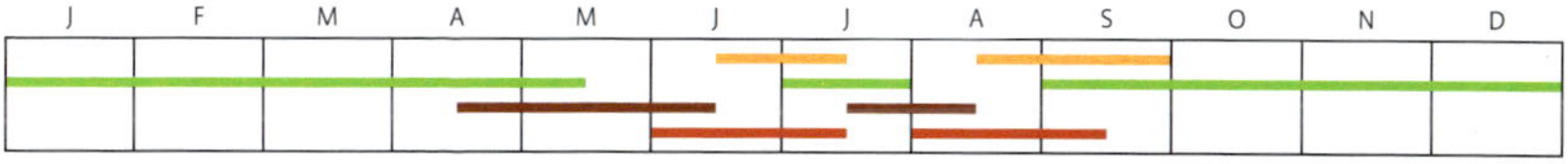

SH –	HH –	MV 2/+	NI 0/+
ST 1/+	BE 1/+	BB 2/+	SN –/+
TH –	HE 0/+	NW 0/o	RP V/+
SL –/+	BW 3/+	BY E	D 3/+

Dukaten-Feuerfalter
Lycaena virgaureae
(LINNAEUS, 1758)
→ Tafel Seite 184

Merkmale Falter: Beide Geschlechter besitzen einige zu einem Streifen zusammengesetzte weiße Flecken auf der Hinterflügelunterseite. Ei: vom Typ »Golfball«, vergleichsweise groß mit grobwabiger kantiger Oberflächenstruktur (kl. Foto). Raupe: grün, in der Farbe der Wirtspflanzen.

Lebensraum/Lebensweise: Magere Wald-Offenland-Übergangsbereiche wie ungedüngte Waldwiesen, Lichtungen, breite Forstweg-Säume, regional auch meist bodensaure Magerrasen. Sommerflieder, Jakobs-Greiskraut, Wald-Greiskraut, Schwarze Flockenblume, Gemeiner Rainfarn, Acker-Kratzdistel, Brombeere, Gemeine Schafgarbe, Dost, Hornklee, Nickende Distel u. a. Ampfer-Arten (vor allem Großer Sauerampfer). I. d. R. überwintert die fertig entwickelte Jungraupe im Ei (Foto). Verpuppung in Bodennähe an der Wirtspflanze.

Nachweis: Falter.

Gefährdung/Schutz: BArtSchV (2005): besonders geschützt, Rote Liste BRD (2008): V. – Gefährdet durch Aufforstung von waldnahem Grünland, häufige Mahd waldnaher Säume und fehlende Waldnutzung (Mangel an Lichtungen). Pflegemaßnahmen, die auf die Erhaltung von *L. virgaureae* ausgerichtet sein sollen, müssen auf blumen- und sauerampferreiche Säume an inneren und äußeren Rändern von Wäldern abzielen. Am günstigsten sind magere Streifen, die nur in mehrjährigen Abständen gemäht werden. In den Mittelgebirgen (z. B. Schwarzwald) ist der Fortbestand der Art von der Aufrechterhaltung extensiver Weidenutzung auf waldnahen Flächen oder Lichtungen abhängig.

Kleiner Feuerfalter
Lycaena phlaeas
(LINNAEUS, 1761)
→ Tafel Seite 185

Merkmale Falter: Im Gegensatz zu den übrigen Feuerfaltern ist die Punktzeichnung auf der grauen Hinterflügelunterseite nur schwach entwickelt oder gar nicht erkennbar (Foto). Ei: vom Typ »Golfball«, grobwabig, weißlich (kl. Foto). Raupe: grün, manchmal mehr oder weniger rötlich (Foto u. l.).

Lebensraum/Lebensweise: Ruderalflächen, Schlagfluren, Magerrasen, Brachen, Fettwiesen, Böschungen und Wegränder. Im Norden und Nordosten v. a. auf sandigen Böden mit niedriger, lückiger Vegetation. Vielzahl verschiedener Blüten, z. B. Glocken-Heide, Heidekraut, Wasserdost, Sommerflieder, Margerite, Thymian u. a. Saure und nichtsaure Ampfer-Arten. Verpuppung an der Wirtspflanze.

Nachweis: 1) Falter (fliegt in 4 und mehr Generationen und ist daher von April bis Oktober zu finden). 2) Suche nach den weißlich grauen Eiern auf Blattoberseiten der Wirtspflanzen. Da an den selben Ampfer-Arten vier weitere Feuerfalter Eier des „Golfball"-Typs ablegen, erfordert eine zweifelsfreie Art-Zuordnung die Aufzucht gefundener Eier bis zum Falter (zumindest dort, wo noch weiter *Lycaena*-Arten vorkommen oder zu erwarten sind; BNatSchG beachten, s. S. 20).

Gefährdung/Schutz: BArtSchV (2005): besonders geschützt, Rote Liste BRD (2008): nicht gefährdet. – *L. phlaeas* gehört zu den wanderverdächtigen Arten.

SH 1/+	HH 0/x	MV –/+	NI 3/+
ST –/+	BE –/+	BB 3/+	SN 3/+
TH –/+	HE 2/+	NW 2/+	RP 2/+
SL 1/+	BW 2/+	BY 3/+	D V/+

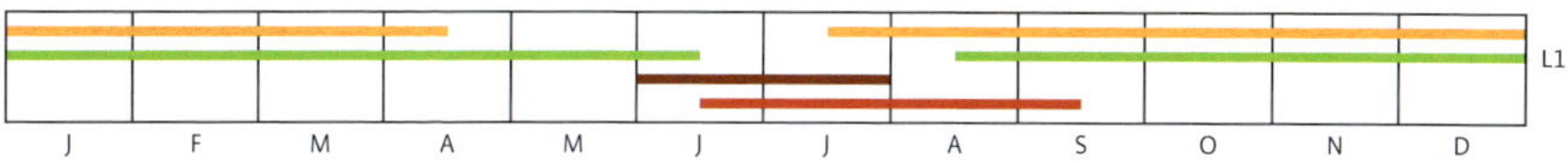

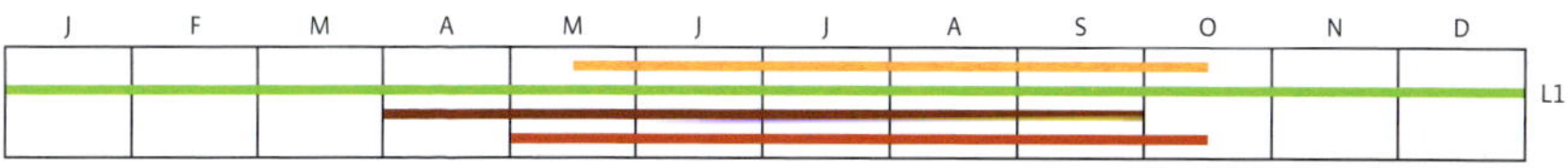

SH –/+	HH –/+	MV –/+	NI –/+
ST –/+	BE –/+	BB –/+	SN –/+
TH –/+	HE –/+	NW –/+	RP –/+
SL –/+	BW V/+	BY –/+	D –/+

Brauner Feuerfalter

Lycaena tityrus (Poda, 1761)

→ Tafel Seite 185

Merkmale Falter: Die Flügeloberseiten der Männchen sind dunkelbraun. Die Hinterflügelunterseiten sind bei beiden Geschlechtern schwefelgelb (Foto: Paarung). Ei: vom Typ »Golfball«, grobwabig, weißlich. Raupe: grün, der Farbe der Wirtspflanzen angepasst.

Lebensraum/Lebensweise: In Süddeutschland v. a. artenreiche Heuwiesen feuchter bis mäßig trockener Standorte, in anderen Regionen Lichtungen, Schneisen, Waldwegränder, magere Ackerbrachen. Eine Vielzahl von blühenden Kräutern wird offenbar ohne farbliche Präferenz genutzt, z. B. Acker-Kratzdistel, Schafgarbe, Hahnenfuß-Arten, Thymian, Acker-Minze, Teufelsabbiss, Hartheu, Hornklee usw. Großer und Kleiner Sauerampfer, selten bzw. regional ausnahmsweise stumpfblättriger Ampfer.

Nachweis: 1) Falter (vereinzelt eine 3. Generation im September). 2) Suche nach Eiern in noch ungemähten Flächen an Blütenstängeln (kl. Foto) und auf Stängelblättern des Großen Sauerampfers zum Ende der Flugzeit der 1. Generation. Am Kleinen Sauerampfer sind die Eier schwieriger nachweisbar. Die sichere Art-Zuordnung im Freiland gefundener Feuerfalter-Eier erfordert in vielen Fällen die Aufzucht bis zum Falter (vgl. *L. phlaeas* auf S. 66).

Gefährdung/Schutz: BArtSchV (2005): besonders geschützt, Rote Liste BRD (2008): nicht gefährdet. – Gefährdung durch die Intensivierung der Grünlandnutzung in Form von Düngung, häufiger Mahd und Beweidung. Schutz durch Förderung extensiver Grünlandnutzung, insbesondere auch auf mittleren Standorten.

Violetter Feuerfalter

Lycaena alciphron (Rottemburg, 1775)

→ Tafel Seite 185

Merkmale Falter: Auf der Hinterflügelunterseite bildet die Anordnung der Punkte zueinander ein artspezifisches Muster. Männchen (Foto) mit violettem Schimmer auf den Flügeloberseiten (nicht so stark wie beim kleineren *L. helle*, S. 70). Bei Unsicherheit Spezialisten konsultieren. Ei: halbkugelförmig mit „seichten" Vertiefungen und zentraler, fast lochartiger Eintiefung; Grate wirken „abgeschliffen" (kl. Foto). Raupe: grün; wohl auch nachtaktiv.

Lebensraum/Lebensweise: *L. alciphron* ist in Deutschland weitgehend auf Mittelgebirge und tiefere Lagen mit kontinental getöntem Klima beschränkt. Die Art reproduziert sich in trockenen, mageren und lückig bewachsenen Offenlandbiotopen mit Vorkommen saurer Ampferarten. Typische Lebensräume sind bodensaure Magerrasen, Bergwiesen und Heiden, z. B. auf Silikat oder Sand, feuchte Bergwiesen. Seltener ist die Art auch auf mageren Waldwiesen, an Straßen- und Bahnböschungen, in Steinbrüchen und anderen Sekundärbiotopen zu finden. Brombeere, Hornklee, Heidekraut, Margerite, Thymian. Sauerampfer-Arten.

Nachweis: 1) Suche der gut von verwandten Arten zu unterscheidenden Eier (Foto), bevorzugt auf Blattoberseiten von Kleinem Sauerampfer (seltener Großer Sauerampfer) an trockenen Störstellen (z. B. über Rohboden, Schotter, Fels, Asche, Streu usw.). 2) Falter.

Gefährdung/Schutz: BArtSchV (2005): besonders geschützt, Rote Liste BRD (2008): 2. – Zum Schutz von *L. alciphron* muss insbesondere Magergrünland auf bodensauren Standorten durch extensive Mahd oder Beweidung gesichert werden.

SH V/+	HH 3/+	MV –/+	NI V/+
ST –/+	BE –/+	BB –/+	SN V/+
TH 3/+	HE V/+	NW 3/+	RP V/+
SL –/+	BW V/+	BY 3/+	D –/+

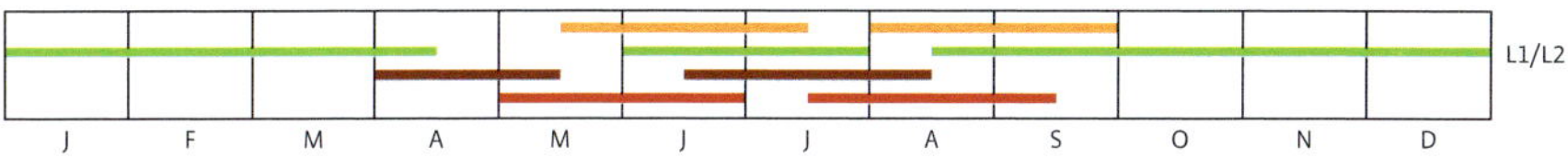

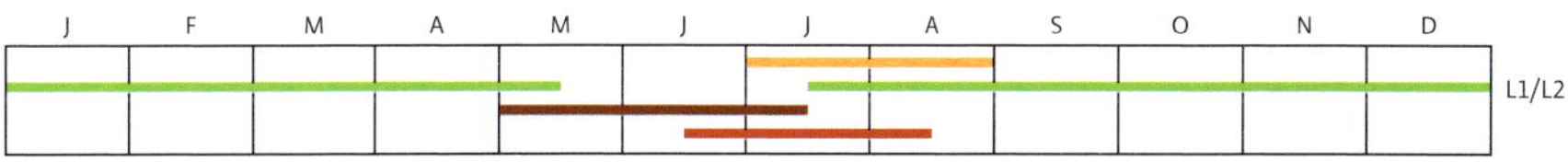

SH 0/+	HH 0/x	MV 2/+	NI 1/+
ST 1/+	BE 3/+	BB 2/+	SN 2/+
TH 1/+	HE 1/+	NW 0/o	RP 2/+
SL 0/+	BW 2/+	BY 2/+	D 2/+

Lilagold-Feuerfalter

Lycaena hippothoe (LINNAEUS, 1761)

→ Tafel Seite 184

Merkmale Falter: Männchen mit violettem Schiller an den Flügelrändern (Foto). Punktmuster auf der Hinterflügelunterseite deutlich von dem oft im gleichen Lebensraum vorkommenden *L. alciphron* (S. 68) verschieden. Es empfiehlt sich, bei kritischen Fällen Spezialisten zu konsultieren. Ei: vom Typ »Golfball«, grobwabig, weißlich (kl. Foto). Raupe: grün; nachtaktiv.

Lebensraum/Lebensweise: Feuchtes bis mäßig trockenes, artenreiches Grünland, Feuchtwiesen, feuchte Waldwiesen, Bergwiesen, Randgebiete von Mooren. Ein breites Spektrum an blühenden Pflanzen wird genutzt, wobei eine gewisse Präferenz zu violetten Blüten erkennbar ist, z. B. Wiesen-Knöterich, Sumpf-Kratzdistel, Brombeere, Acker-Witwenblume, Flockenblume. Sauerampfer-Arten. Verpuppung in der Streuschicht.

Nachweis: 1) Falter. 2) Suche nach Eiern an Blütenstängeln und auf Stängelblättern von Großem Sauerampfer in noch ungemähten Flächen. Verwechslungsgefahr besteht dabei mit Eiern des Braunen Feuerfalters, die zur Flugzeit des Lilagold-Feuerfalters jedoch zumeist schon leer („geschlüpft") sind.

Gefährdung/Schutz: BArtSchV (2005): besonders geschützt, Rote Liste BRD (2008): 3. – *L. hippothoe* ist durch Trockenlegung und/oder Aufforstung von feuchtem Grünland sowie durch Düngung artenreicher Bergwiesen bedroht. Zum Schutz der Art müssen Moore mit ihren Randzonen, Feuchtwiesen und Gewässerrandstreifen ebenso wie wenig gedüngte Bergwiesen erhalten werden.

Blauschillernder Feuerfalter

Lycaena helle ([SCHIFFERMÜLLER], 1775)

→ Tafel Seite 185

Merkmale Falter: Kleine Art. Flügeloberseite beim Männchen intensiv violett übergossen (Foto). Ei: vom Typ »Golfball«, vergleichsweise klein mit rundlicher Wabenstruktur (kl. Foto). Raupe: von weißlich grau im L1 bis grün, jeweils in der Farbe der Wirtspflanzen.

Lebensraum/Lebensweise: Nährstoffreiche Feuchtwiesenbrachen (Binsen- und Kohldistelwiesen) bzw. nicht von Gehölzen überschattete Quellfluren, jeweils mit Beständen der Wirtspflanze an permanent kalten Standorten. Die zweibrütigen Populationen Nordostdeutschlands fliegen in extensiv genutzten Feuchtwiesen. Hahnenfuß, Vergissmeinnicht, Gänseblümchen, Sumpfdotterblume. Wiesen-Knöterich.

Nachweis: 1) Falter (abweichend vom Diagramm weist die Art in Nordostdeutschland und Osteuropa 2 Generationen auf und fliegt ab Mitte April und wieder ab Mitte Juli). 2) Suche nach Eiern auf den Blattunterseiten der Wirtspflanzen oder Suche nach Raupen anhand des Fraßbildes (Foto u.l.: Blattunterseite mit Fraßbild, Jungraupen und Eihülle).

Gefährdung/Schutz: BArtSchV (2005): streng geschützt, Rote Liste BRD (2008): 2. FFH-Richtlinie, Anhang II + IV. – Die Art ist durch Entwässerung und/oder Aufforstung ihrer Lebensräume und deren Umgebung gefährdet. Neben der direkten Unterschutzstellung der Gebiete (was bei dieser Art sehr wichtig sein kann, um die letzten Habitate zu erhalten, und nunmehr durch die FFH-Richtlinie gefordert wird) ist Pflege wichtig.

SH 1/+	HH 1/+	MV 2/+	NI 1/+
ST 2/+	BE 1/+	BB 1/+	SN 2/+
TH 3/+	HE 2/+	NW 2/+	RP 2/+
SL 2/+	BW 3/+	BY 3/+	D 3/+

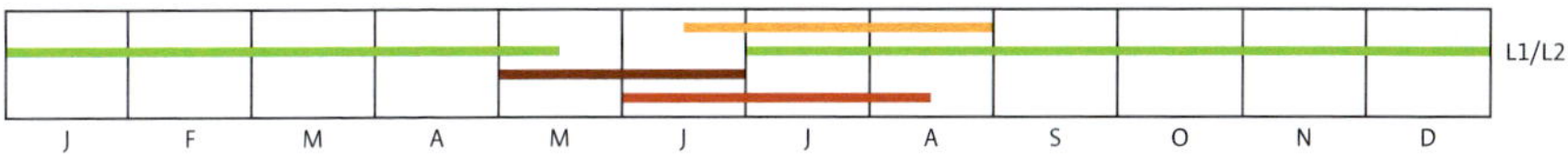

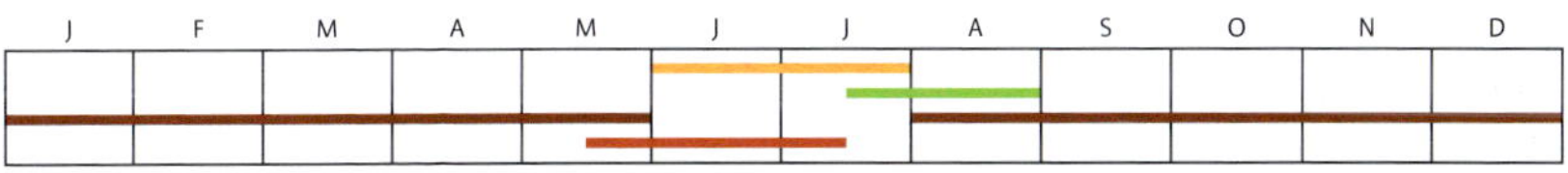

SH –	HH –	MV 0/+	NI 0/o
ST 0/x	BE 0/x	BB 0/x	SN 0/o
TH 0/o	HE 1/+	NW 1/+	RP 1/+
SL –	BW 1/+	BY 1/+	D 2/+

Nierenfleck-Zipfelfalter

Thecla betulae
(LINNAEUS, 1758)

→ Tafel Seite 187

Merkmale Falter: Zipfelfalter mit orangefarbenen Flügelunterseiten (Foto). Oberseits braun; Weibchen mit orangefarbenen Flecken auf den Vorderflügeln. Ei: weiß, halbkugelförmig, mit wabenartiger Oberflächenstruktur (Foto). Raupe: von weißlich grün nach gelblich grün (Foto S. 9).

Lebensraum/Lebensweise: Fast alle Wuchsorte von Schlehe, Zwetschge und anderen *Prunus*-Gewächsen, z.B. Waldmäntel, offene Wälder, (Schlehen-)Hecken, Parklandschaften, Streuobstwiesen und Gärten im Siedlungsbereich. Auch in Kiesgruben, Steinbrüchen, an Böschungen wie Bahn- oder Hochwasserschutzdämmen sowie bebuschten Hängen aufgelassener Weinberge o.Ä.

Eine Vielzahl zur Flugzeit vorhandener Blüten wird genutzt, z.B. Goldruten, Rainfarn, Wasserdost, Sommerflieder, Engelwurz. Schlehe, Pflaume, Kirsche, Traubenkirsche. Tönnchenförmige Puppe in der Bodenstreu.

Nachweis: Ei, in den Wintermonaten sehr einfach in Zweiggabeln der Wirtsgehölze nachweisbar (kl. Foto). Falter sind allenfalls sporadisch zu beobachten und spiegeln keineswegs das reale Auftreten wider.

Gefährdung/Schutz: Rote Liste BRD (2008): nicht gefährdet. – Die Art ist fast nirgends ernsthaft gefährdet.

Blauer Eichen-Zipfelfalter

Favonius quercus
(LINNAEUS, 1758)

→ Tafel Seite 187

Merkmale Falter: Einziger Zipfelfalter mit teilweise (Weibchen) oder überwiegend (Männchen, Foto) blau gefärbten Vorderflügeloberseiten. Unterseiten auffallend hellgrau. Ei: weiß bis weißlich grau mit wabenartiger Oberflächenstruktur mit spitzen Fortsätzen und deutlicher Einbuchtung am Pol (Foto). Raupe: hellbräunlich bis bräunlich, der Farbe der Blütenknospen und Schuppen angepasst, später graubraun mit schwarzen Konturen.

Lebensraum/Lebensweise: Eichenbestände und einzeln stehende Eichen. Kommt auch in der Wipfelregion vor, selbst inmitten von geschlossenen Hochwäldern; tiefer hängende Äste (z.B. an Rändern von Laub- bzw. Mischwäldern) werden mitgenutzt. Zwerg-Holunder, Engelwurz, Rainfarn, Goldrute; Falter saugen gern an Ausscheidungen der Blattläuse sowie an feuchter Erde. Blüten der heimischen Eichenarten und der aus Nordamerika stammenden Rot-Eiche, später auch Eichenblätter.

Nachweis: Da sich die Falter nur selten in Bodennähe aufhalten und bei Störung sofort in die Baumwipfel fliehen, ist für diese Art die Suche nach den Eiern effektiver als die Suche nach Faltern. Es empfiehlt sich die Suche nach überwinternden Eiern an sonnenexponierten Zweigen blühfähiger Eichen zwischen Blütenknospen (Foto).

Gefährdung/Schutz: Rote Liste BRD (2008): nicht gefährdet. – Die Art ist nirgends ernsthaft gefährdet, da sie selbst einzeln stehende und auch relativ junge Eichen zu besiedeln vermag.

SH V/+	HH 2/+	MV –/+	NI 3/+
ST V/+	BE 3/+	BB 3/+	SN –/+
TH –/+	HE V/+	NW 3/+	RP 3/+
SL –/+	BW –/+	BY –/+	D –/+

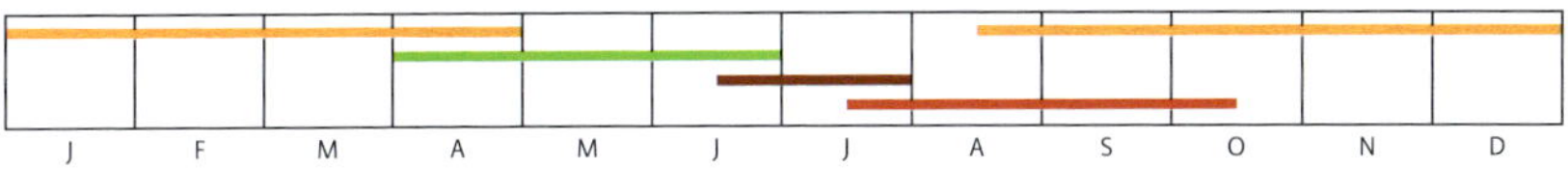

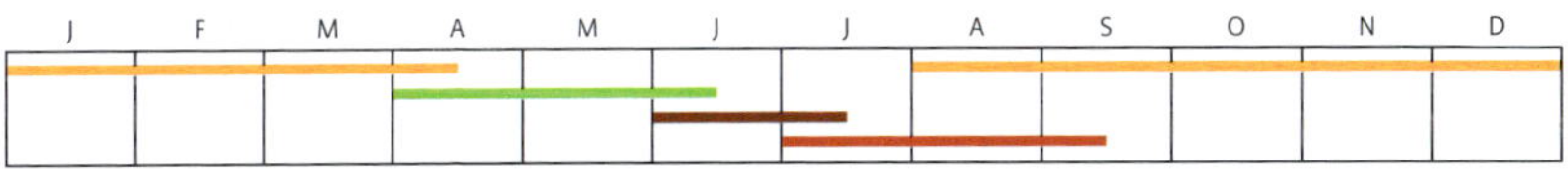

SH –/+	HH 3/+	MV 3/+	NI V/+
ST –/+	BE –/+	BB –/+	SN V/+
TH –/+	HE –/+	NW –/+	RP V/+
SL –/+	BW –/+	BY –/+	D –/+

Brauner Eichen-Zipfelfalter

Satyrium ilicis
(ESPER, 1779)

→ Tafel Seite 188

Merkmale Falter: Weiße Linie auf der Hinterflügelunterseite stärker gebrochen als bei der ähnlichen, i. d. R. jedoch deutlich kleineren Art S. *acaciae* (S. 78). Ei: im Vergleich zu *N. quercus* (S. 72) etwas größer, nur ausnahmsweise weiß, sondern beige-braun mit feinerer Wabenstruktur und flacherer Einbuchtung am Pol (kl. Foto). Raupe: gelblich grün.
Lebensraum/Lebensweise: Lichtungen artenreicher Wälder, seltener auch gebüschreiche Magerrasen außerhalb von Wäldern und Sukzessionsstadien ehemaliger Abbaugebiete (Sandgruben, Tagebaue). Brombeere, Thymian, Schafgarbe, Berufkraut, Baldrian, Weiß-Klee, Glocken-Heide, Kratzdisteln. Knospen/Blätter von jüngeren Eichen einheimischer Arten. Die Raupe lebt an jungen Eichenbüschen.
Nachweis: 1) Falter. 2) Suche nach überwinternden Eiern (Ablage v. a. im bodennahen Stammbereich der Eichenbüsche). 3) „Klopfen" (S. 232) der erwachsenen Raupen von den Büschen.
Gefährdung/Schutz: Rote Liste BRD (2008): 2. – Entscheidender Gefährdungsfaktor ist die Änderung der Waldwirtschaft, insbesondere die Aufgabe der Kahlschlag-, Mittel- und Niederwaldnutzung zugunsten eines als naturnah bezeichneten Waldbaus. Die meisten Vorkommen in Deutschland sind dadurch akut bedroht und mittelfristig nur durch kontinuierliche Neuschaffung von Waldlichtungen mit nachfolgender Eichenverjüngung zu erhalten.

Ulmen-Zipfelfalter

Satyrium w-album
(KNOCH, 1782)

→ Tafel Seite 189

Merkmale Falter: Die weiße Binde auf der Hinterflügelunterseite bildet am Hinterrand ein W (Foto). Ei: diskusförmig, innen dunkelgrau, am äußeren Rand weißer Borstenkranz. Raupe: farblich dem jeweiligen Zustand der Wirtspflanzen angepasst, von hell gelbgrün bis grau.
Lebensraum/Lebensweise: Nahezu alle Standorte blühfähiger Ulmen, auch inmitten von Städten oder entlang von Autobahnen. Bevorzugt weiße Blüten, z. B. Margerite, Wald-Engelwurz, Wiesen-Bärenklau, Wilde Möhre, Giersch, Baldrian; Acker-Kratzdistel, Sumpf-Kratzdistel. Einheimische Ulmen-Arten (Berg-, Feld-, Flatter-Ulme). Gürtelpuppe am Ulmen-Stamm, an Blatt-Unterseiten oder in der Streu.
Nachweis: Suche nach überwinternden Eiern an Zweigen blühfähiger Ulmen, in der Regel an den Spitzenknospen der Äste (kl. Foto: parasitiertes Ei mit seitlichem Ausbohrloch). Die Falter verlassen den Kronenbereich der Bäume eher selten, sodass ihr Nachweis schwierig ist und keine brauchbaren Daten zu Häufigkeit, Verbreitungs- und Bestandsentwicklung liefert.
Gefährdung/Schutz: Rote Liste BRD (2008): nicht gefährdet. – Die Bedrohung der Art durch das so genannte Ulmensterben wurde in der Vergangenheit stark überschätzt. Selbst relativ junge, schon blühfähige Ulmen können der Art geeigneten Lebensraum bieten. Ulmen in Wäldern, Parks und an Straßenrändern sollten möglichst erhalten und ggf. durch Neupflanzungen ergänzt werden. Durch Anpflanzung von Ulmen in Gärten kann die Art ebenfalls gefördert werden.

SH 1/+	HH 0/x	MV 3/+	NI 2/+
ST 2/+	BE –	BB R/+	SN 1/+
TH 2/+	HE 2/+	NW 1/+	RP 2/+
SL 2/+	BW 1/+	BY 2/+	D 2/+

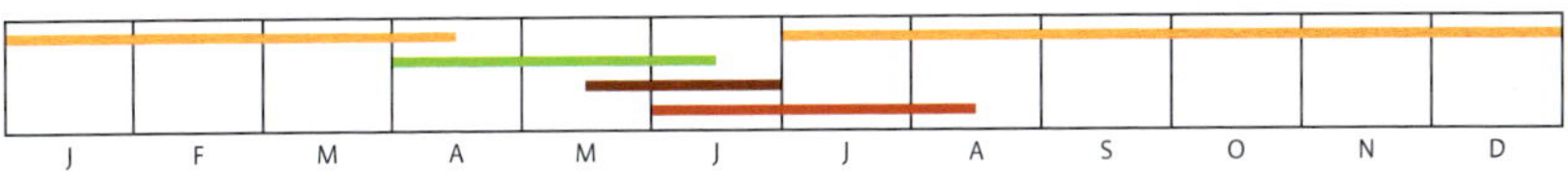

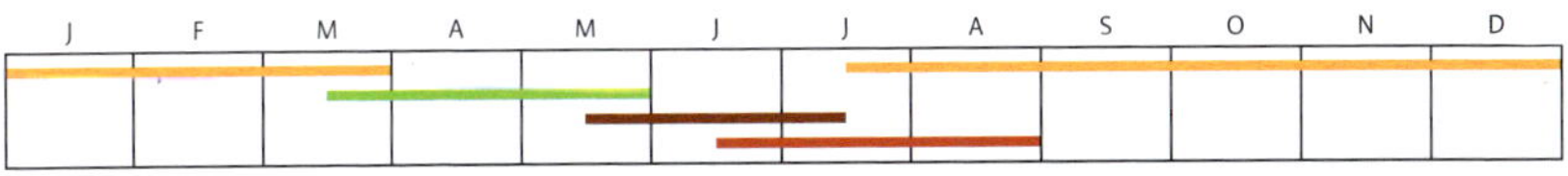

SH 1/+	HH 0/x	MV 3/+	NI 1/+
ST 3/+	BE 3/+	BB 2/+	SN 3/+
TH 2/+	HE 2/+	NW 1/+	RP 2/+
SL –/+	BW V/+	BY 3/+	D –/+

Kreuzdorn-Zipfelfalter

Satyrium spini
(FABRICIUS, 1787)

→ Tafel Seite 188

Merkmale Falter: Charakteristischer großer, blaugrauer Fleck unterhalb des Zipfels auf der Hinterflügelunterseite (Foto: Falter an Weißer Fetthenne). Ei: weißgrau mit feiner Wabenstruktur; lange, spitze Ausläufer der Wabenwände (kl. Foto). Raupe: gelbgrün, an Blattunterseiten.

Lebensraum/Lebensweise: Trocken-warme Biotope, wie Kalkmagerrasen, Steinbrüche, Schutthalden, regional auch trockene Lichtungen (Oberrheinebene) und verbuschende Pfeifengraswiesen (Südbayern). Brombeere, Schafgarbe, Berg-Lauch u. v. a. Kreuzdorn (bevorzug Stockausschläge, niedrige Büsche).

Nachweis: 1) Suche nach überwinternden Eiern an Kreuzdorn-Büschen trocken-warmer Standorte (Foto). 2) Falter (liefert jedoch keine brauchbaren Daten zu Häufigkeit, Verbreitungs- und Bestandsentwicklung).

Gefährdung/Schutz: Rote Liste BRD (2008): 3. – Gefährdung v. a. durch Zuwachsen trockenheißer Hanglagen. Die Art profitiert von Entbuschung der Trockenhänge in mehrjährigem Abstand, da Stockausschläge des Kreuzdorns bevorzugt mit Eiern belegt werden.

Pflaumen-Zipfelfalter

Satyrium pruni
(LINNAEUS, 1758)

→ Tafel Seite 188

Merkmale Falter: Unterscheidung von den übrigen Zipfelfalter-Arten durch die breite und durchgehende orangefarbene Binde mit großen schwarzen Punkten am Außenrand der Hinterflügelunterseite (Foto). Ei: i. d. R. bräunlich, mit undeutlicher Oberflächenstruktur; erinnert an einen Autoreifen (kl. Foto: Zweiergelege, häufiger wird jedoch nur ein Ei abgelegt). Raupe: giftgrün mit buckelförmig „gezacktem“ Rücken.

Lebensraum/Lebensweise: Schlehenhecken und -gebüsche auf Brachen, Lichtungen, an Waldrändern und Feldgrenzen, Auwälder, Bruchwälder und Ufergehölze mit Traubenkirsche, Gärten und Obstanlagen mit ungespritzen Mirabellen-, Zwetschgen- oder Pflaumenbäumen. Vorstehende Äste ab ca. 1,5 m Höhe dienen als Sitzwarten der Männchen, die von hier vorbeifliegende Falter verfolgen. Himbeere, Brombeere, Wiesen-Bärenklau, Echter Baldrian, Echtes Labkraut, Wundklee, Dost, Roter Hartriegel, Liguster, Wiesenknöterich, Giersch. Einheimische *Prunus*-Arten wie Schlehe, Zwetschge und Traubenkirsche. Verpuppung auf einem Zweig der Wirtspflanze.

Nachweis: Falter (das überwinterte Ei ist im Vergleich zu anderen Zipfelfalterarten schwieriger nachweisbar).

Gefährdung/Schutz: Rote Liste BRD (2008): nicht gefährdet. – In weiten Teilen Süddeutschlands ist die Art häufig und ungefährdet. In Regionen, in denen sie nur spärlich auftritt, sollten die Larvalhabitate geschont werden.

SH –	HH –	MV 0/+	NI 1/+
ST 2/+	BE 0/x	BB 1/+	SN 0/x
TH 3/+	HE 2/+	NW 1/+	RP 2/+
SL (E)	BW 3/+	BY 3/+	D 3/+

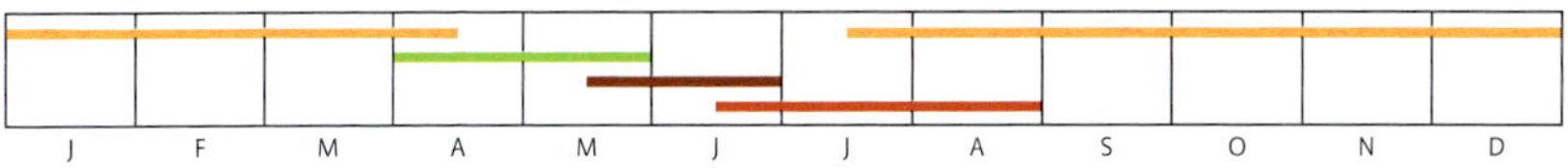

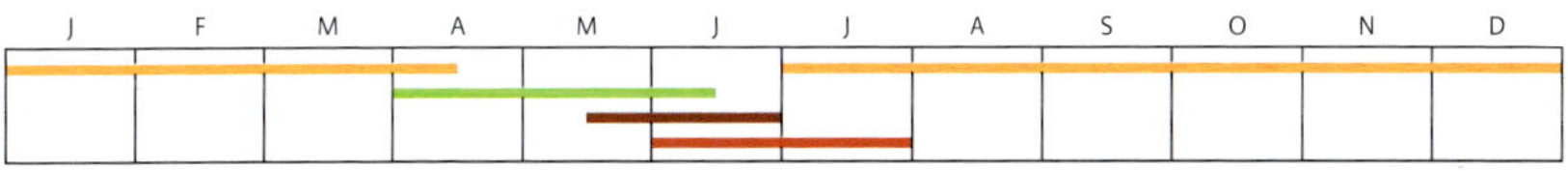

SH 1/+	HH 0/x	MV R/+	NI 2/+
ST 3/+	BE 3/+	BB 3/+	SN 2/+
TH 3/+	HE V/+	NW 2/+	RP 3/+
SL –/+	BW –/+	BY V/+	D –/+

Kleiner Schlehen-Zipfelfalter

Satyrium acaciae
(FABRICIUS, 1787)

→ Tafel Seite 189

Merkmale Falter: Sehr kleiner Falter. Flügelunterseiten hellbraun mit undeutlichem weißen Strich. Auf Hinterflügelunterseite oranges Fleckenband, oft nur im unteren Flügeldrittel (Foto). Schwarzer, glänzender Haarbüschel am Hinterleib des Weibchens. Ei: vergleichsweise klein, meist einzeln abgelegt, grauweiß, mit feiner Wabenstruktur; frisch gelegt mit einigen dunklen „Afterhaaren" des Weibchens belegt. Raupe: hellgrün.
Lebensraum/Lebensweise: Trockenwarme, besonnte Biotope auf kalkreichen, seltener auch kalkarmen Standorten: trockene Magerrasenhänge, Steinriegel, Weinbergsbrachen und -mauern, Schlehenhecken (z. B. Kaiserstuhl), im südlichen Steigerwald auch Mittelwald-Lichtungen. Hauptsächlich weiße Blüten mit gut zugänglichem Nektar, z. B. Schafgarbe, Liguster, Brombeere, Weiße Fetthenne, Färber-Kamille, Margerite, Berufkraut, Rainfarn, Greiskraut. Männchen zeigen Territorialverhalten. Schlehe. Gürtelpuppe in der Streu.
Nachweis: 1) Suche nach überwinternden Eiern an Schlehen-Büschen trockenwarmer Standorte (kl. Foto) oder „Klopfen" (S. 232) der erwachsenen Raupen. 2) Falter.
Gefährdung/Schutz: Rote Liste BRD (2008): V. – Gefährdung v. a. durch Zuwachsen trockenheißer Hanglagen und Aufgabe des regelmäßigen „auf den Stock Setzens" von Schlehenhecken. Art profitiert von Entbuschung der Trockenhänge sowie Heckenpflege in mehrjährigem Abstand, da Stockausschläge der Schlehe bevorzugt mit Eiern belegt werden. Schonung dauerhaft kleinwüchsig bleibende Krüppelschlehen auf Extremstandorten bei Pflegemaßnahmen.

Grüner Zipfelfalter

Callophrys rubi
(LINNAEUS, 1758)

→ Tafel Seite 189

Merkmale Falter: Einziger heimischer Tagfalter mit grünen Flügelunterseiten (Foto). Ei: grünlich mit feiner Wabenstruktur (kl. Foto). Raupe: grün (Foto u. l.).
Lebensraum/Lebensweise: Magere Offenlandbiotope, wie z. B. Kalkmagerrasen, Heiden, Hochmoore, aber auch magere Waldlichtungen, Ruderalflächen mit Besenginster Breites Spektrum, z. B. Sumpfdotterblume, Hahnenfuß-Arten, Hornklee, Hufeisenklee, Fingerkraut-Arten, Weißdorn, Felsenbirne, Roter Hartriegel, Kugelblume, Wiesen-Schaumkraut, Zypressen-Wolfsmilch, aber auch blühende Nadelbäume (Fichte, Bergkiefer) und wohl auch Blattlaus-Ausscheidungen (Honigtau). Zahlreiche Wirtspflanzenarten, darunter Sonnenröschen, Brom- und Himbeere, verschiedene Ginster und andere Schmetterlingsblütler, Blutroter Hartriegel, Wolliger Schneeball, Heidel-, Rausch- und Preiselbeere, Sumpf-Porst. Die Eier werden an die Knospen der Wirtspflanzen oder in deren Nähe (Foto: Ei an Hornkleeblatt nahe der Blütenknospe) gelegt.
Nachweis: Falter (einzelne Exemplare mitunter bereits im März, andere fliegen bis September).
Gefährdung/Schutz: Rote Liste BRD (2008): V. – Regional rückläufig durch Nutzungsaufgabe von Magerrasen, das Zuwachsen der Moore und forstliche Nutzungsänderungen („Dunklerwerden" der Wälder).
Besonderheiten: Männchen können sich an markanten Landschaftspunkten, zum Beispiel Sträuchern, versammeln, zeigen andererseits aber auch Revierverhalten.

SH –	HH –	MV –	NI –
ST –	BE –	BB –	SN –
TH 2/+	HE 2/+	NW –	RP 2/+
SL R/+	BW 3/+	BY 2/+	D V/+

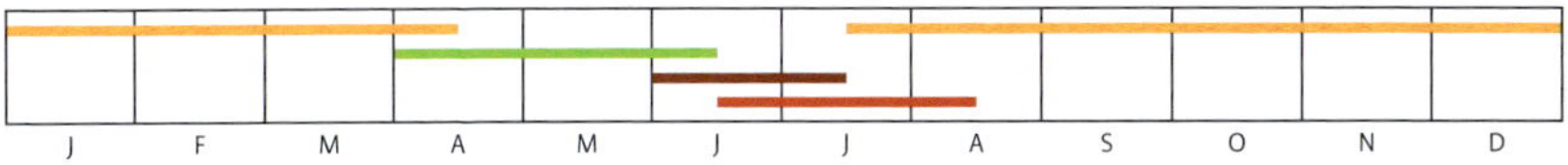

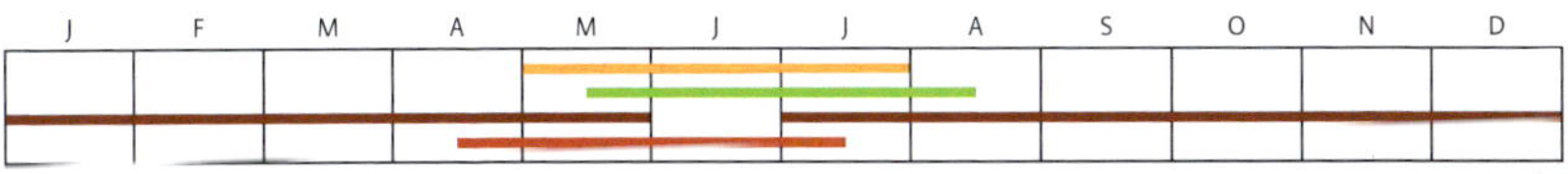

SH V/+	HH 3/+	MV –/+	NI –/+
ST V/+	BE 1/+	BB V/+	SN 3/+
TH –/+	HE V/+	NW 3/+	RP V/+
SL –/+	BW V/+	BY V/+	D V/+

Zwerg-Bläuling
Cupido minimus
(FUESSLY, 1775)
→ Tafel Seite 190

Merkmale Falter: Kleinste heimische Bläulings-Art. Punktreihe auf der Vorderflügelunterseite nahezu gerade (Foto). Ei: weißlich grau, sehr klein mit feiner Wabenstruktur (Foto). Raupe: gräulich grün mit dunkel geränderten Seitenstreifen; perfekte Anpassung an die Wirtspflanze.

Lebensraum/Lebensweise: Nahezu alle Wuchsorte des Wundklees, sofern diese besonnt sind ung nicht zu häufig gemäht oder beweidet werden (Kalkmagerrasen, Steinbrüche, Straßenböschungen, magere Wegränder etc.). Z. B. Wundklee und andere Schmetterlingsblütler; gern an feuchten Bodenstellen. Blüten vom Gewöhnlichen Wundklee, regional auch Blasenstrauch oder Kichererbsen-Tragant.

Nachweis: 1) Suche nach Eiern an Blütenknospen/-kelchen von Wundklee (Foto). 2) Falter (weniger effizient).

Gefährdung/Schutz: Rote Liste BRD (2008): nicht gefährdet. – Die Habitate von *C. minimus* gehen verloren durch Nutzungsänderungen (Aufgabe der Beweidung, Intensivierung) und durch Aufforstung. Mahd oder Schafbeweidung kann der Art abträglich sein, wenn sie zum falschen Zeitpunkt oder zu intensiv erfolgt. Wundklee-Bläuling (s. S. 104) und Zwerg-Bläuling lassen sich auch durch Verzicht auf Mutterbodenauftrag und Gehölzpflanzungen neu entstandener Straßenböschungen fördern.

Kurzschwänziger Bläuling
Cupido argiades
(PALLAS, 1771)
→ Tafel Seite 190

Merkmale Falter: *C. argiades* unterscheidet sich durch die Flügelzipfel und die beiden kräftigen orangefarbenen Randmale auf der Hinterflügelunterseite von den übrigen heimischen Bläulingen. Ei: klein, weißlich, kugelförmig, mit unregelmäßiger Wabenstruktur (Foto). Raupe: gelbgrün bis grün, oft mit rotem Seitenstreifen.

Lebensraum/Lebensweise: Extensiv genutztes Grünland feuchter bis trockener Standorte, aber auch Klee- und Luzernefelder. Ruderalflächen, Brachen und andere Biotope der offenen Kulturlandschaft. Präferenz für gelb blühende Schmetterlingsblütler, daneben auch Rot-Klee, Luzerne und Blutweiderich. Blüten von Rot-Klee, Gewöhnlichem Hornklee, Sumpf-Hornklee und Luzerne. Verpuppung zwischen trockenen Blättern.

Nachweis: 1) Falter (manchmal bis zu 4 Generationen, z. B. in der Oberrheinebene, bis Oktober). 2) Suche nach Eiern an Blütenknospen der genannten Schmetterlingsblütler (kl. Foto: Ei an Luzerne-Blütenknospe). Verwechslungsgefahr besteht dabei jedoch (zumindest regional) mit Eiern des Rotklee-Bläulings (s. S. 100), die im Gelände nicht sicher zu unterscheiden sind.

Gefährdung/Schutz: Rote Liste BRD (2008): V. – In der Oberrheinebene ist die Art derzeit in zahlreichen Gebieten gut vertreten und ungefährdet. Als Folge einiger überdurchschnittlich warmer Jahre konnte sie sich sogar stark ausbreiten. Inzwischen hat die Art mehrere Bundesländer wiederbesiedelt, aus denen Nachweise lange Zeit fehlten.

SH 1/+	HH –	MV R/+	NI 3/+
ST 3/+	BE –/+	BB 2/+	SN G/+
TH –/+	HE 3/+	NW 2/+	RP 2/+
SL –/+	BW V/+	BY V/+	D –/+

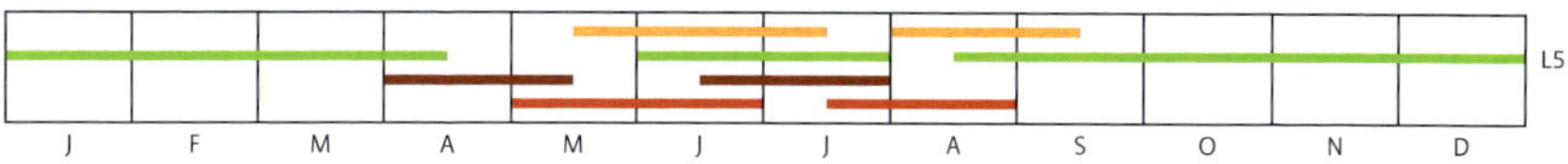

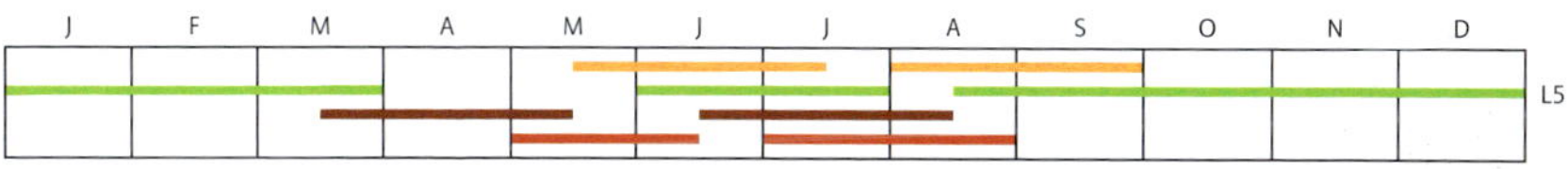

SH –/x	HH –	MV 0/x	NI =/o
ST 0/+	BE –	BB 1/+	SN R/+
TH 0/x	HE D/+	NW 0/o	RP G/+
SL G/x	BW V/+	BY 0/+	D V/+

Faulbaum-Bläuling
Celastrina argiolus
(LINNAEUS, 1758)
→ Tafel Seite 190

Merkmale Falter: Flügelunterseiten silbrig hellblau mit 5 länglichen schwarzen Flecken auf der Vorderflügelunterseite. Ei: weißlich mit wabenartiger Oberflächenstruktur (kl. Foto). Raupe: variables Grün mit rötlichem Rückenstreifen.

Lebensraum/Lebensweise: Entsprechend der relativen Polyphagie (S. 232) der Raupen dieser Art wird ein breites Spektrum an trockenen bis feuchten Biotopen besiedelt. Zu nennen sind Waldmäntel, Lichtungen, buschreiche Trockenhänge, Heidegebiete, Feuchtbrachen und selbst Grünflächen inmitten von Großstädten (z. B. Parks, Gärten). Eine Vielzahl von Arten, z. B. Faulbaum, Brombeere, Heidekraut, Sommerflieder, Vogel-Wicke. Eine Vielzahl von Pflanzenarten, z. T. regional unterschiedlich; z. B. BW: Hopfen, Brombeere, Mädesüß, Weißer Steinklee, Luzerne, Bärenschote, Faulbaum, Blutweiderich, Efeu, Blutroter Hartriegel, Heidekraut, Liguster. In TH z. B. auch an Kreuzdorn und Färberginster. Die Raupen verpuppen sich an Blattunterseiten.

Nachweis: 1) Falter (ab April in mehreren Generationen bis August). 2) Suche nach Eiern der Sommergeneration an Blütenständen z. B. des Blutweiderichs (Fotos o. r.).

Gefährdung/Schutz: Rote Liste BRD (2008): nicht gefährdet. – Hinweise auf eine Gefährdung von *C. argiolus* gibt es zurzeit nicht.

Alexis-Bläuling
Glaucopsyche alexis
(PODA, 1761)
→ Tafel Seite 193

Merkmale Falter: Von *Polyommatus semiargus* (S. 100) durch die smaragdgrüne Färbung der Hinterflügelbasis zu unterscheiden und dadurch, dass bei *G. alexis* die Größe der Flecken auf der Vorderflügelunterseite von vorn nach hinten zunimmt (Foto). In Zweifelsfällen können Spezialisten weiterhelfen. Ei: weißlich, flachgedrückt, feinwabig. Raupe: cremig grau-gelblich mit 3 roten Rückenstreifen (kl. Foto). Myrmekophil (S. 232).

Lebensraum/Lebensweise:, Trockenwarme Waldsäume (v. a. Mittelwälder), Böschungen, versaumte bis verbuschende Magerrasen und Weinbergsbrachen. Esparsette, Hornklee, Hufeisenklee, Wiesen-Platterbse, Süßer Tragant, aber auch an feuchten Erdstellen. Verschiedene Schmetterlingsblütler, z. B. Färber-Ginster, Echter Steinklee, Weißer Steinklee, Luzerne, Sichel-Luzerne, Tragant-Arten, Bunte Kronwicke, Saat-Esparsette oder Vogel-Wicke. Überwinterung als Puppe in der Streuschicht.

Nachweis: Falter.

Gefährdung/Schutz: BArtSchV (2005): besonders geschützt, Rote Liste BRD (2008): 3. – Bezüglich der Gefährdung und Sicherung magerer Waldsäume und Lichtungen gilt Ähnliches wie für zahlreiche andere Arten. Das Zuwachsen trockener Hänge sollte durch geeignete Pflegemaßnahmen unterbunden werden (Entbuschung, extensive Beweidung oder Mahd).

SH –/+	HH 3/+	MV –/+	NI –/+
ST –/+	BE –/+	BB –/+	SN –/+
TH –/+	HE –/+	NW –/+	RP –/+
SL –/+	BW –/+	BY –/+	D –/+

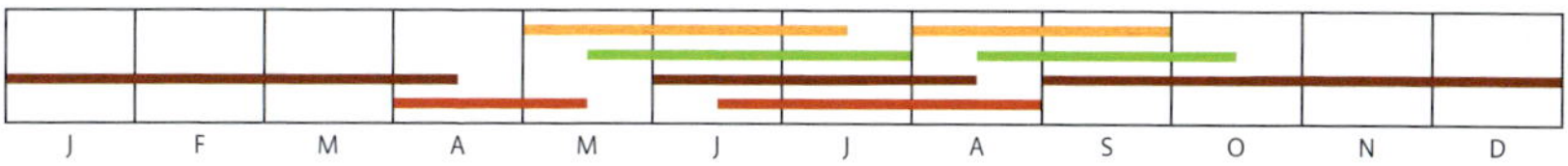

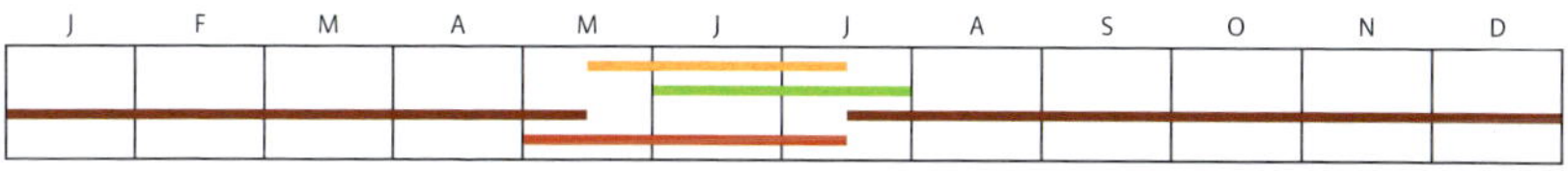

SH –	HH –	MV 0/o	NI 0/o
ST 0/x	BE –	BB 0/o	SN 0/+
TH 1/+	HE 0/+	NW 0/x	RP 2/+
SL 2/+	BW 2/+	BY 2/+	D 3/+

Heller Wiesenknopf-Ameisenbläuling
Phengaris teleius (BERGSTRÄSSER, 1779)

→ Tafel Seite 192

Merkmale Falter: Von *P. arion* (S. 88) durch stark verdunkelte Adern auf den Flügeloberseiten bei den Männchen und die dunkleren Unterseiten der Hinterflügel (wo blaugrüne Bestäubung völlig fehlt) bei beiden Geschlechtern unterschieden. Gegenüber *P. nausithous* (s. u.) 2 Fleckenreihen auf Flügelunterseite (bei *P. nausithous* nur eine). Ei: weißlich, abgeflacht, nahezu glatt. Raupe: rosa (Abb. unten und Foto).

Lebensraum/Lebensweise: Feuchtwiesen; Ränder von Gräben, Gewässern und Mooren mit Vorkommen der Wirtspflanzen. Großer Wiesenknopf, Heil-Ziest, Vogel-Wicke, Blutweiderich, Kleine Brunelle. Eiablage ins Innere der Blütenköpfe des Großen Wiesenknopfes. Ei von außen nicht sichtbar. L4 verlässt Wirtspflanze und wird von Ameisen (v. a. *Myrmica scabrinodis*, aber auch *M. rubra*) adoptiert. Rest der Entwicklung im Ameisennest, wo Raupen räuberisch von der Ameisenbrut leben.

Nachweis: 1) Nach Flugzeit Entnahme von Stichproben von Wiesenknopf-Blütenköpfen aus denen L4-Raupen schlüpfen (speziell bei geringen Falter-Dichten geeignete, aber genehmigungspflichtige Methode); Raupen lassen sich von *P. nausithous* eindeutig unterscheiden (Abb. unten). 2) Falter.

Gefährdung/Schutz: BArtSchV (2005): streng geschützt, Rote Liste BRD (2008): 2, FFH-Richtlinie: Anhang II + IV. – Schutzmaßnahmen müssen Habitatansprüche der Ameisen einbeziehen. Gefährdung durch Habitatverlust und Unterlassen von Mahd oder Beweidung. Haupt-Wirtsameise *M. scabrinodis* scheint empfindlicher zu reagieren als *M. rubra* (einziger Wirt von *P. nausithous*).

Dunkler Wiesenknopf-Ameisenbläuling
Phengaris nausithous (BERGSTRÄSSER, 1779)

→ Tafel Seite 192

Merkmale Falter: Flügelunterseiten einfarbig dunkelbraun; Augenflecken der Randbinde fehlen (vgl. Foto und *P. teleius*, s.o.). Ei: kugelig, weiß mit feinem Netzmuster. Raupe: rosa (nebenstehende Abb. und kl. Foto).

Lebensraum/Lebensweise: Im Sommer blühende Wiesenknopf-Bestände (Brachen, Säume, Wiesen) & ausschließlich Großer Wiesenknopf. Eiablage ins Innere der Blütenköpfe, Ei von außen nicht sichtbar. Wirtsameise ausschließlich *Myrmica rubra*.

Nachweis: 1) L4-Raupe (vgl. *P. teleius*; Raupen lassen sich anhand der nebenstehenden Abb. eindeutig unterscheiden). 2) Falter.

Gefährdung/Schutz: BArtSchV (2005): streng geschützt, Rote Liste BRD (2008): V, FFH-Richtlinie: Anhang II + IV. – Schutzmaßnahmen sollten auf die Förderung selten gemähter Bestände der Wirtspflanze zielen.

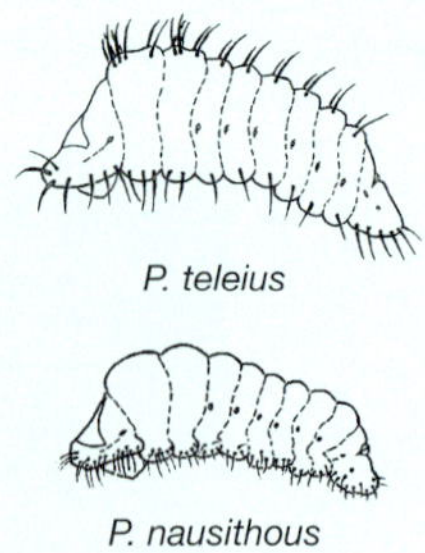

Gesamterscheinung der L4-Raupen von *Phengaris teleius* und *P. nausithous*
Die langen Rückenhaare von *P. teleius* fehlen bei *P. nausithous*. Rückensegmente bei *P. teleius* höckerartig.

SH	HH	MV	NI
–	–	?	0/+
ST	BE	BB	SN
0/x	0/x	1/+	1/+
TH	HE	NW	RP
1/+	2/+	1/+	2/+
SL	BW	BY	D
0/+	1/+	2/+	2/+

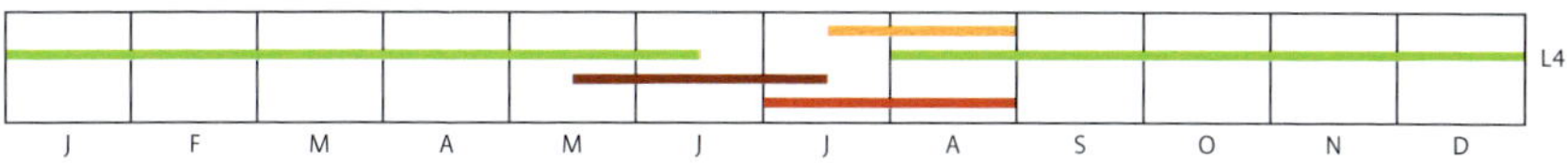

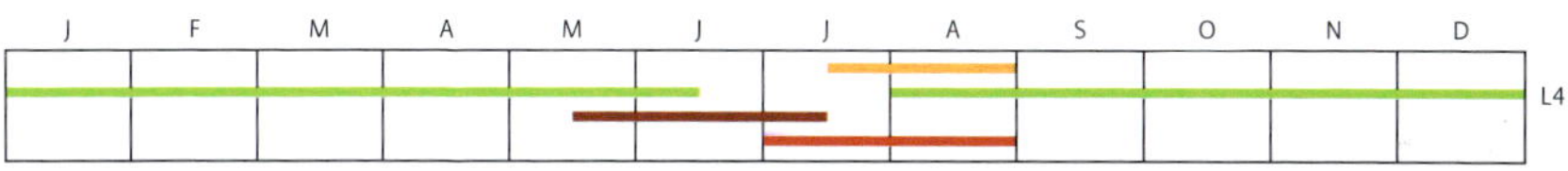

SH	HH	MV	NI
–	–	?	1/+
ST	BE	BB	SN
1/+	–	1/+	–/+
TH	HE	NW	RP
2/+	3/+	2/+	3/+
SL	BW	BY	D
2/+	3/+	3/+	V/+

Lungenenzian-Ameisenbläuling

Phengaris alcon ([SCHIFFERMÜLLER], 1775) →Tafel Seite 193

Merkmale Falter: *P. alcon* kann morphologisch nicht sicher von *P. rebeli* (s. u.) unterschieden werden (und der Status der beiden Arten ist noch umstritten). Wichtige Hinweise auf die Artzugehörigkeit kann man allerdings aus der Fundortbeschreibung ziehen. Während *P. alcon* eher feuchte Standorte mit Lungen- oder Schwalbenwurz-Enzian bewohnt, findet man *P. rebeli* in trockeneren Gebieten mit Kreuz-Enzian. Ei: weiß, abgeflacht mit feinwabiger Oberflächenstruktur. Raupe: ähnlich *P. teleius* und *P. nausithous* (S. 84).

Lebensraum/Lebensweise: Pfeifengraswiesen und Feuchtheiden mit Enzianvorkommen. Lungen-Enzian, Acker-Kratzdistel, Heidekraut. Eiablage an die Blütenstände von Lungen- oder Schwalbenwurz-Enzian. Die L4 wird in Nester von Knotenameisen (*Myrmica ruginodis, M. scabrinodis, M. rubra*) eingetragen, wo sich die restliche Entwicklung vollzieht. Raupen werden von den Ameisen gefüttert, weshalb wie bei *P. rebeli* (s. u.) und im Gegensatz zu den anderen drei räuberischen Ameisenbläulingen mehr Falter pro Ameisennest überleben können.

Nachweis: 1) Suche nach Eiern an Blütenknospen/-kelchen von Lungen- (Foto) und Schwalbenwurz-Enzian. 2) Falter.

Gefährdung/Schutz: BArtSchV (2005): besonders geschützt, Rote Liste BRD (2008): 2. – Wie bei den übrigen Ameisenbläulingen ist darauf zu achten, die Pflegemaßnahmen besonders sorgsam auszuwählen, damit sie auf den Entwicklungszyklus des Falters, die Raupennahrungspflanze und die Anforderungen der Wirtsameise abgestimmt sind.

Kreuzenzian-Ameisenbläuling

Phengaris rebeli (HIRSCHKE, 1904) →Tafel Seite 193

Merkmale: Siehe *P. alcon* (s. o.). Die Arttrennung zwischen *P. alcon* und *P. rebeli* ist umstritten und wird von mehreren Autoren abgelehnt.

Lebensraum/Lebensweise: Kalkmagerrasen mit Kreuz-Enzian-Vorkommen. Gemeiner Hornklee, Futter-Esparsette, Knollen-Platterbse. Eiablage an Blüten (und Blättern) von Kreuz-Enzian. Adoption als L4 durch Knotenameisen (in Deutschland v. a. *Myrmica sabuleti*; ansonsten auch *M. schencki, M. ruginodis* und *M. scabrinodis* als Wirte bekannt). Die Raupen werden dabei von den Ameisen gefüttert (vgl. Text bei *P. alcon*, s. o.).

Nachweis: 1) Suche nach Eiern an Blütenknospen/-kelchen von Kreuz-Enzian (Foto). 2) Falter.

Gefährdung/Schutz: BArtSchV (2005): besonders geschützt, Rote Liste BRD (2008): nicht mehr als Art bewertet. – Schutz von Kalkmagerrasen mit Kreuz-Enzian-Beständen und Vorkommen der Wirtsameisen. Da der Kreuz-Enzian auf die Störung durch Landnutzung (zum Beispiel Schaffung offener, vegetationsfreier Stellen durch Viehtritt) zur Keimung angewiesen ist (Störungszeiger!), muss in den Habitaten eine entsprechende Nutzung durchgeführt bzw. simuliert werden (was durch Pflegemaßnahmen gut möglich ist).

Zusatzinformationen zu den *Phengaris*-Ameisenbläulingen: Weitere Informationen zur Ökologie und zum Schutz von Ameisenbläulingen sind unter www.macman-project.de, sowie in SETTELE et al. (2005) zu finden. Neue Erkenntnisse veranlassten uns, die Zuordnung des alten Gattungsnamens *Maculinea* als Untergattung zu *Phengaris* zu übernehmen (vgl. FRIC et al. 2007)

SH 1/+	HH 1/+	MV 1/+	NI 1/+
ST 0/x	BE 0/x	BB 0/o	SN 0/+
TH –	HE –	NW 1/+	RP 0/x
SL –	BW 2/+	BY 2/+	D 2/+

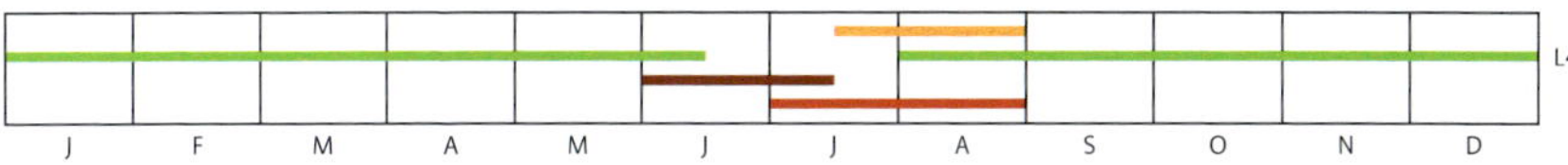

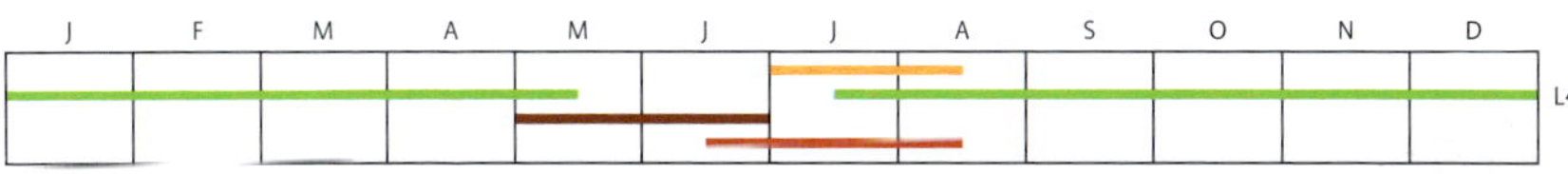

SH –	HH –	MV –	NI 1/+
ST (E)	BE –	BB –	SN –
TH 1/+	HE R/+	NW 2/+	RP 1/+
SL –	BW 2/+	BY 2/+	

Thymian-Ameisenbläuling
Phengaris arion
(LINNAEUS, 1758)

→ Tafel Seite 193

Merkmale Falter: Im Gegensatz zu den übrigen vier Ameisenbläulingen ist die Basis der Hinterflügelunterseite blau übergossen. Ei: weißlich mit feinwabiger Oberflächenstruktur. Raupe: rosa, *Phengaris*-typisch (S. 84 f.)

Lebensraum/Lebensweise: In kühleren Regionen Bindung an kurzrasige, meist beweidete Magerrasen mit Thymian. Nur in Wärmegebieten mit Weinbauklima (z. B. Kaiserstuhl) auch höherwüchsige, wärmeliebende Saumgesellschaften mit Gemeinem Dost. Breites Spektrum; Nektarhabitate können auch mesophile, nährstoffreiche Standorte sein. Thymian-Arten, Gemeiner Dost (Eiablage in Blütenstände). Im Sommer lässt sich die Raupe von der Wirtspflanze fallen und wird von Ameisen (*Myrmica sabuleti*) in deren Nester eingetragen. Die Raupen leben im Ameisenbau räuberisch (von der Ameisenbrut) und überwintern dort. Verpuppung und Schlupf innerhalb der Ameisennester.

Nachweis: 1) Falter. 2) Suche nach Eiern in Blütenköpfchen von Thymian (kl. Foto) und Dost, wobei bevorzugt solitär stehende Pflanzen abgesucht werden sollten (keine Polster oder Massenbestände).

Gefährdung/Schutz: BArtSchV (2005): streng geschützt, Rote Liste BRD (2008): 3. FFH-Richtlinie, Anhang IV. – Schutzmaßnahmen müssen (wie bei allen *Phengaris*-Arten) die Habitatansprüche der Ameisen mit einbeziehen. Neben direktem Habitatverlust wirkt sich auch die Nutzungsaufgabe negativ aus (Unterlassen von Beweidung oder Mahd). Häufig reagieren die Wirtsameisen empfindlicher als die Wirtspflanzen.

Fetthennen-Bläuling
Scolitantides orion
(PALLAS, 1771)

→ Tafel Seite 195

Merkmale Falter: Flügelunterseiten mit großen schwarzen Flecken und kräftigem orangefarbenem Band auf den Hinterflügeln. Die Weibchen der 2. Generation sind oberseits fast völlig schwarz. Verwechslungen mit *S. baton/schiffermuelleri* (S. 90) sind möglich, *S. orion* ist aber in der Regel größer. Ei: weiß, deutlich abgeflacht mit länglichen, schlitzförmigen Vertiefungen (kl. Foto). Raupe: grün bis bläulich grün wie die Wirtspflanze, mit weinrotem Rückenstreifen. Myrmekophil (S. 232).

Lebensraum/Lebensweise: Flusstäler mit xerothermen Felshängen, Schotterhalden und Weinbergen; auch aufgelassene Steinbrüche. Entscheidend sind sonnenexponierte Felsen oder auch Trockenmauern, wo die Wirtspflanzen wachsen und gleichzeitig eine gewisse Luftfeuchte (Flusswasser) herrscht. Z. B. Turmkraut, Fetthenne, Hirtentäschel, Storchschnabel, Dost. Große Fetthenne und Purpur-Fetthenne.

Nachweis: 1) Suche nach Eiern an Stielen und auf Blättern der Wirtspflanzen oder nach Raupen anhand von Fraßspuren und Ameisenbesuch (Foto u. l.: Ei und Raupe). 2) Falter (in West-/Süddeutschl. 1 Generation; im östlichen Deutschl. 2 Generationen von Ende April bis Ende August).

Gefährdung/Schutz: BArtSchV (2005): streng geschützt, Rote Liste BRD (2008): 2. – Die wenigen noch existierenden Populationen außerhalb Sachsens müssen überwacht und (soweit noch nicht geschehen) unter Schutz gestellt werden. Gelegentliches Freischneiden des Buschwerkes ist erforderlich. Lebensräume der Art sind meist schon aufgrund ihrer sonstigen floristischen und faunistischen Ausstattung schutzwürdig.

SH 0/x	HH 0/x	MV 0/x	NI 1/+
ST 1/+	BE 0/x	BB 0/x	SN 0/x
TH 2/+	HE 2/+	NW 1/+	RP 2/+
SL 3/+	BW 2/+	BY 3/+	D 3/+

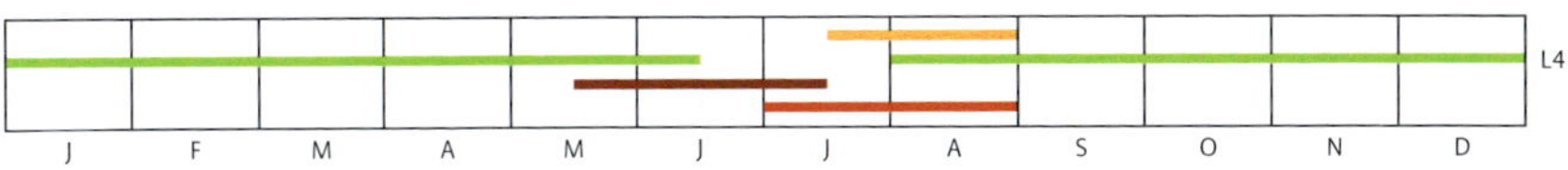

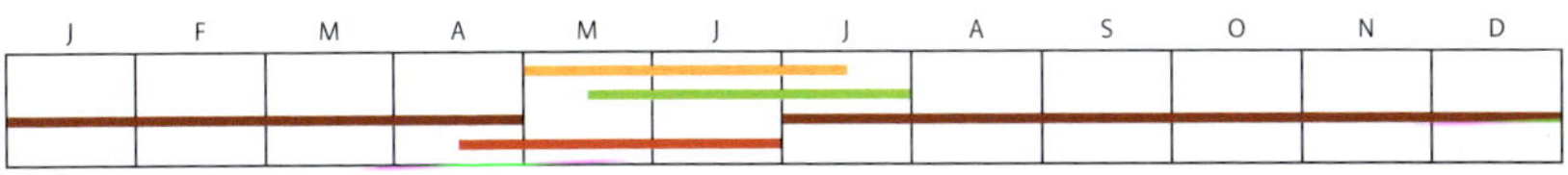

SH –	HH –	MV –	NI ?
ST 0/x	BE –	BB –	SN 1/+
TH 1/+	HE R/+	NW 0/0	RP 2/+
SL –	BW E	BY 1/+	D 2/+

Westlicher Quendel-Bläuling
Scolitantides baton
(BERGSTRÄSSER, 1779)

→Tafel Seite 195

Merkmale Falter: Männchen oberseits hellblau, Weibchen dunkler (kl. Foto). Unterseite kräftig gezeichnet mit oranger Punktreihe (Foto), jedoch weniger kontrastreich als bei *S. orion* (S. 88). Sichere Unterscheidung von *S. schiffermuelleri* (s. u.) nur durch Spezialisten (vgl. Abb. S. 91 unten). Raupe: „bunt“, der Thymianblüte angepasst (Foto o. r.).
Lebensraum/Lebensweise: Trockene, felsige Hänge, sonnenexponierte (heiße) Schutthalden, trockene Magerrasen und Heidegebiete, regional auch trockene Flächen in entwässerten Mooren. Hornklee, Gewöhnlicher Thymian, Sandköpfchen, Natternkopf, Brennender Hahnenfuß, Großer Ehrenpreis; auch saugend an menschlichem Schweiß nachgewiesen. Gewöhnlicher Thymian. Die Verpuppung findet in der Streuschicht statt.
Nachweis: Falter (2 Generationen).
Gefährdung/Schutz: BArtSchV (2005): besonders geschützt, Rote Liste BRD (2008): 2. – Wichtigster Gefährdungsfaktor ist die Aufgabe extensiver Beweidungsformen innerhalb der verbliebenen Vorkommensareale, wichtigste Schutzmaßnahme folglich deren konsequente Fortführung. Die Vorkommen der Art beschränken sich außerhalb Süddeutschlands auf wenige Lokalitäten.

Östlicher Quendel-Bläuling
Scolitantides schiffermuelleri
(HEMMING, 1929) →Tafel Seite 195

Merkmale Falter: Sichere Unterscheidung von *S. baton* (s. o.) nur durch Spezialisten (vgl. Abb. rechts). Raupe: wie *S. baton* (s. o.).
Lebensraum/Lebensweise: Sand-Thymian-Bestände an sonnigen, heißen Stellen auf extrem nährstoffarmen Sandböden (Rohbödenaufschlüsse, Kiesgruben, Braunkohlenbergbaufolge) in Nordost-Sachsen und Südwest-Brandenburg. 1. Generation: blühende Habichtskräuter; 2. Generation: Sand-Thymian. Sand-Thymian.
Nachweis: Falter.
Gefährdung/Schutz: BArtSchV (2005): streng geschützt, Rote Liste BRD (2008): 1. – Der Verbreitungsschwerpunkt von *P. schiffermuelleri* liegt in Südosteuropa. Ihre nordwestliche Vorkommensgrenze verläuft durch Brandenburg und Sachsen. Aufforstung, Rekultivierung von Tagebaurestlöchern oder Bewuchs von Leitungstrassen sind Gefährdungsfaktoren dieser ohnehin selten auftretenden Art.
Besonderheiten: Über die Art ist aus Deutschland nicht sehr viel bekannt. Von manchen Autoren wird sie nicht als eigene Art geführt, sondern zu *S. baton* gestellt.

Abb. rechts: Genitalapparate (Valven) der Männchen der beiden Quendel-Bläulinge. Die Valve von *S. baton* besitzt einen zweiten Zahn und ist nicht so gedrungen wie die von *S. schiffermuelleri*.

SH –	HH –	MV –	NI –
ST 1/+	BE –	BB –	SN –
TH 1/+	HE 2/+	NW 2/+	RP 2/+
SL 2/+	BW 2/+	BY 1/+	D 2/+

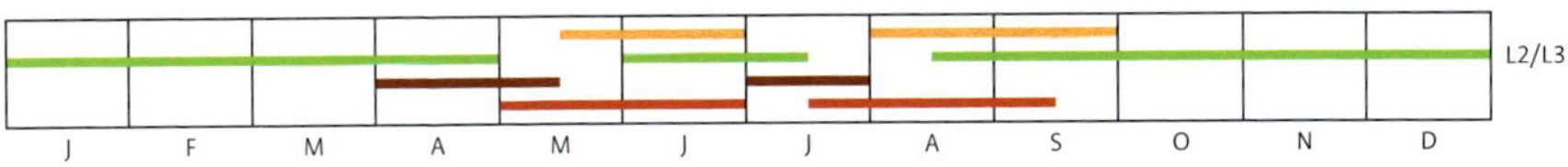

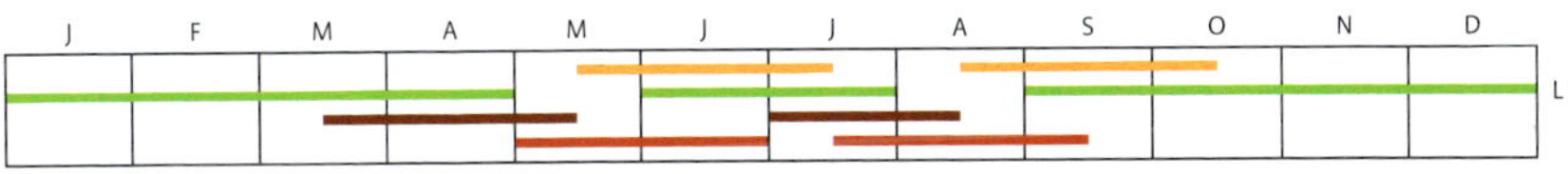

SH –	HH –	MV –	NI –
ST –	BE 0/x	BB 1/+	SN 1/+
TH –	HE –	NW –	RP –
SL –	BW –	BY D/+	D 1/+

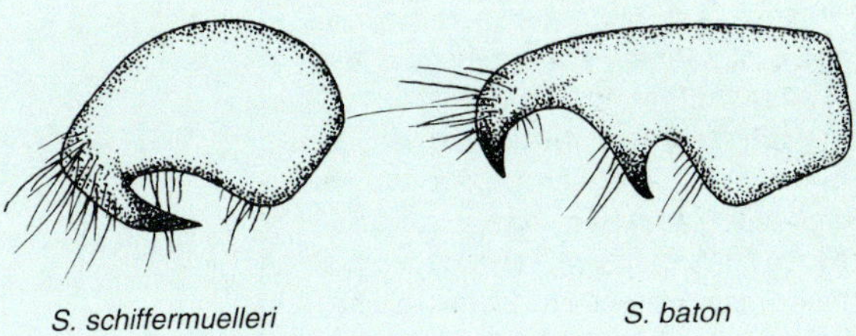

Ginster-Bläuling
Plebejus idas
(LINNAEUS, 1761)
⟶ Tafel Seite 194

Merkmale Falter: Metallisch blaue Punkte in der Randbinde der Hinterflügelunterseite. Im Unterschied zu *P. argus* (S. 94) fehlt wie bei *P. argyrognomon* (s. u.) der Dorn auf Vorder- und Mitteltibia (s. Abb. S. 94). Wie bei *P. argyrognomon* schwarzer Rand der Flügeloberseiten viel schmaler als bei *P. argus*. Von *P. argyrognomon* nur durch Spezialisten zu unterscheiden (s. Abb. unten). Ei: weißlich, flach mit wabenartiger Oberflächenstruktur, die zum Rand hin gröber wird. Raupe: grün (ähnlich *P. argyrognomon*, s. u.), blassgelbe Rücken- und Seitenstreifen.

Lebensraum/Lebensweise: Mittelwälder (Steigerwald), Besenginsterheiden, Schlagfluren, Waldschneisen, mit Ginster bewachsene Wegränder, Kalkmagerrasen (Saarland), verheidete Moore, Böschungen und Kiesgruben. Oft gemeinsam mit *P. argus* vorkommend, aber meist viel seltener. Hornklee, Weiß-Klee, Goldrute, Sandköpfchen. Besenginster, Heidekraut, Erika, Sonnenröschen, Gewöhnlicher Hornklee, Feld-, Wund-, Steinklee, Esparsetten-Tragant, Goldregen (regional). Myrmekophil (S. 232).

Nachweis: 1) Falter. 2) Bei Populationen an Besenginster, *Genista*-Arten und Sanddorn Suche nach Eiern im Herbst (Foto) oder Raupensuche anhand der „Ameisengarde" (S. 232). Populationen an Heidekraut anhand der Eier bzw. Raupen schwerer nachzuweisen.

Gefährdung/Schutz: BArtSchV (2005): besonders geschützt, Rote Liste BRD (2008): 3. – Verbuschung, Aufforstung und forstliche Nutzungsänderungen gefährden die Art.

Kronwicken-Bläuling
Plebejus argyrognomon
(BERGSTRÄSSER, 1779)
⟶ Tafel Seite 194

Merkmale Falter: Siehe *P. idas* (oben). Ei: weißlich, abgeflacht mit wabenartiger Oberflächenstruktur, die zum Rand hin gröber wird. Raupe: grün mit dunklem, hell gesäumtem Rückenstreifen und schmalen, hellen Seitenstreifen.

Lebensraum/Lebensweise: Beschränkt auf Wärmegebiete (Weinbauklima), hier v. a. höherwüchsige Magerrasen, trockene Saumgesellschaften (Böschungen) und Brachen (v. a. in Weinbergen), aber auch in Steinbrüchen. Hornklee, Dost, Skabiosen-Flockenblume, Wiesen-Platterbse, Thymian, Pippau, Pastinak; auch an feuchten Erdstellen. Bunte Kronwicke, Bärenschote.

Nachweis: 1) Falter. 2) Eier (Foto), in der Regel am Stängel der Wirtspflanze.

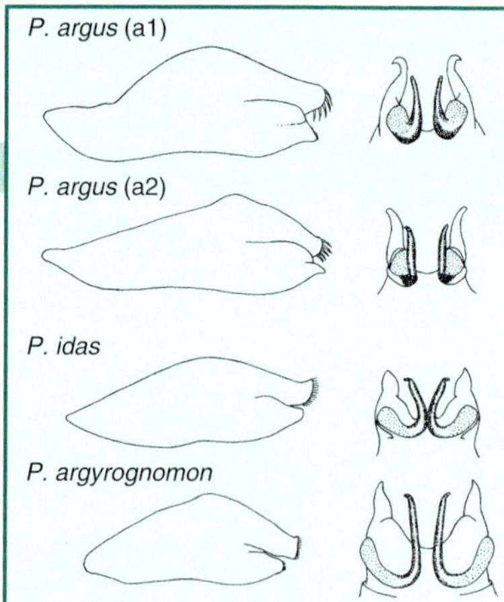

Genitalapparat der Männchen von *P. argus* (a1: Individuum eines Trocken-, a2: Ind. eines Feuchtstandorts), *P. idas* und *P. argyrognomon*, jew. links Valve und rechts Uncus. Die Zähnchen an der Valvenspitze von *P. idas* sind feiner als die von *P. argus*, aber größer als die von *P. argyrognomon*.

Gefährdung/Schutz: BArtSchV (2005): besonders geschützt, Rote Liste BRD (2008): nicht gefährdet. – Gebietsweise gefährdet durch Verbuschung offener Trockenbiotope.

SH	HH	MV	NI
2/+	1/+	3/+	1/+
ST	BE	BB	SN
2/+	0/x	2/+	2/+
TH	HE	NW	RP
1/+	0/+	0/x	0/+
SL	BW	BY	D
V/+	1/+	2/+	3/+

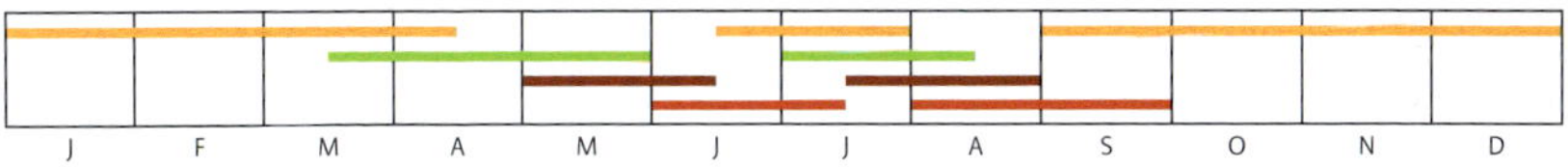

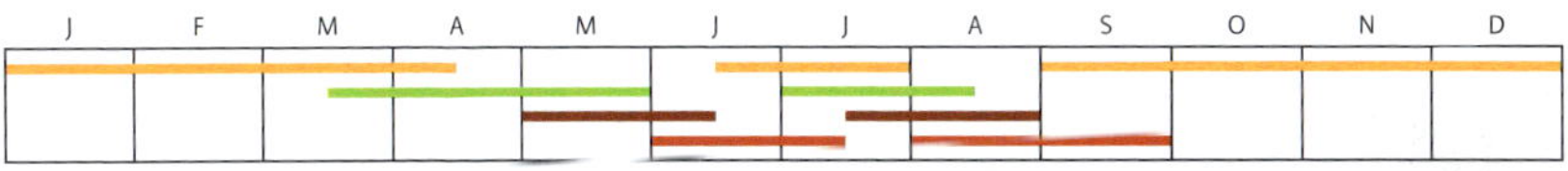

SH	HH	MV	NI
–	–	–	–
ST	BE	BB	SN
–	–	0/o	–
TH	HE	NW	RP
1/+	0/+	–	2/+
SL	BW	BY	D
2/+	V/+	V/+	–/+

Argus-Bläuling

Plebejus argus
(LINNAEUS, 1758)
→ Tafel Seite 194

Merkmale Falter: *P. argus* unterscheidet sich von *P. idas* (S. 92) und *P. argyrognomon* (S. 92) durch einen Sporn außen an der Spitze der Vordertibia (s. Abb. rechts). Bei Unsicherheit sollten Spezialisten konsultiert werden. Kleinster der drei Silberfleck-Bläulinge mit breitem schwarzem Rand auf der Flügeloberseite. Flügelunterseite der Männchen bläulich; schwarze Punkte ausgeprägter als bei *P. idas* (Foto: Paarung). Raupe: variable Farbe (grün, braun) mit weiß gerandetem, sehr dunklem Rückenstreifen (kl. Foto).

Lebensraum/Lebensweise: Heidelandschaften, Magerrasen, magere Schlagfluren, Böschungen und Wegränder, Massenvorkommen aber auch in Hochmooren des Alpenvorlandes. ❀ Thymian, Heidekraut, Glocken-Heide u.a. 🍃 Heidekraut, Gewöhnlicher Hornklee, Hufeisenklee, Bunte Kronwicke und weitere Schmetterlingsblütler.

Nachweis: Falter.

Gefährdung/Schutz: BArtSchV (2005): besonders geschützt, Rote Liste BRD (2008): nicht gefährdet. – Gefährdung durch Nutzungsaufgabe von Heideland und Halbtrockenrasen; Trockenlegung und/oder Eutrophierung von Feuchtwiesen und Moorgebieten.

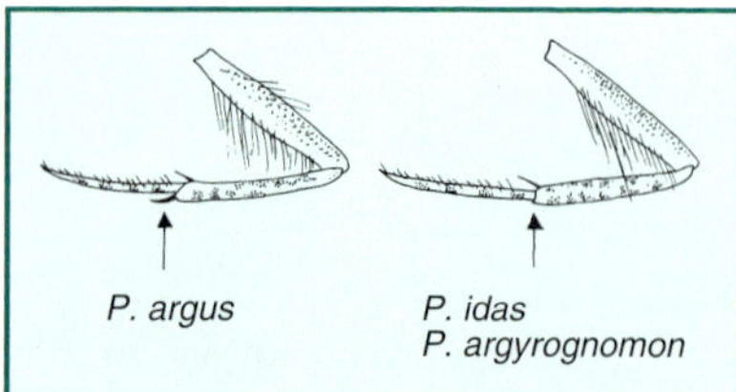

Vorderbein von *P. argus* mit Sporn (Pfeil) außen an der Tibia-Spitze; *P. idas* und *P. argyrognomon* fehlt dieser Sporn.

Hochmoor-Bläuling

Plebejus optilete
(KNOCH, 1781)
→ Tafel Seite 194

Merkmale Falter: Ein großer, auffälliger roter Randfleck auf der Hinterflügelunterseite mit metallisch blauem Kern (Foto). Ei: weißlich mit feinwabiger Oberflächenstruktur und undeutlicher Eintiefung am Pol (kl. Foto: Ei an Rauschbeere). Raupe: grün mit gelben Seitenstreifen.

Lebensraum/Lebensweise: In Süddeutschland Hochmoore, in Norddeutschland moorige Nadelwaldbereiche; im Küstengebiet MV Hochmoore, weiter südlich auch andere oligotrophe, saure Moore. ❀ Moosbeere, Sumpf-Blutauge, Sumpf-Weidenröschen, Sumpf-Kratzdistel, Wiesen-Wachtelweizen, Glocken-Heide sowie an nassem Torfmoos. 🍃 Rauschbeere und Moosbeere.

Nachweis: Falter.

Schutz/Gefährdung: BArtSchV (2008): besonders geschützt, Rote Liste BRD (2008): 2. – Das Überleben von *P. optilete* hängt von der Erhaltung der letzten noch verblieben Moorstandorte in Deutschland ab. Selbst konsequenter Flächenschutz kann aber nicht verhindern, dass über den Ferntransport eingetragene Nährstoffe zur Eutrophierung und Denaturierung der Moore führen. Entwässerung und Aufforstung der trockengelegten Flächen schränken den Lebensraum der Art noch weiter ein (vgl. auch Hinweise beim Hochmoor-Gelbling auf S. 52).

SH 3/+	HH V/+	MV 2/+	NI 3/+
ST 3/+	BE 0/+	BB 2/+	SN 2/+
TH –/+	HE 3/+	NW 2/+	RP 3/+
SL 2/+	BW V/+	BY V/+	D –/+

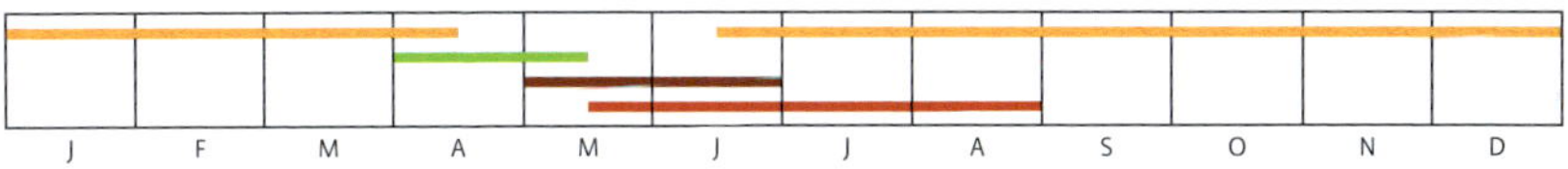

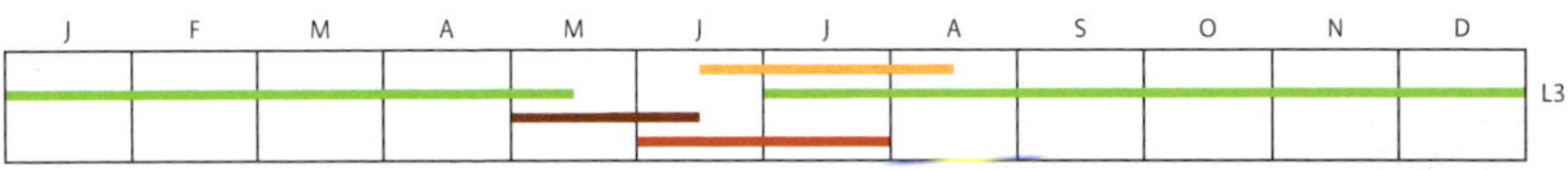

SH 1/+	HH 1/+	MV 2/+	NI 1/+
ST –	BE 0/x	BB 1/+	SN 1/+
TH 1/+	HE R/+	NW 0/x	RP –
SL –	BW 2/+	BY 2/+	D 2/+

Kleiner Sonnenröschen-Bläuling

Aricia agestis ([SCHIFFERMÜLLER], 1775) → Tafel Seite 195

Merkmale Falter: *A. agestis* und *A. artaxerxes* (s. u.) bilden morphologisch einen äußerst problematischen Artenkomplex. Beide Arten sind in beiden Geschlechtern auf den Flügeloberseiten braun. Da auch aufwändige Methoden bei bestimmten Exemplaren keine sichere Unterscheidung erlauben, wird davon abgeraten, die beiden Arten im Zuge einer normalen Freilanderhebung überhaupt trennen zu wollen. Tiere mit ausgeprägter orangefarbener Fleckenreihe auf der Flügeloberseite (Foto) sind eher *A. agestis* zuzuordnen. Ei: weiß, rundlich mit wabenartiger Oberflächenstruktur. Raupe: grün, borstig behaart mit rosa Rücken- und Seitenstreifen.

Lebensraum/Lebensweise: Ein relativ breites Spektrum an Biotopen: Kalkmager- und Sandtrockenrasen, sandige Ackerbrachen – trockene Lichtungen, Kies- und Sandgruben, aber auch Fettwiesen (s. u.). Z. B. Dost, Tauben-Skabiose, Goldrute, Sandköpfchen, Hornklee, Kamille, Astern-Arten. Schlitzblättriger Storchschnabel, Zwerg-Storchschnabel, Pyrenäen-Storchschnabel, Weicher Storchschnabel, Wiesen-Storchschnabel und Gewöhnliches Sonnenröschen. In Südwestdeutschland seit Anfang der 1990er-Jahre stetiges Vorkommen in Fettwiesen mit Wiesen- oder Wald-Storchschnabel.

Nachweis: 1) Falter (mitunter eine 3. Generation). 2) Suche nach Eiern vor allem auf Blattoberseiten der Wirtspflanzen (kl. Foto).

Gefährdung/Schutz: BArtSchV (2005): besonders geschützt, Rote Liste BRD (2008): gefährdet. – Die Art ist regional in Ausbreitung begriffen.

Großer Sonnenröschen-Bläuling

Aricia artaxerxes (Fabricius, 1793)

→ Tafel Seite 195

Merkmale Falter: Siehe *A. agestis* (s. o.). Eindeutige Bestimmung nur durch Spezialisten möglich. Ei: weiß, rundlich mit wabenartiger Oberflächenstruktur. Raupe: nahezu identisch mit der von *A. agestis* (s. o.).

Lebensraum/Lebensweise: Gegenüber *P. agestis* zeigt *P. artaxerxes* deutlicher ausgeprägte Präferenz von offenen, trocken-warmen Standorten, vor allem in kalkreichen Magerrasen des Hügellandes und der Mittelgebirge. Soweit bekannt z. B. Thymian, Hornklee, Sonnenröschen, Sichel-Luzerne, Dost. Sonnenröschen-Arten (ob auch Storchschnabel-Arten als Raupennahrungspflanzen dienen, ist noch zu klären). Verpuppung in der Streuschicht.

Nachweis: 1) Falter (im Gegensatz zu *P. agestis* bildet *A. artaxerxes* stets nur 1 Generation). 2) Suche nach Eiern auf Blattoberseiten von Sonnenröschen-Arten (kl. Foto).

Gefährdung/Schutz: BArtSchV (2005): besonders geschützt, Rote Liste BRD (2008): G. – Obwohl die Art spezialisierter und weniger verbreitet ist als *A. agestis*, sind ihre Bestände derzeit nicht akut bedroht und durch Offenhaltung bestehender Kalkmagerrasen nachhaltig zu sichern.

SH V/+	HH 1/+	MV 3/+	NI 2/+
ST –/+	BE 3/+	BB V/+	SN –/+
TH –/+	HE V/+	NW 2/+	RP V/+
SL –/+	BW –/+	BY 3/+	D –/+

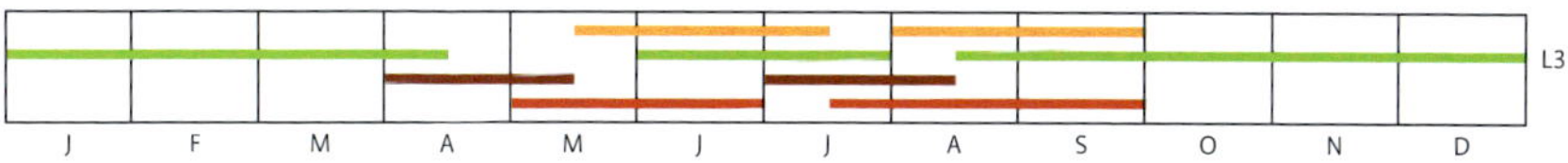

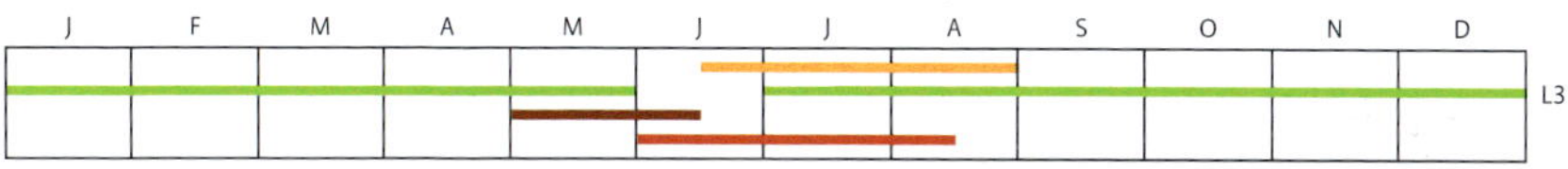

SH –	HH –	MV –	NI 1/+
ST 2/+	BE –	BB –	SN –
TH 2/+	HE D/+	NW –	RP –
SL –	BW V/+	BY 3/+	D G/+

Storchschnabel-Bläuling
Aricia eumedon
(ESPER, 1780)

→ Tafel Seite 190

Merkmale Falter: *A. eumedon* besitzt einen auffälligen weißen Strich auf der Hinterflügelunterseite, der von der Flügelmitte bis zu den Randflecken reicht. Bei der ähnlichen Art *P. damon* (s. u.) reicht dieser Strich von der Flügelbasis bis fast zum Flügelrand. Bei anderen *Polyommatus*-Arten kann an dieser Stelle vereinzelt ebenfalls eine strichartige Zeichnung auftreten, die aber nie so stark ausgeprägt ist. Ei: weißlich, leicht abgeflacht mit wabenartiger Oberfläche. Raupe: erst grau, dann grün mit dunklem Rückenstreifen in der Farbe der Wirtspflanzen.

Lebensraum/Lebensweise: Verschiedenbiotop-Bewohner (S. 232): Wärmeliebende Saumgesellschaften an Trockenhängen mit Blut-Storchschnabel, Feuchtbrachen und ungemähte Grabenränder mit Sumpf-Storchschnabel, seltener auch Fettwiesenbrachen mit Wiesen-Storchschnabel. Storchschnabel, Wiesen-Platterbse, Vogel-Wicke, Blutweiderich. Blut-Storchschnabel, Sumpf-Storchschnabel und Wiesen-Storchschnabel.

Nachweis: 1) Suche nach Eiern an Blütengriffeln von Blut- und Sumpf-Storchschnabel (kl. Foto), seltener auch Wiesen-Storchschnabel (dann jedoch nicht auf Mähwiesen, sondern allenfalls in Brachen oder Säumen). 2) Falter.

Gefährdung/Schutz: BArtSchV (2005): besonders geschützt, Rote Liste BRD (2008): 3. – Die Art ist gefährdet durch regelmäßige und vollständige Mahd von Grabenrändern, gebietsweise auch durch das Verbuschen ihrer Habitate. Schutz durch Mahd der Habitate in allenfalls mehrjährigem Abstand und Entbuschung bei fortschreitender Gehölzsukzession.

Streifen-Bläuling
Polyommatus damon
([SCHIFFERMÜLLER], 1775)

→ Tafel Seite 191

Merkmale Falter: Langer weißer Strich auf der Hinterflügelunterseite von der Flügelbasis bis fast zum Flügelrand (Foto: Weibchen an Esparsette). Ei: grünlich weiß mit deutlichen, zackenartigen Fortsätzen (kl. Foto). Raupe: grün mit dunklen Rückenstreifen.

Lebensraum/Lebensweise: Magerrasen auf Kalk oder Keuper. In Deutschland derzeit nur noch Restvorkommen in wenigen Naturräumen (z. B. Thüringischer Grabfeldgau, Schwäbische Alb). Esparsette, Sichel-Luzerne, Dost. Saat-Esparsette. Raupen steigen spätnachmittags am Stängel empor und fressen die Blüten. Myrmekophil (S. 232).

Nachweis: 1) Suche nach Eiern an Fruchtständen von Esparsette-Arten. 2) Falter (besonders Kontrolle von „Bläulingsschlafgesellschaften“, da der lange weiße Strich in der Ruhestellung leicht erkennbar ist und so eine Vielzahl von Tieren innerhalb kurzer Zeit kontrolliert werden kann).

Schutz/Gefährdung BArtSchV (2005): streng geschützt, Rote Liste BRD (2008): 1. – Zu intensive Beweidung führt zum Verlust der Wirtspflanzen, da diese von den Schafen selektiv gefressen werden. Unterbleibt die Beweidung, so führt die einsetzende Verbuschung zum Verschwinden dieser Art. Es erscheint deshalb sinnvoll, geeignete Esparsette-Flächen mosaikartig, d. h. zeitversetzt zu bewirtschaften. Mahd oder intensivere Beweidung während der Blütezeit der Wirtspflanzen ist zu vermeiden.

SH –	HH –	MV –	NI ?
ST –	BE 0/x	BB 0/x	SN E
TH –	HE 0/o	NW 0/o	RP 1/+
SL –	BW 3/+	BY 2/+	D 3/+

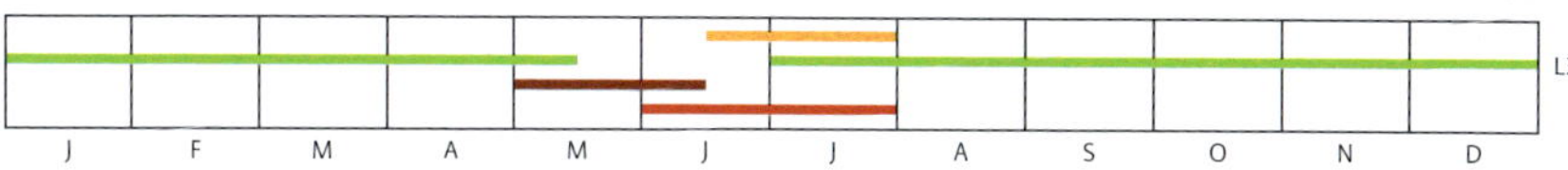

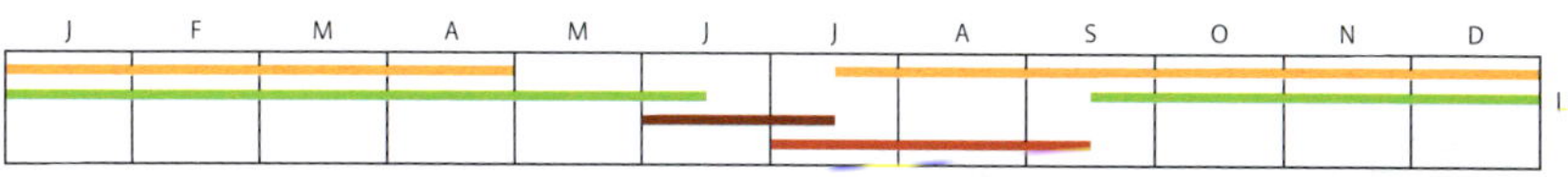

SH –	HH –	MV –	NI 0/+
ST 0/x	BE –	BB –	SN (E)
TH 1/+	HE 0/x	NW 0/o	RP 0/o
SL (E)	BW 1/+	BY 1/+	D 1/+

Rotklee-Bläuling
Cyaniris semiargus (Rottemburg, 1775)

→ Tafel Seite 192

Merkmale Falter: Flügelunterseiten einheitlich hell braungrau, nur an der Basis blau bestäubt (Foto). Punktmuster anders als bei *Cupido minimus* (S. 80 bzw. 190). Ei: grünlich weiß, rundlich mit feinwabiger Oberflächenstruktur. Raupe: grün mit dunklem, hell gefasstem Rückenstreifen, Seitenstreifen hell, unterbrochen.

Lebensraum/Lebensweise: Weit verbreitete Art, die ein breites Spektrum der Wuchsorte des Rotklees und des Mittelklees besiedelt: nicht überdüngte Fettwiesen, Bergwiesen, Ruderalflächen, Brachen, Waldsäume, seltener auch Magerrasen. Besonders Schmetterlingsblütler, darunter vorrangig Rot-Klee; Hornklee, Weiß-Klee, Wiesen-Platterbse, Vogel-Wicke, Luzerne, Esparsette, Hufeisenklee, aber auch Blutweiderich, Dost und Wiesen-Flockenblume, Braunelle, Klappertopf. Rot-Klee und Zickzack-Klee. Erstaunlicherweise nutzt die Art regional auch rotblühende Nelkenarten als Wirtspflanze (SH, SL). Myrmekophil (S. 232). Überwinterung im mittleren Raupenstadium. Verpuppung in der Streuschicht.

Nachweis: 1) Falter (mehrere Generationen). 2) Suche nach Eiern an Blüten (kl. Foto) und Blütenknospen der Wirtspflanzen.

Gefährdung/Schutz: BArtSchV (2005): besonders geschützt, Rote Liste BRD (2008): nicht gefährdet. – Die Landwirtschaft kann wesentlich zum Erhalt dieser Art beitragen, wenn sie auf intensive Düngung und mehr als zweimalige Mahd pro Jahr verzichtet, also günstige Bedingungen für den Rotklee schafft.

Zahnflügel-Bläuling
Polyommatus daphnis ([SCHIFFERMÜLLER], 1775)

→ Tafel S. 191

Merkmale Falter: Große Bläulings-Art. Wie der deutsche Name sagt, verläuft bei dieser Art der Hinterflügelrand wellenförmig, bei den Weibchen (beide Fotos) stärker ausgeprägt als bei den Männchen. Ei: weißlich mit netzartiger Oberflächenstruktur, zum Rand hin markante Zackung. Raupe: grünlich, an die Farbe der Wirtspflanze angepasst; leicht beborstet.

Lebensraum/Lebensweise: Wärmebegünstigte Saumgesellschaften an trockenen Hängen und Bahndämmen, auf Weinbergsbrachen, in aufgelassenen Steinbrüchen etc. Dost, Hornklee, Sonnenröschen, Flockenblumen, Acker-Kratzdistel, Färberscharte. Falter versammeln sich zu Schlafgemeinschaften. Bunte Kronwicke. Die Eier werden an dürre Materie gelegt. Verpuppung in der Bodenstreu.

Nachweis: Falter.

Gefährdung/Schutz: BArtSchV (2005): besonders geschützt, Rote Liste BRD (2008): 3. – Regional gefährdet durch das Zuwachsen nicht mehr gepflegter Trockenhänge. Schutz durch sporadisches Entbuschen sowie extensive Beweidung oder Mahd der Habitate.

SH	HH	MV	NI
1/+	0/x	3/+	2/+
ST	BE	BB	SN
3/+	0/+	3/+	2/+
TH	HE	NW	RP
–/+	V/+	2/+	V/+
SL	BW	BY	D
–/+	V/+	V/+	–/+

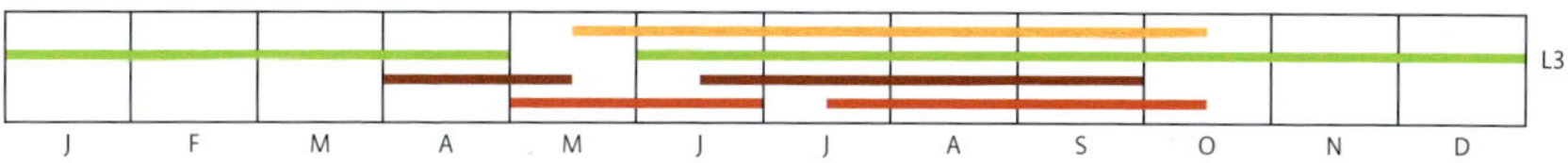

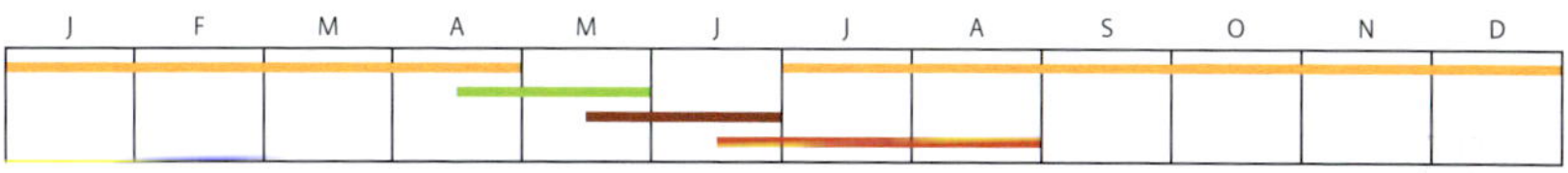

SH	HH	MV	NI
–	–	–	–
ST	BE	BB	SN
(E)	–	–	E
TH	HE	NW	RP
1/+	3/+	–	–
SL	BW	BY	D
–	3/+	3/+	3/+

Silbergrüner Bläuling

Polyommatus coridon (PODA, 1761)

→ Tafel Seite 197

Merkmale Falter: Flügelsaum schwarz-weiß gescheckt. Charakteristische weiße Flecken auf der Hinterflügelunterseite. Männchen oberseits silbergrünblau (Foto). Ei: weißlich, abgeflacht mit wabenartiger Oberflächenstruktur, die zum Rand hin gröber wird. Ablageposition i. d. R. am Stängel, an abgestorbenen Pflanzenteilen unter der Pflanze oder auf Blattunterseiten (bei *P. bellargus*, s. u., hingegen i. d. R. blattoberseits). Raupe: grün mit gelben Längsstreifen, auf dem Rücken 2 Reihen undeutlicher heller Punkte.

Lebensraum/Lebensweise: Kalkmagerrasen, magere Böschungen, aufgelassene Steinbrüche und Kiesgruben, im Osten auch auf silikatischem Untergrund (z. B. Porphyrkuppen bei Halle) oder Sand (Ostbrandenburg), sofern die dortige Wirtspflanze Bunte Kronwicke vorkommt. Dost, Hornklee, Skabiose, Flockenblumen, saugt gern auch an feuchter Erde. Hufeisenklee, nur in den östlichen Landesteilen auch Bunte Kronwicke. Verpuppung in der Streuschicht.

Nachweis: 1) Falter. 2) Suche nach Raupen anhand von Ameisen an Hufeisenklee bzw. Bunter Kronwicke im Mai tagsüber unter den Pflanzenpolstern. 3) Suche nach Eiern im Spätsommer/Herbst. 4) Suche der frisch geschlüpften Jungraupe mit typischem Fraßbild (kl. Foto) im März.

Gefährdung/Schutz: BArtSchV (2005): besonders geschützt, Rote Liste BRD (2008): nicht gefährdet. – Um eine künftige Gefährdung der Art zu vermeiden, ist die Aufrechterhaltung der extensiven Beweidung oder Mahd von Kalkmagerrasen bzw. der in Ostdeutschland für *P. coridon* relevanten Biotoptypen entscheidend.

Himmelblauer Bläuling

Polyommatus bellargus (ROTTEMBURG, 1775) → Tafel Seite 197

Merkmale Falter: *P. bellargus* ähnelt *P. icarus* (S. 106), kann aber von diesem durch den schwarz-weiß gestreiften Flügelsaum unterschieden werden (Foto: Männchen, Unterseite). Der Flügelsaum von *P. icarus* ist rein weiß; Weibchen von *P. bellargus* und *P. coridon* (s. o.) sind oft schwer zu unterscheiden (Kreuzungen kommen auch in der Natur vor), weshalb am Standort stets nach Männchen gesucht werden sollte (ein Männchen ist auch auf dem Titelbild des Buches abgebildet). Ei: Struktur wie bei *P. coridon* (s. o.); Ablageposition i. d. R. blattoberseits (kl. Foto; bei *P. coridon* hingegen i. d. R. am Stängel, an abgestorbenen Pflanzenteilen oder Blattunterseits). Raupe: ähnlich *P. coridon* (s. o.), etwas bläulicher und mit deutlicheren Punkten (Foto u. l.).

Lebensraum/Lebensweise: Präferenz für die gleichen kalkreichen, wärmebegünstigten Standorte wie *P. coridon*, im Gegensatz zu diesem aber in Brandenburg fehlend bzw. verschollen. Sekundärlebensräume sind junge Straßenböschungen, Steinbrüche, Kiesgruben etc. Hufeisenklee, Hornklee und andere Schmetterlingsblütler. Hufeisenklee und Bunte Kronwicke. Verpuppung in der Streuschicht.

Nachweis: 1) Falter. 2) In den Monaten April und Juli Suche nach Raupen (Foto) anhand von Ameisen an den Wirtspflanzen.

Gefährdung/Schutz: BArtSchV (2005): besonders geschützt, Rote Liste BRD (2008): 3. – Siehe *P. coridon*. Darüberhinaus könnte *P. bellargus* gefördert werden, indem auf Begrünung und Bepflanzung felsiger Straßenböschungen (Kalk) verzichtet wird.

SH –	HH –	MV R/+	NI 2/+
ST 3/+	BE 0/x	BB 3/+	SN 2/+
TH –/+	HE 3/+	NW 2/+	RP 3/+
SL –/+	BW V/+	BY V/+	D –/+

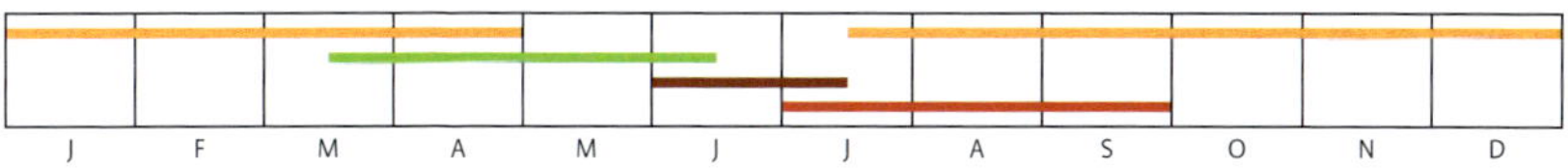

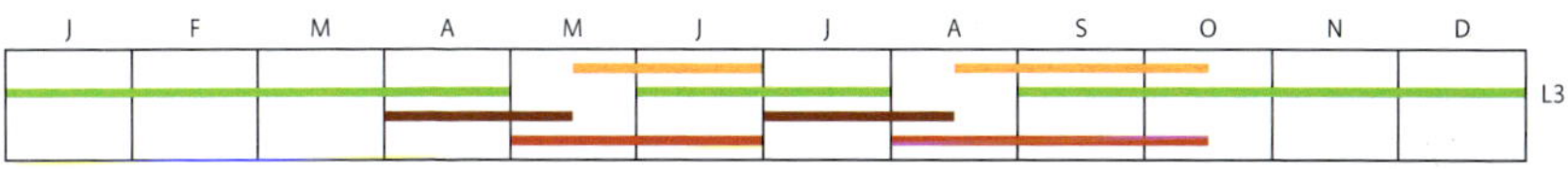

SH –	HH –	MV ?	NI 0/+
ST 2/+	BE –	BB 0/x	SN 0/x
TH 3/+	HE 2/+	NW 0/x	RP 2/+
SL –/+	BW 3/+	BY 3/+	D 3/+

Wundklee-Bläuling
Polyommatus dorylas ([SCHIFFERMÜLLER], 1775)

→ Tafel Seite 196

Merkmale Falter: Unterseiten der Flügel mit breitem weißem Rand (Foto: Männchen). Ei: weißlich, vergleichsweise klein mit wabenartiger Oberflächenstruktur. Raupe: hell gelblich, der Farbe der Wirtspflanze nahezu gleich.

Lebensraum/Lebensweise: Kalkreiche Magerrasen einschließlich ihrer Initialstadien in Steinbrüchen, an felsigen Böschungen etc. In Deutschland nur regional vorkommend. Wenig Angaben verfügbar; Dost. Falter saugt auch an feuchten Bodenstellen. Wundklee. Die Raupen minieren anfangs in den Blättern der Wirtspflanze. Verpuppung in der Bodenstreu.

Nachweis: 1) Suche nach Eiern (kl. Foto) vor allem auf Blattoberseiten des Wundklees an kurzrasigen oder lückig bewachsenen Standorten. 2) Falter (wegen meist geringer Individuendichte deutlich schlechter für den Nachweis der Art geeignet).

Gefährdung/Schutz: BArtSchV (2005): besonders geschützt, Rote Liste BRD (2008): 2. – Gefährdet durch Düngung und Nutzungsaufgabe. Extensive Beweidung oder einmal jährliche Mahd ist für die Lebensräume wichtig, am günstigsten zur Zeit der Eiablage, die bevorzugt in kurzrasigen oder lückigen Vegetationsbeständen stattfindet. Innerhalb der Vorkommensareale ist eine Förderung der Art auch durch Verzicht auf Begrünung oder Bepflanzung vegetationsarmer Straßenböschungen möglich.

Besonderheiten: Die Art erreicht – abgesehen von Reliktvorkommen in Südschweden – in Sachsen-Anhalt ihre Arealnordgrenze.

Vogelwicken-Bläuling
Polyommatus amandus (SCHNEIDER, 1792)

→ Tafel Seite 196

Merkmale Falter: Beim Männchen sind die Adern zum Flügelrand hin auf der Oberseite schwarz gezeichnet. Weibchen stets mit orangefarbenen Halbmonden auf der Hinterflügeloberseite. Die Unterseite erscheint ziemlich blass und ist an der Flügelbasis bei beiden Geschlechtern blau bestäubt (Foto). Eine Verwechslung mit *P. icarus* (S. 106) ist möglich. Ei: weißlich, wabenartige Oberflächenstruktur mit gezähnten Fortsätzen (kl. Foto). Raupe: grün mit gelblichen Seitenstreifen.

Lebensraum/Lebensweise: Ein breites Spektrum der von der Vogelwicke besiedelten Standorte: brach gefallene Halbtrockenrasen, Heidegebiete, Ackerrandstreifen, Bahn- und Straßenböschungen, besonnte Waldsäume und Lichtungen; in Norddeutschland und Bayern auch in feuchterem Gelände. & Vogel-Wicke und Wiesen-Platterbse.

Nachweis: 1) Falter. 2) Suche nach Eiern auf Blattoberseiten der Wirtspflanzen oder Suche nach Raupen anhand der Ameisengarde (S. 232).

Gefährdung/Schutz: BArtSchV (2005): besonders geschützt, Rote Liste BRD (2008): nicht gefährdet. – Die Art hat sich in den letzten Jahrzehnten deutlich nach Westen ausgebreitet. Sie besiedelt Lebensräume, die im Zuge menschlicher Eingriffe, Nutzungen und Sukzession immer wieder neu entstehen und rasch besiedelt werden (Kahlschläge, Bahndämme, Straßenböschungen, Deponien etc.). Obwohl die Bestände der Art regional deutlichen Schwankungen unterliegen, ist eine überregionale Bestandsgefährdung derzeit nicht gegeben.

SH –	HH –	MV –	NI 1/+
ST 1/+	BE –	BB –	SN 0/x
TH 1/+	HE 1/+	NW 1/+	RP 1/+
SL –	BW 1/+	BY 2/+	D 2/+

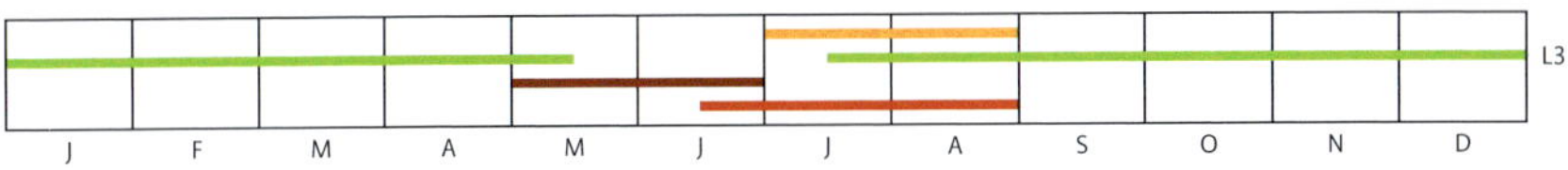

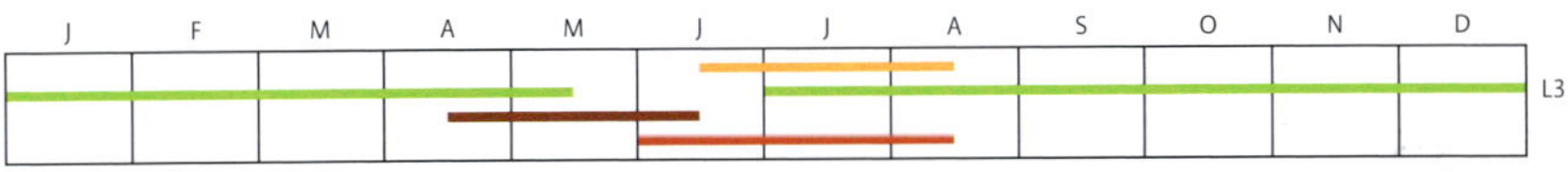

SH 2/+	HH 0/x	MV –/+	NI 2/+
ST 3/+	BE 3/+	BB –/+	SN –/+
TH –/+	HE –/+	NW –	RP –
SL –	BW 3/+	BY –/+	D –/+

Esparsetten-Bläuling
Polyommatus thersites
(CANTENER, 1834)
→ Tafel Seite 196

Merkmale Falter: Ähnlich *P. icarus* (s. u.), jedoch ohne Wurzelflecken auf Vorderflügelunterseite (Foto). Allerdings tritt *P. icarus* nicht selten auch in der Form *icarinus* auf, der die Wurzelflecken fehlen und die dann nur durch Spezialisten (siehe „Besonderheiten“) von *P. thersites* unterscheidbar ist. Ei: weißlich, abgeflacht; feinwabige Oberflächenstruktur, die zum Rand hin gröber wird. Raupe: grün mit schmalen, gelblichen Seitenstreifen (Foto).

Lebensraum/Lebensweise: Lebensräume im Prinzip ähnlich *P. damon* (S. 98), aber Ansprüche wesentlich unspezifischer. Typisch sind lückige Magerrasen auf Kalk oder Keuper, aber auch Trockenwiesen mit Esparsette. Esparsette. Saat- und Sand-Esparsette (nur selten auch an eingesäten großwüchsigen Zuchtformen).

Nachweis: 1) Ei-Suche im Basisbereich des Esparsette-Blütenstängels (kl. Foto) oder im April Raupen-Suche anhand von Ameisen unter Esparsette-Rosetten (sichere Bestimmung: siehe „Besonderheiten“). 2) Falter.

Gefährdung/Schutz: BArtSchV (2005): besonders geschützt, Rote Liste BRD (2008): 3. – Extensive Beweidung fördert den Bläuling und seine Wirtspflanze.

Besonderheiten: Unterscheidung anhand der Genitalien: bei *P. thersites* Spitze des Subuncus hakenförmig eingekrümmt, bei *P. icarus* eingebogen. Unterscheidung der Raupen durch Fütterungstest: *P. thersites*-Raupen verweigern außer Esparsette alle angebotenen Leguminosen, *P. icarus*-Raupen akzeptieren Hornklee, Weiß-Klee u. a. sofort.

Hauhechel-Bläuling
Polyommatus icarus
(ROTTEMBURG, 1775)
→ Tafel Seite 197

Merkmale Falter: Häufigste („blaue“) Bläulings-Art. Verwechslung mit *P. thersites* (s. o.), *P. bellargus* (S. 102) und *P. amandus* (S. 104) möglich; zur Unterscheidung siehe bei diesen Arten. Ei: weißlich mit wabenartiger Oberflächenstruktur. Raupe: blassgrün.

Lebensraum/Lebensweise: In allen heimischen Naturräumen weit verbreitete Art des Offenlandes. Wiesen-Platterbse, Wundklee, Hopfen-Luzerne, Hornklee, Dost, Thymian usw. Gewöhnlicher Hornklee, Weiß-Klee, Hopfen-Klee, Kriechende Hauhechel, Dornige Hauhechel, Luzerne, Sichel-Luzerne, Faden-Klee, Hasen-Klee, Sumpf-Hornklee, Bunte Kronwicke und selten Hufeisenklee. Verpuppung in der Streuschicht.

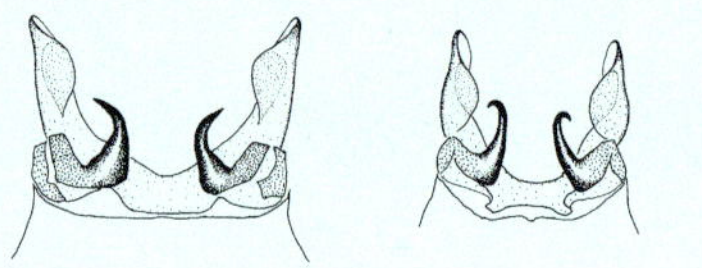

Unterscheidung von Männchen von *P. icarus* (links) und *P. thersites* (rechts; aus EBERT & RENNWALD 1991, Band 2, S. 382); Merkmal im Gelände überprüfbar durch vorsichtigen seitlichen Druck auf das Hinterleibsende (Kontrolle mit Lupe).

Nachweis: 1) Falter (mehrere Generationen). 2) Suche nach Eiern (kl. Foto: Ei auf Hornklee-Blatt) und Jungraupen an Wirtspflanzen lückig bewachsener, trockener Standorte.

Gefährdung/Schutz: BArtSchV (2005): besonders geschützt, Rote Liste BRD (2008): nicht gefährdet.

SH –	HH –	MV –	NI 0/+
ST 1/+	BE –	BB –	SN (E)
TH 1/+	HE 0/+	NW R/+	RP 1/+
SL –/+	BW 3/+	BY 2/+	D 3/+

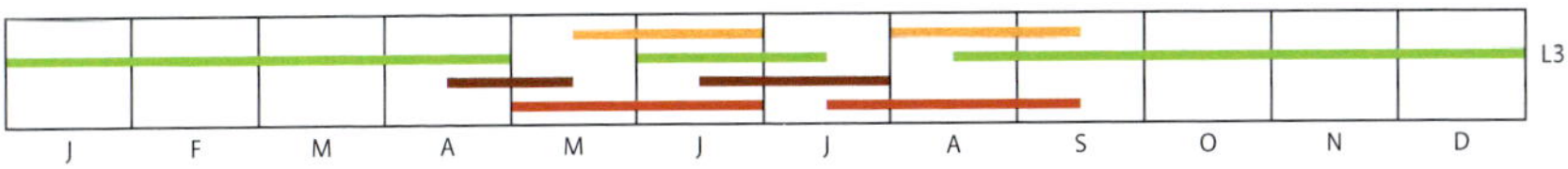

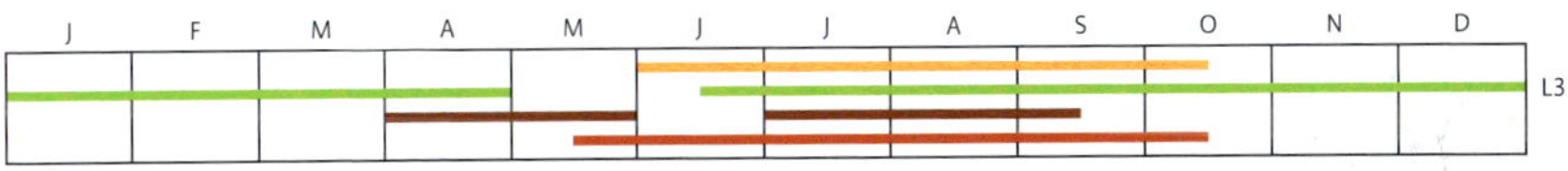

SH –/+	HH –/+	MV –/+	NI –/+
ST –/+	BE –/+	BB –/+	SN –/+
TH –/+	HE –/+	NW –/+	RP –/+
SL –/+	BW –/+	BY –/+	D –/+

Schlüsselblumen-Würfelfalter

Hamearis lucina (LINNAEUS, 1758)

→ Tafel Seite 205

Merkmale Falter: Einziger Vertreter der Familie in Mitteleuropa. Die kleine, oberseits schwarz und braun gefleckte Art weist 2 Reihen weißer Flecken auf der Hinterflügelunterseite auf. Vorderflügelunterseite zimtbraun, in der Zeichnung der Oberseite ähnlich. Ei: kugelförmig und glatt. Raupe: fahlbraun, dunklere Zeichnungen und helle Haare. Nachtaktiv.

Lebensraum/Lebensweise: Die Wirtspflanzen von *H. lucina* sind Arten von lichten Waldgesellschaften und versaumten Halbtrockenrasen/Hecken bzw. von artenreichen Wiesengesellschaften. Dementsprechend findet man die Falter auf Waldwiesen und Lichtungen, in Säumen breiter Forstwege von Laubmischwäldern sowie auf windgeschützten, mit Gebüsch durchsetzten Wiesenbrachen. Regelmäßig gemähte Wiesen werden dagegen selbst dann gemieden, wenn Schlüsselblumen sehr häufig vorkommen. Selten an Blumen zu finden, z. B. Zypressen-Wolfsmilch, Große Anemone, Löwenzahn, Wald-Erdbeere. Wald-Primel und Frühlings-Schlüsselblume. Gürtelpuppe.

Nachweis: 1) Suche nach Eiern an Blattunterseiten zumindest mäßig besonnter Schlüsselblumen (kl. Foto). 2) Falter.

Gefährdung/Schutz: Rote Liste BRD (2008): 3. – Insgesamt leiden die Vorkommen von *H. lucina* stark unter forstlichen Nutzungsänderungen („Dunklerwerden" der Wälder, Verzicht auf Kahlschlag). Regional profitiert die Art (aber zeitlich befristet) vom Brachfallen und Verbuschen der Kalkmagerrasen.

Kaisermantel

Argynnis paphia (LINNAEUS, 1758)

→ Tafel Seite 198

Merkmale Falter: Oberseite bei Männchen leuchtend orange, bei Weibchen bräunlich orange (bzw. graubraun s. S. 198). Die charakteristische Hinterflügelunterseite ist grünlich mit deutlicher silberfarbener Binde. Ei: stumpf, kegelförmig. Raupe: braun gescheckt, 2 gelbe Rückenstreifen, bedornt (kl. Foto). Wohl größtenteils nachtaktiv.

Lebensraum/Lebensweise: Typischer Wald- bzw. Saumschmetterling: Falter z. B. an blühenden Hochstauden entlang breiter Forstwegränder, auf kleineren Kahlschlägen; Gärten und Gebüsch der Stadtränder. Raupenhabitat: schattige Standorte im Wald. Disteln, Wasserdost, Dost, Greiskraut, Liguster, Sommerflieder, Brombeere, Lindenblüten u. a. Verschiedene Veilchen-Arten. Eiablage einzeln an die Rinde von Bäumen. Raupen schlüpfen im Herbst, überwintern und kriechen erst im Frühjahr zu den Wirtspflanzen.

Nachweis: Falter.

Gefährdung/Schutz: BArtSchV (2005): besonders geschützt, Rote Liste BRD (2008): nicht gefährdet. – Trotz lokaler Bestandsabnahmen noch weit verbreitet und nicht in besonderer Weise gefährdet. Auch auf kleinflächigen Lichtungen relativ dunkler Wälder.

Weitere Art: Der Östliche Perlmutterfalter, *Argynnis laodice* (PALLAS, 1771) (Tafel S. 199) kommt lokal auf Moorwiesen und Flachmooren mit Sumpfveilchen-Beständen (Wirtspflanze) in Nordostdeutschland mit aktueller Ausbreitungstendenz vor. BArtSchV (2005): streng geschützt, Rote Liste BRD (2008): 1. – Unverwechselbare, außen braunrote bis violette und innen gelbliche Hinterflügelunterseite.

SH –	HH –	MV 0/o	NI 2/+
ST 2/+	BE –	BB 0/x	SN 1/+
TH 3/+	HE 2/+	NW 2/+	RP 2/+
SL 3/+	BW 3/+	BY 3/+	D 3/+

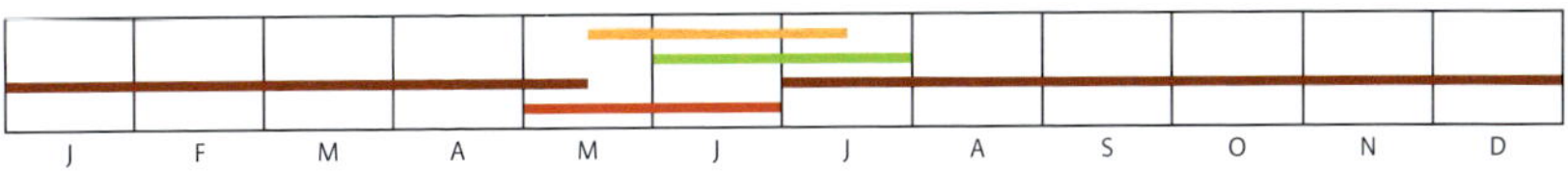

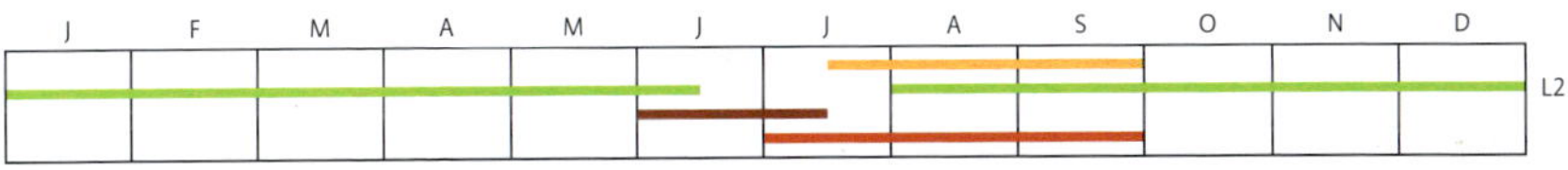

SH 1/+	HH 1/+	MV 3/+	NI 3/+
ST –/+	BE 1/+	BB –/+	SN –/+
TH –/+	HE V/+	NW 3/+	RP –/+
SL 3/+	BW –/+	BY –/+	D –/+

Großer Perlmutterfalter

Argynnis aglaja (LINNAEUS, 1758)

→ Tafel Seite 200

Merkmale Falter: Keine postdiskalen Augenflecken auf der Hinterflügelunterseite (Foto; vgl. Umschlaginnenseite). Ei: stumpf, kegelförmig, längsgerippt. Raupe: junge Raupe grauschwarz (kl. Foto), erwachsen samtschwarz mit roten Flecken an den Seiten. Nachtaktiv.

Lebensraum/Lebensweise: Vor allem blumenreiche Magerrasen, besonders häufig auf mageren Bergmatten der Mittelgebirge und der Alpen; regional auch auf Waldlichtungen, in extensiv genutzten Mooren und in Küstendünen (Nordseeinseln). Zahlreiche zur Flugzeit blühende Blumen; v. a. violette Blüten wie Distel- und Kratzdistel, Flockenblumen, Teufelsabbiss, Acker-Witwenblume, Sumpf-Blutauge, Heil-Ziest, Klette, Brombeere. Verschiedene Veilchen-Arten; in Kalkgebieten v. a. Rauhaariges Veilchen, in bodensauren Magerrasen an Hunds-Veilchen, in Wäldern an Wald-Veilchen und in Mooren an Sumpf-Veilchen. Eiablage an Blätter oder trockene Pflanzenteile in der Nähe der Wirtspflanzen. Die nachtaktiven Raupen überwintern in der Streuschicht. Sie verpuppen sich in einem Gespinst, dicht über dem Boden an Pflanzenstängeln hängend, oder in einer ausgesponnenen Höhle in der Streuschicht.

Nachweis: Falter.

Gefährdung/Schutz: BArtSchV (2005): besonders geschützt, Rote Liste BRD (2008): V. – Gefährdung durch Verlust von offenen und halboffenen, mageren Biotopen, sei es durch Nutzungsintensivierung, Verbuschung oder Überbauung.

Feuriger Perlmutterfalter

Argynnis adippe ([SCHIFFERMÜLLER], 1775) → Tafel Seite 200 und 201

Merkmale Falter: Die silbrig gekernten Augenflecken in der Postdiskalbinde (Abb. Umschlaginnenseite) auf der Hinterflügelunterseite tragen einen dunklen Ring und sind größer als bei *A. niobe* (S. 112). Vorderflügelunterseite der Weibchen an der Spitze nicht aufgehellt und mit 3 Perlmutterflecken. Männchen im Gegensatz zu *A. niobe* mit deutlichen Duftschuppenstreifen auf den Vorderflügeln. Der seltenen Form *cleodoxa* (S. 201, links unten) fehlen die Silberflecken. Ei: kegelförmig mit Längs- und Querrippen. Raupe: bedornt, gräulich. Rückenlinie in schwärzliche Binden zwischen den Segmenten aufgelöst, mit hellem, ebenfalls unterbrochenem Längsstreifen (kl. Foto).

Lebensraum/Lebensweise: Magere Waldwiesen, Waldlichtungen und Schlagfluren (v. a. innere Säume). Nur regional auch (meist) waldnahe Offenlandbiotope. Z. B. Flockenblumen- und Distel-Arten. Veilchen-Arten. Eiablage an holzigen Pflanzenstängeln in der Nähe der Wirtspflanzen. Stürzpuppe in der Krautschicht. *A. adippe* fliegt mehr oder weniger zeitgleich mit *A. aglaja* (s. o.), wobei letztere die offeneren Habitate bevorzugt.

Nachweis: Falter.

Gefährdung/Schutz: BArtSchV (2005): besonders geschützt, Rote Liste BRD (2008): 3. – Bezüglich Schutz und Gefährdung gilt Ähnliches wie für den Silberfleck-Perlmutterfalter (S. 118). Wichtig ist regelmäßige Neuschaffung magerer Waldlichtungen (Kahlschlag etc.). Art unterliegt stärkeren Häufigkeitsschwankungen verbunden mit starker Dynamik der genutzten Lebensräume.

SH 0/+	HH 0/x	MV 1/+	NI 2/+
ST V/+	BE 0/x	BB 2/+	SN 3/+
TH 3/+	HE 3/+	NW 2/+	RP V/+
SL 3/+	BW V/+	BY V/+	D V/+

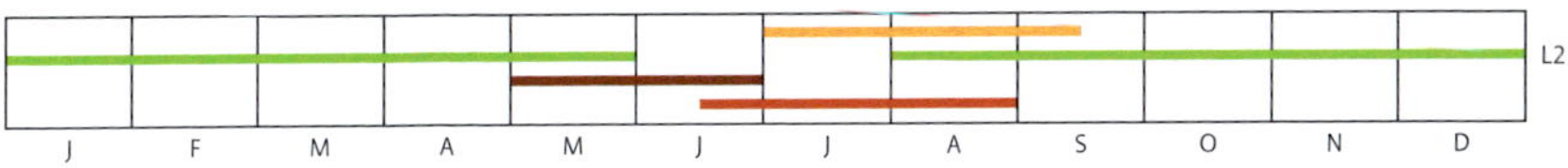

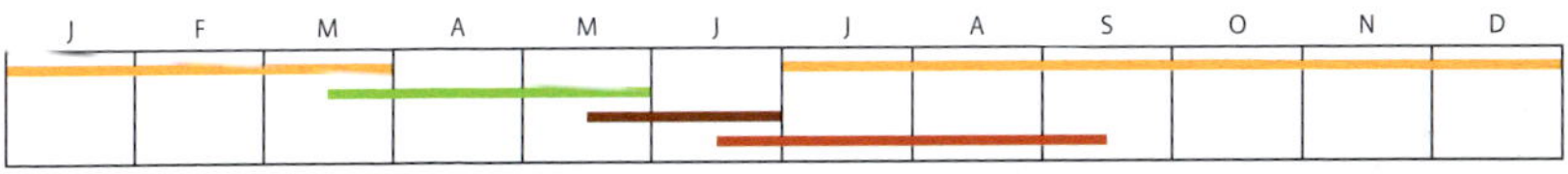

SH 0/x	HH –	MV 2/+	NI 1/+
ST 3/+	BE 1/+	BB 2/+	SN 3/+
TH –/+	HE 2/+	NW 2/+	RP 2/+
SL 1/+	BW 3/+	BY V/+	D 3/+

Mittlerer Perlmutterfalter
Argynnis niobe
(LINNAEUS, 1758)

→ Tafel Seite 201

Merkmale Falter: Kleiner, schwarz gekernter Silberfleck nahe der Basis der Hinterflügelunterseite. Verwechslung mit *A. adippe* (S. 110) leicht möglich. Die Überprüfung durch Spezialisten ist sinnvoll (Fotos: Weibchen der Form *eris*, s. a. S. 201). Ei: kegelförmig, längsgerippt. Raupe: wie *A. adippe* (S. 110) aber mit durchgehendem hellem Längsstreifen der Rückenbinde. Nachtaktiv.

Lebensraum/Lebensweise: Extensiv gemähtes oder beweidetes, niedrigwüchsiges Magergrünland, in Ostdeutschland Sandheiden und Kiefernwaldlichtungen (Schläge, Schneisen), auf einigen Nordseeinseln auch in Dünen. Wenig bekannt; festgestellt wurde speziell die Acker-Kratzdistel. Verschiedene Veilchen-Arten. Die Eier werden in der Nähe der Wirtspflanzen in der Krautschicht abgelegt. Stürzpuppe in der Streu.

Nachweis: Falter.

Gefährdung/Schutz: BArtSchV (2005): besonders geschützt, Rote Liste BRD (2008): 2. – Gefährdet insbesondere durch Nutzungsaufgabe von Magergrünland, regional auch durch forstliche Nutzungsänderungen. Innerhalb der verbliebenen Areale ist die Aufrechterhaltung extensiver Beweidungsformen und düngungsfreier Wiesennutzung vordringlich, in Ostdeutschland auch die Offenhaltung von Lichtungen und Schneisen.

Kleiner Perlmutterfalter
Issoria lathonia
(LINNAEUS, 1758)

→ Tafel Seite 202

Merkmale Falter: Auffallend große, mehr oder weniger rechteckige Perlmutterflecken auf der Hinterflügelunterseite (Foto). Ei: stumpf, kegelförmig, schwach längsgerippt. Raupe: bedornt, bräunlich grau, Seiten braun, Rücken schwarz mit grauen Flecken (kl. Foto).

Lebensraum/Lebensweise: Ackerrandstreifen, Stoppeläcker, regelmäßig genutzte Magerrasen, gelegentlich auch Blumenrabatten mit Zier-Stiefmütterchen im Siedlungsbereich Vielzahl von Blüten, z. B. Luzerne, Klee, Geranien, Sommerflieder, Teufelsabbiss, Stiefmütterchen, Löwenzahn, Flockenblume, Acker-Kratzdistel, Schafgarbe, Hundskamille. Veilchen-Arten sowie Stiefmütterchen, auch an Gartenformen. Die Eier werden an Blattunterseiten der Wirtspflanzen oder an dürre Materie in deren Nähe abgelegt (z. B. an Getreidestoppeln) abgelegt. Männchen mit Revierverhalten. Die Überwinterung ist offenbar in verschiedenen Stadien möglich (regionale Unterschiede?). Verpuppung als Stürzpuppe.

Nachweis: Falter (April bis November in mehreren Generationen; die 3. und individuenreichste Generation fliegt Mitte August bis Ende Oktober).

Gefährdung/Schutz: Rote Liste BRD (2008): nicht gefährdet. – Die Art ist zu den Wanderfaltern zu rechnen. *I. lathonia* profitiert von Ackerrandstreifenprogrammen besonders dann, wenn die Streifen zwischen Herbst und April ungepflügt als Stoppelbrache belassen werden. Herbstliches Umpflügen der Stoppel führt dagegen in der Regel zum vollständigen Verlust der Entwicklungsstadien.

SH 1/+	HH 0/x	MV 1/+	NI 1/+
ST 1/+	BE 0/x	BB 1/+	SN 1/+
TH 0/x	HE 0/x	NW 1/+	RP 0/x
SL 0/+	BW 2/+	BY 1/+	D 2/+

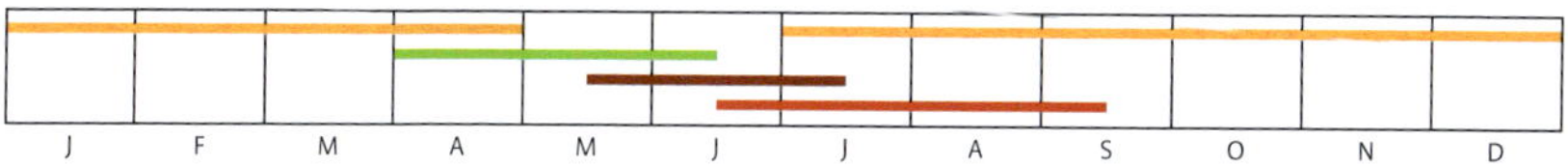

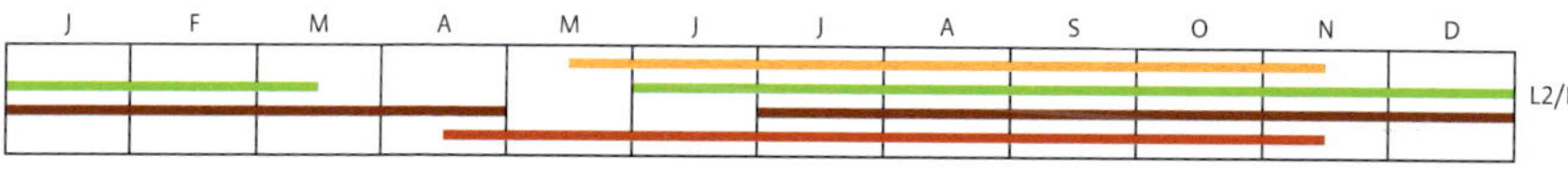

SH –/+	HH 3/+	MV –/+	NI V/+
ST –/+	BE –/+	BB –/+	SN –/+
TH –/+	HE –/+	NW –/+	RP V/+
SL –/+	BW V/+	BY –/+	D –/+

Brombeer-Perlmutterfalter

Brenthis daphne (BERGSTRÄSSER, 1780)

→ Tafel Seite 202

Merkmale Falter: Die äußere Hälfte der Hinterflügelunterseite ist im Gegensatz zum ähnlichen *B. ino* (s. u.) fast völlig violett übergossen (Foto). Ei: kegelförmig, die deutlichen Längsrippen ragen über die Eispitze hinaus. Raupe: bedornt, am Kopf 2 kürzere Dornen. Silbergraue Rückenstreifen und jeweils ein breiter weißlicher Seitenstreifen (kl. Foto).

Lebensraum/Lebensweise: Waldlichtungen und waldnahe Sukzessionsflächen mit Brombeergebüschen. Brombeere, Liguster. Brombeere. Die Eier werden von den langlebigen Weibchen einzeln direkt auf die Wirtspflanzen abgelegt. Während in der Schweiz die tagaktiven Raupen teilweise bereits vor dem Winter schlüpfen, verlassen sie nördlich der Alpen erst ab März die Eier. Stürzpuppe an Pflanzenstängeln. Männchen mit Territorialverhalten.

Nachweis: 1) Falter. 2) Raupensuche nach der Überwinterung (sitzen tagsüber offen auf Blättern der Wirtspflanzen).

Gefährdung/Schutz: BArtSchV (2005): streng geschützt, Rote Liste BRD (2008): nicht bewertet. – Das Vorkommen in Brandenburg (nördlicher Berliner Raum) ist erloschen, es konnte in den letzten Jahren kein Nachweis mehr erbracht werden. Demgegenüber wird zurzeit von Zentralfrankreich aus eine Ausbreitung von *B. daphne* nach Norden registriert. Die neueren Nachweise in BW, SL und RP könnten hiermit in Zusammenhang stehen.

Mädesüß-Perlmutterfalter

Brenthis ino (ROTTEMBURG, 1775)

→ Tafel Seite 202

Merkmale Falter: Die äußere Hälfte der Hinterflügelunterseite ist im Gegensatz zum ähnlichen *B. daphne* (s. o.) nur in einem schmalen Bereich violett gefärbt (Foto). Ei: kegelförmig mit groben Längsrippen. Raupe: wie *B. daphne* (s. o.), aber gleiche Form der Kopf- und Körperdornen (kl. Foto: Raupe auf Mädesüß). Nachtaktiv.

Lebensraum/Lebensweise: Feuchte bis nasse Brachen (nicht Wiesen) mit Mädesüß oder Großem Wiesenknopf, regional auch verfilzte Halbtrockenrasen mit Kleinem Wiesenknopf (Schwäbische Alb). Bevorzugung von violetten Blüten; Acker-Witwenblume, Sumpf-Kratzdistel, Flockenblumen, Brombeere, Teufelsabbiss, Echter Baldrian, Wiesen-Knöterich, Sumpf-Blutauge, Heil-Ziest, Schafgarbe. Mädesüß, Großer Wiesenknopf, selten Kleiner Wiesenknopf. Die Eier werden auf die Unterseite der Wirtspflanze gelegt. Möglicherweise werden nur solche Mädesüßblätter belegt, in die zuvor von Blattkäfern Löcher gefressen wurden. Raupe tagsüber verborgen, frisst vorwiegend nachts (bei trüber Witterung auch am Tage). Verpuppung an Stängeln der Wirtspflanze (Stürzpuppe).

Nachweis: Falter.

Gefährdung/Schutz: Rote Liste BRD (2008): V. – Im Zuge zunehmender Nutzungsaufgabe feuchter Mähwiesen und der Renaturierung von Feuchtgebieten werden gebietsweise Zunahmen der Art registriert. Auf Langzeitbrachen kommt es jedoch oft zur Ansiedlung von Erlen und damit wieder zum Verlust des Lebensraums.

SH –	HH –	MV –	NI –
ST –	BE –/x	BB 0/+	SN (E)
TH –	HE –	NW –	RP G/+
SL D/+	BW 1/+	BY D/+	D =/+

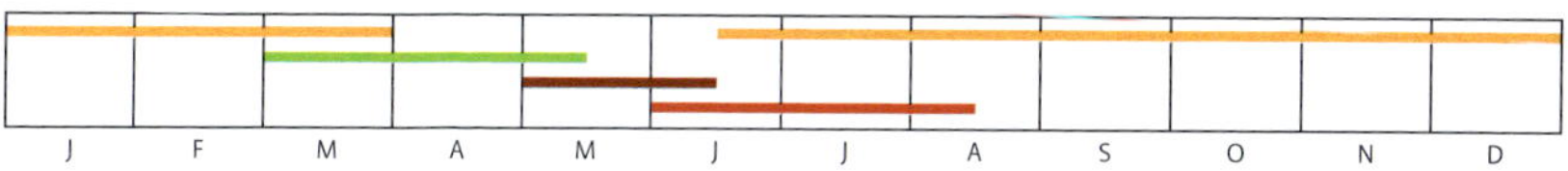

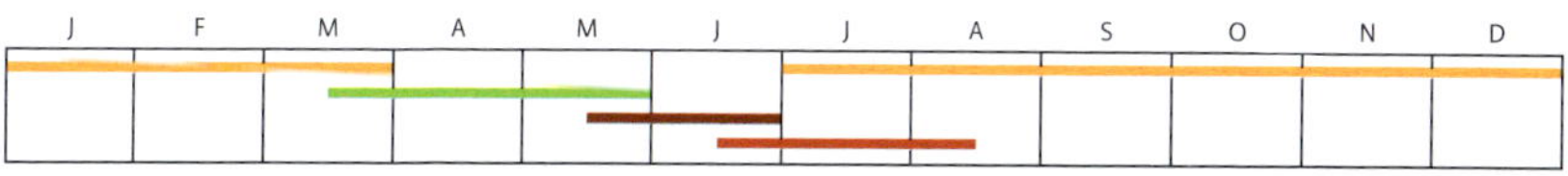

SH 3/+	HH 2/+	MV –/+	NI 1/+
ST 3/+	BE 1/+	BB 2/+	SN –/+
TH –/+	HE –/+	NW 3/+	RP 3/+
SL –/+	BW V/+	BY 3/+	D V/+

Hochmoor-Perlmutterfalter

Boloria aquilonaris (STICHEL, 1908)

→ Tafel Seite 203

Merkmale Falter: Eindeutiges artspezifisches Merkmal von *B. aquilonaris* ist die Färbung und Zeichnung der Hinterflügelunterseite (Foto). Ei: kegelförmig und längsgerippt (kl. Foto). Raupe: hell bedornt, bräunlich grau mit hellem doppeltem Rückenstreifen.

Lebensraum/Lebensweise: Art der offenen Hoch- und Übergangsmoore, ausnahmsweise auch in Verlandungsmooren nährstoffarmer Seen. Habitate meist in Kontakt zu blumenreichen Niedermooren oder Wiesen, die als Nektarhabitat von Bedeutung sind. Außerhalb des blumenarmen Hochmoores werden eine Vielzahl von Blüten besucht, z. B. Sumpf-Kratzdistel, Glocken-Heide, Geflecktes Knabenkraut, Kriechender Hahnenfuß, Sandköpfchen, Herbst-Löwenzahn, Sumpf-Blutauge, Rotklee, Arnika. Gemeine Moosbeere. Eiablage an die Blattunterseiten. Die frisch geschlüpfte Raupe überwintert, ohne Nahrung aufzunehmen. Verpuppung in der Streuschicht.

Nachweis: Falter.

Gefährdung/Schutz: BArtSchV (2005): besonders geschützt, Rote Liste BRD (2008): 2. – Die intensive landwirtschaftliche Nutzung von an Moor grenzenden Feuchtwiesen führt zum Verlust an Nektarpflanzen für die Falter. Die Drainage solcher Wiesen verursacht Grundwasserabsenkungen, von denen dann auch das Moor selbst betroffen ist. Es sind also dringend Pufferzonen zu errichten.

Randring-Perlmutterfalter

Boloria eunomia (ESPER, 1799)

→ Tafel Seite 205

Merkmale Falter: Eine Reihe gleichmäßig großer schwarzer Ringe mit weißen Kernen auf der Hinterflügelunterseite (Fotos: Unterseite und Weibchen, Oberseite). Ei: kegelförmig und längsgerippt. Raupe: bedornt, schmutzig graubraun.

Lebensraum/Lebensweise: Nasse, ungenutzte Standorte mit zahlreichem Vorkommen des Wiesenknöterichs (Großseggenriede, Nass- und Moorwiesenbrachen, Quellfluren etc.). In jährlich gemähten Streuwiesen fehlend oder mit geringer Siedlungsdichte. Ausnahmsweise auch Kalkflachmoore mit Knöllchen-Knöterich (Alpenvorland). *B. eunomia* kann in sehr hoher Individuendichte vorkommen und deshalb auch relativ kleinflächige Biotope besiedeln. Vorzugsweise Wiesen-Knöterich, aber auch Sumpf- und Bach-Kratzdistel, Sumpf-Vergissmeinnicht, Margerite, Giersch, Dost. Wiesen-Knöterich, im bayerischen Alpenvorland auch Knöllchen-Knöterich. In kleinen Gruppen werden die Eier auf die Blattunterseiten der Wirtspflanze gelegt. Überwinterung in der Streuschicht. Verpuppung als Stürzpuppe.

Nachweis: Falter.

Gefährdung/Schutz: BArtSchV (2005): besonders geschützt, Rote Liste BRD (2008): 2. – Regional profitierte die Art vom Brachfallen nasser Wiesen (Alpenvorland, Schwarzwald, u. a.), gebietsweise aber auch gefährdet durch allmähliche Verbuschung bzw. Verwaldung der Habitate (Aufkommen von Schwarzerle).

SH 2/+	HH 1/+	MV 1/+	NI 1/+
ST 1/+	BE 0/x	BB 1/+	SN 1/+
TH 1/+	HE R/+	NW 1/+	RP 1/+
SL –	BW 2/+	BY 2/+	D 2/+

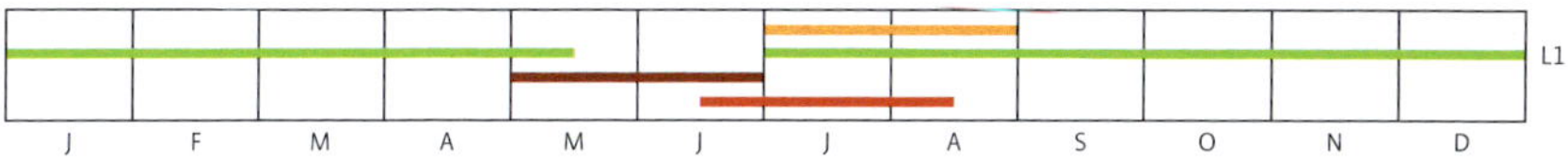

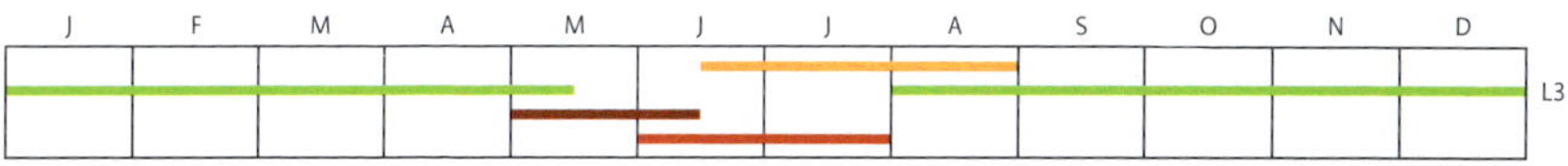

SH –	HH –	MV 1/+	NI –
ST 0/0	BE –	BB 0/+	SN –
TH 1/+	HE 2/+	NW 2/+	RP 2/+
SL –	BW 3/+	BY 2/+	D 2/+

Braunfleckiger Perlmutterfalter

Boloria selene ([SCHIFFERMÜLLER], 1775) → Tafel Seite 204

Merkmale Falter: *B. selene* unterscheidet sich von den übrigen Perlmutterfaltern durch folgende Merkmalskombination: Die Perlmutter-Randflecken auf der Hinterflügelunterseite sind mit schwarzen Linien/Winkeln abgesetzt; nahe der Flügelbasis befindet sich ein dicker schwarzer Punkt. Ei: kegelförmig und längsgerippt. Raupe: schwarz-grau übergossen, Borsten mit feiner Verästelung. Nachtaktiv.

Lebensraum/Lebensweise: Magere Offenlandbiotope mit Veilchen-Vorkommen, wie Moorränder, Streuwiesen, Heiden, regional auch Magerrasen. Im Inneren von Wäldern gern auf grasigen Schlagfluren und entlang breiter Forstwege. Bevorzugung violetter Blüten mit hoher Attraktivität vom Sumpf-Blutauge, aber auch Teufelsabbiss, Acker- und Sumpf-Kratzdistel, Rot-Klee, Wiesen-Knöterich, Acker-Witwenblume, Flockenblumen, Kuckucks-Lichtnelke, Wiesen-Bärenklau, Blutweiderich. Verschiedene Veilchen-Arten. In der Regel heften die Weibchen die Eier an die Wirtspflanze oder in deren Nähe an Streu.

Nachweis: Falter (meist 2 Generationen).

Gefährdung/Schutz: BArtSchV (2005): besonders geschützt, Rote Liste BRD (2008): V. – *B. selene* ist regional durch den Verlust geeigneter Habitate infolge von Sukzession oder Intensivierung gefährdet. Neben der Pflege und Erhaltung von extensiv genutztem Magergrünland ist die besondere Bedeutung von Kahlschlägen zu berücksichtigen.

Silberfleck-Perlmutterfalter

Boloria euphrosyne (LINNAEUS, 1758) → Tafel Seite 204

Merkmale Falter: 2 deutliche Silberflecken auf der Unterseite des Hinterflügels (Foto): einer in der Mitte des Flügels und einer an der Basis, nahe der Flügelhinterkante. Die Perlmutterflecken am Außenrand werden von roten Linien begrenzt (vgl. *B. selene*, s.o.). Eine Überprüfung durch Spezialisten wird wegen Verwechslungsmöglichkeiten (besonders mit *B. selene*) empfohlen. Ei: kegelförmig, an Spitze abgeflacht mit Längs- und Querrippen (kl. Foto). Raupe: bedornt, Dornenbasis orange. Körper schwarz mit hellen Flecken. Hinter dem Kopf 2 fadenförmige „Kopfhörner".

Lebensraum/Lebensweise: *B. euphrosyne* ist ein charakteristischer Bewohner von Waldlichtungen (Kahlschläge, breite Forstweg-Ränder, magere Waldwiesen, Weidewälder). Nur regional trifft man die Art auch außerhalb von Wäldern an, z. B. in Mooren (Norddeutschland) oder auf gehölzreichen Kalkmagerrasen. Entscheidend ist das Vorhandensein von Veilchen an gut besonnten, wenig genutzten Standorten. Kriechender Günsel, Hahnenfuß, Braunelle usw. Veilchen-Arten.

Nachweis: 1) Falter (manchmal 2 Generationen). 2) Eier (Foto u. l.: Ei an Keimling von Rivinians Veilchen) oder Jungraupen an Blattunterseiten von Veilchen über trockener Laub- oder Nadelstreu.

Gefährdung/Schutz: BArtSchV (2005): besonders geschützt, Rote Liste BRD (2008): 2. – Gefährdung vor allem durch forstliche Nutzungsänderungen. Wirksamer Schutz in erster Linie durch Fortführung oder Wiederaufnahme von Kahlschlag-, Mittel- und Niederwaldnutzung sowie Waldweide.

SH V/+	HH 3/+	MV –/+	NI 2/+
ST –/+	BE 1/+	BB 2/+	SN V/+
TH –/+	HE 2/+	NW 2/+	RP 3/+
SL 3/+	BW 3/+	BY 3/+	D V/+

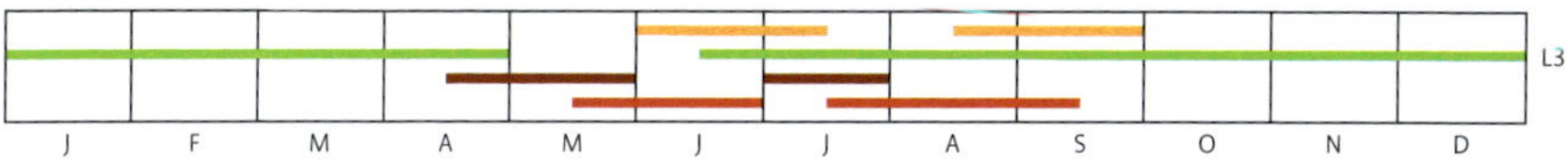

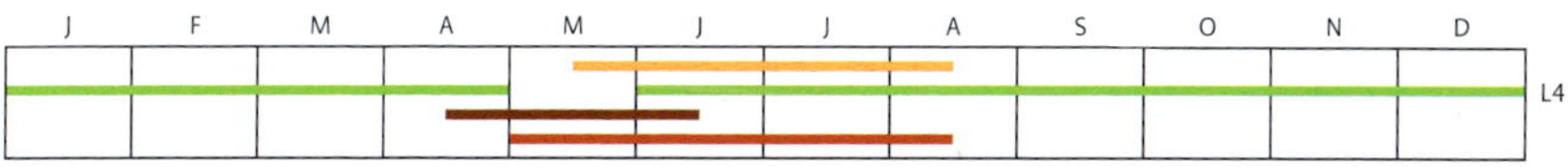

SH 1/+	HH 1/+	MV 1/+	NI 1/+
ST 2/+	BE 0/x	BB 0/+	SN 0/+
TH 3/+	HE 1/+	NW 1/+	RP 1/+
SL 2/+	BW 3/+	BY 3/+	D 2/+

Alpen-Perlmutterfalter
Boloria thore
(HÜBNER, 1806)

→ Tafel Seite 203

Merkmale Falter: Die dunkle Zeichnung auf der Flügeloberseite ist sehr ausgedehnt und braun, nicht schwarz wie bei den übrigen besprochenen *Boloria*-Arten. Auf der Mitte der Hinterflügelunterseite verschmelzen die gelben Flecken zu einem zusammenhängenden Band (Foto). Ei: kegelförmig, längsgerippt. Raupe: bedornt, grauschwarz mit heller unterbrochener Seitenlinie (kl. Foto).

Lebensraum/Lebensweise: Lichtungen von Bergwäldern ab 700 m im bayerischen Alpenraum und auf der Adelegg in BW. Einzelne, isolierte Vorkommen auch an Kältestandorten im Vorland der Bayerischen Alpen. Wald-Witwenblume, Alpen-Greiskraut, Sumpf-Kratzdistel, Geflecktes Knabenkraut, Himbeere u.a. Zweiblütiges Veilchen, evtl. weitere Veilchen-Arten. Eiablage einzeln an die Wirtspflanzen. Die Larvalentwicklung dauert vermutlich 2 Jahre (nach Angaben aus der Schweiz). Verpuppung als Stürzpuppe.

Nachweis: Falter.

Gefährdung/Schutz: BArtSchV (2005): besonders geschützt, Rote Liste BRD (2008): G. – Gefährdet v.a. durch Aufgabe der früher im Nordalpenraum verbreiteten Waldweide und das dadurch verursachte Dichterwerden der Bergwälder.

Natterwurz-Perlmutterfalter
Boloria titania
(ESPER, 1793)

→ Tafel Seite 204

Merkmale Falter: *B. titania* ist deutlich größer als die übrigen Vertreter der Gattung *Boloria*. Die dunklen Markierungen in der Randbinde der Hinterflügel (Ober- und Unterseite) bilden keine Winkel, sondern komplette Dreiecke. Ei: kegelförmig, längsgerippt, auffallend groß. Raupe: samtschwarz mit gelblichen Dornen, am Kopf antennenartig (kl. Foto).

Lebensraum/Lebensweise: Montane Art. In Deutschland nur in BY und BW. Moor- und Sumpfgebiete, von Wald umgebene, feuchte Täler im südlichen Schwarzwald und im Alpenvorland. Alpen-Greiskraut, Fuchs-Greiskraut, Sumpf-Kratzdistel, Acker-Gänsedistel, Arnika, Wald-Witwenblume, Grauer Alpendost. Wiesen-Knöterich. Am Alpennordrand aber auch an einigen Standorten, denen diese Pflanze fehlt. Hier vermutlich an Veilchen oder Knöllchen-Knöterich. Eiablage auf die Wirtspflanzen selbst oder auf benachbarte Pflanzen. Verpuppung als Stürzpuppe in der Krautschicht.

Nachweis: 1) Falter. 2) Suche nach halb erwachsenen und erwachsenen Raupen auf Blättern des Wiesen-Knöterichs (Foto) an bedeckten Tagen.

Gefährdung/Schutz: BArtSchV (2005): besonders geschützt, Rote Liste BRD (2008): V. – Gefährdet v.a. durch Nutzungsaufgabe und Aufforstung. Um die Habitate in einem für *B. titania* geeigneten Zustand zu halten, dürfen sie nur in mehrjährigem Abstand gemäht oder extensiv beweidet werden.

SH	HH	MV	NI
–	–	–	–
ST	BE	BB	SN
–	–	–	–
TH	HE	NW	RP
–	–	–	–
SL	BW	BY	D
–	1/+	V/+	G/+

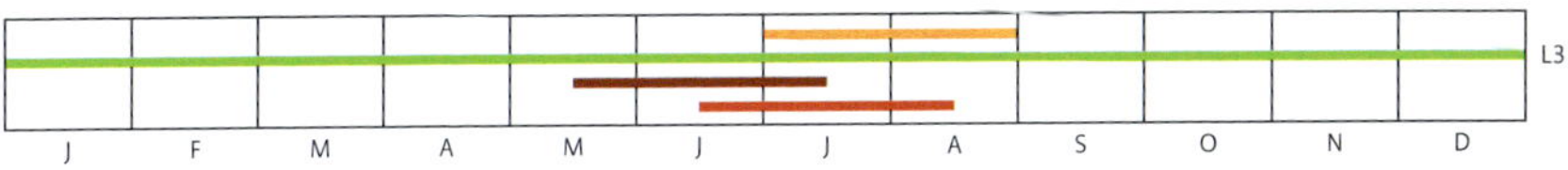

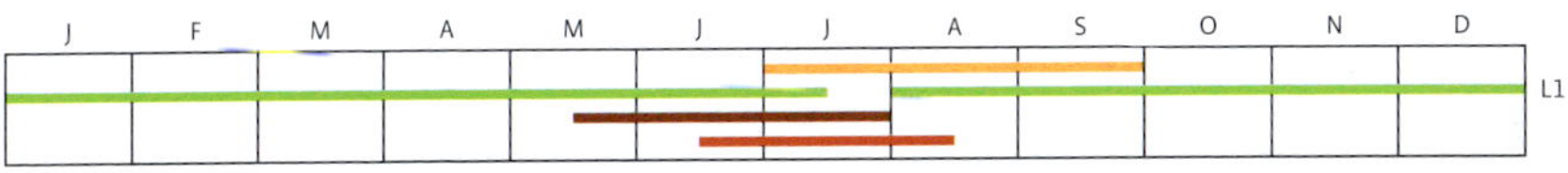

SH	HH	MV	NI
–	–	–	–
ST	BE	BB	SN
–	–	–	–
TH	HE	NW	RP
–	–	–	–
SL	BW	BY	D
–	2/+	V/+	V/+

Magerrasen-Perlmutterfalter

Boloria dia (LINNAEUS, 1767)

→ Tafel Seite 203

Merkmale Falter: Relativ kleiner Perlmutterfalter mit durchgängiger dunkelbraunvioletter Binde auf der Hinterflügelunterseite. 3 kleine Perlmutterflecken. Ei: stumpf, kegelförmig, längsgerippt. Raupe: Dornen kurz und zapfenartig, bräunlich. Körper schwarz.

Lebensraum/Lebensweise: Magerrasen kalkreicher wie auch basenreicher Standorte. Heidegebiete, trockene Saumgesellschaften, Steppenheidewald, junge Kahlschläge und frisch auf den Stock gesetzte Gebüsche mit Veilchen. Hornklee, Wiesen-Flockenblume, Kleines Habichtskraut u. a. Verschiedene Veilchen-Arten. Eiablage einzeln auf oder in der Nähe der Wirtspflanzen. Verpuppung als Stürzpuppe an Pflanzenstängeln.

Nachweis: Falter (mehrere Generationen von Mai bis September).

Gefährdung/Schutz: BArtSchV (2005): besonders geschützt, Rote Liste BRD (2008): nicht gefährdet. – Rückgänge durch Nutzungsaufgabe und Zuwachsen von Magerrasen und Heiden sowie durch forstliche Nutzungsänderungen (z. B. Abschaffung von Niederwald- und Kahlschlag-Nutzung). Durch Aufforstung von mageren, bisher waldfreien Flächen geht ebenfalls Lebensraum verloren.

Besonderheiten: In einigen Regionen ist seit wenigen Jahren die Wiederbesiedlung früherer Flugstellen zu verzeichnen.

Admiral

Vanessa atalanta (LINNAEUS, 1758)

→ Tafel Seite 206

Merkmale Falter: Unverwechselbar durch die rote Flügelbinde auf der Oberseite. Ei: grünlich, oval mit Längsrippen. Raupe: Mehrere Phänotypen unterscheidbar, die wohl Auskunft über die Herkunft der Elterntiere zulassen (bzw. über die klimatischen Bedingungen unter denen die Raupen vorhergehender Generationen aufgewachsen sind): rein schwarz = mitteleuropäische, schwarz (dunkelbraun) mit hellgrünen Seitenflecken = westeuropäische, schwarz mit schmaler gelber/hellbrauner Seitenlinie = osteuropäische/skandinavische (Foto), mit breiter Seitenlinie = südeuropäische Gruppe.

Lebensraum/Lebensweise: Breites Spektrum an Offenlandbiotopen, auch Lichtungen und Waldschneisen. Falter im Spätsommer und Herbst gerne im Siedlungsbereich an Sommerflieder und Fallobst. Vielzahl von Nahrungsquellen, z. B. Sommerflieder, Astern, Sonnenröschen, Phlox, Thymian, Weißdorn, Wasserdost, Goldrute, Wasserminze, Heckenkirsche (auch Beeren), Spierstrauch, im Frühjahr auch Sal-Weide; an Fallobst und Bier. Große Brennnessel.

Nachweis: 1) Falter. 2) Suche nach Raupen in Blatttüten der Großen Brennnessel.

Gefährdung/Schutz: Rote Liste BRD (2008): nicht gefährdet. – Siehe *V. cardui* (S. 124).

Besonderheiten: Die früher bei uns auf regelmäßige Zuwanderung aus dem Süden angewiesenen Art ist derzeit im Begriff, sich in Mitteleuropa fest zu etablieren. Erfolgreiche Überwinterungen wurden in den letzten Jahren sowohl im Ei- wie auch im Jungraupenstadium nachgewiesen. Auch Falter überwintern, sodass der Admiral in einigen Teilen Deutschlands bereits zu den Frühlingsboten zählt.

SH –	HH –	MV 1/+	NI 1/+
ST 2/+	BE 0/x	BB 2/+	SN V/+
TH 3/+	HE V/+	NW 1/+	RP 2/+
SL –/+	BW V/+	BY 3/+	D –/+

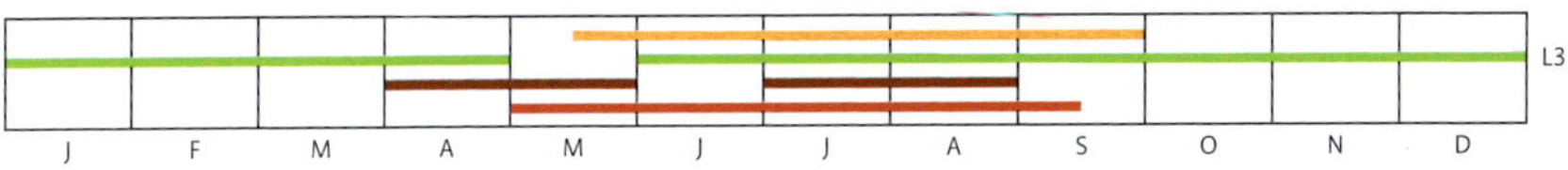

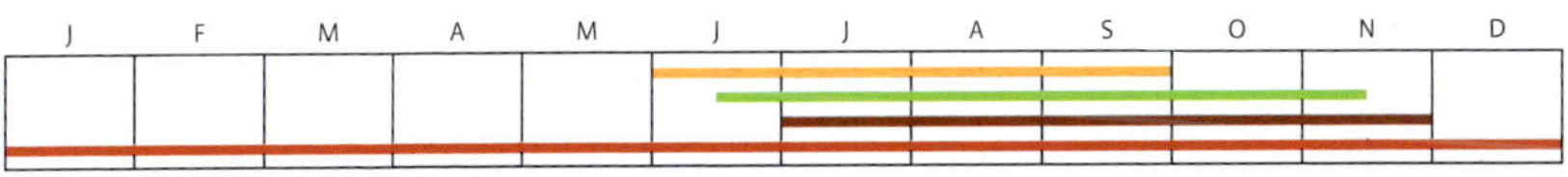

SH –/+	HH –/+	MV =/+	NI =/+
ST –/+	BE –/+	BB –/+	SN –/+
TH –/+	HE –/+	NW –/+	RP –/+
SL –/+	BW –/+	BY –/+	D –/+

Distelfalter

Vanessa cardui
(LINNAEUS, 1758)
→ Tafel S. 206

Merkmale Falter: Unverwechselbar durch ledergelbe Grundfarbe und Fleckenmuster auf den Flügeln. Oftmals auch blasse und abgeflogene Falter. Ei: oval, längsgerippt. Raupe: verschiedenfarbig von ockergelb bis grünlich braun (kl. Foto), lebt in einem lockeren Gespinst aus Blattresten.

Lebensraum/Lebensweise: Offenland-Art. Alle offenen, blumenreichen Biotope, besonders Ruderalflächen mit Disteln und noch freien Bodenstellen, Stoppelfelder, aber auch verschiedene Rasen- und Wiesengesellschaften (z. B. Kohldistelwiesen). Gute, ungestüme Flieger, die aufgrund ihrer Mobilität einen großen Aktionsradius haben. Breites Spektrum. Zahlreiche Distel-Arten und viele weitere krautige Pflanzen. Falter fliegt auch in der Dämmerung und erscheint gelegentlich am Licht. Im Spätsommer mancher Jahre schwarmartige Südwanderungen. Stürzpuppe an Pflanzenstängeln.

Nachweis: 1) Falter. 2) Suche nach den Raupen zuverlässig und witterungsunabhängig möglich.

Gefährdung/Schutz: Rote Liste BRD (2008): nicht gefährdet. – Da die hauptsächlichen Raupenhabitate von *V. cardui* südlich der Alpen, also außerhalb unseres Faunengebietes liegen, können sich Verschlechterungen oder Verbesserungen der Lebensraumqualität bei uns allenfalls auf die Zahl und Reproduktionsfähigkeit der Rückwanderer auswirken. Es ist aber kaum zu erwarten, dass diese wesentlich zur Erhaltung der Bestände beitragen.

Tagpfauenauge

Aglais io
(LINNAEUS, 1758)
→ Tafel Seite 206

Merkmale Falter: Ein großer Augenfleck auf jedem Flügel, dadurch unverwechselbar. Ei: glänzend grün, oval, längsgerippt. Raupe: schwarz, gesprenkelt und bedornt, aber ohne Kopfdornen (kl. Foto, im Gegensatz zur sonst gleichen Raupe des Landkärtchens, S. 130, die Kopfdornen trägt).

Lebensraum/Lebensweise: Überall im Offenland bis in die Waldränder und nährstoffreichen Lichtungen. Häufig im Siedlungsbereich in Gärten und Parkanlagen. Zur Überwinterung hängen sich die Falter unter die Decke von Höhlen und Betonröhren, aber auch Dachböden und Schuppen werden aufgesucht. Violette Blüten machen ca. 90 % der Nektarpflanzen aus, insbesondere Disteln, aber auch Blaukissen, Sommerflieder, Dahlien, Astern, Oleander, Prachtscharte, Stauden-Wicke, Thymian, Fetthenne, Gänsekresse, Wasserdost, Karde, Heidekraut, Wildmirabelle, Rot-Klee, Efeu; im Frühjahr Seidelbast, Sal-Weide usw. An heißen Tagen auch Aufnahme von Wasser an feuchten Stellen oder faulenden Weintrauben. Große Brennnessel, selten auch Hopfen. Eier in Gelegen an Blattunterseiten.

Nachweis: 1) Raupen auf Brennnesselbeständen vollsonniger, jedoch luftfeuchter Standorte (in Ggs. zu Kleinem Fuchs, S. 128). 2) Falter (in 1 bis 2 Generationen von den Überwinterern im Frühjahr bis zum Spätherbst; ein Teil der Falter geht frühzeitig in Diapause – „übersommert" – oder bereits ab August in Winterruhe).

Gefährdung/Schutz: Rote Liste BRD (2008): nicht gefährdet. – Siehe Kleiner Fuchs (S. 128).

SH –/+	HH –/+	MV =/+	NI =/+
ST –/+	BE –/+	BB –/+	SN –/+
TH –/+	HE –/+	NW –/+	RP –/+
SL =/+	BW –/+	BY –/+	D –/+

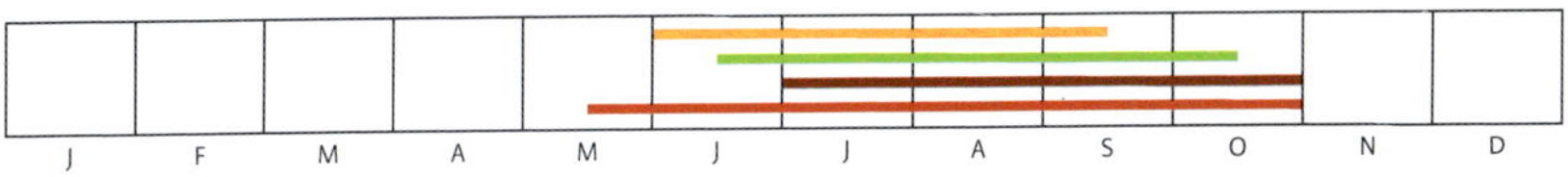

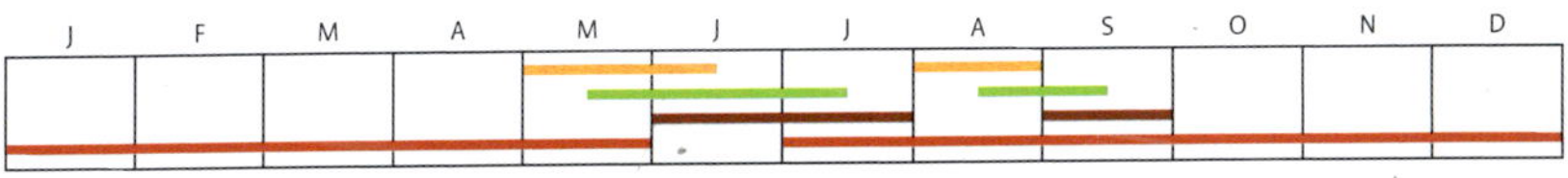

SH –/+	HH –/+	MV –/+	NI –/+
ST –/+	BE –/+	BB –/+	SN –/+
TH –/+	HE –/+	NW –/+	RP –/+
SL –/+	BW –/+	BY –/+	D –/+

Trauermantel
Nymphalis antiopa
(LINNAEUS, 1758)
→Tafel Seite 206

Merkmale Falter: Unverwechselbar; groß, dunkelbraun mit fahlgelben, nach der Überwinterung weißen Flügelrändern (Foto: Falter vor Überwinterung, Flügelränder gelblich). Ei: bräunlich, längsgerippt. Raupe: schwarz, bedornt, auf dem Rücken eine Reihe roter Flecken (kl. Foto); gesellig.
Lebensraum/Lebensweise: Dauerhaft bodenständig v. a. in höheren Mittelgebirgen, nur regional auch in tieferen Lagen mit kontinental getöntem Klima. Raupenentwicklung in Waldmänteln, an Gewässerrändern, in Weichholzauen und in Hecken mit Weiden. Erwachsene Falter trifft man häufig auf Waldwegen an, wo sie sich sonnen. Pflanzensäfte und Blütennektar, im Herbst auch auf Fallobst. Verschiedene Weiden-Arten, gelegentlich auch Birke. Ringförmige Eigelege um Zweige. Falter überwintern in Baumhöhlen oder Reisighaufen. Männchen zeigen Revierverhalten und reagieren auf vorbeifliegende Objekte.
Nachweis: 1) Falter (besonders nach der Überwinterung im März). 2) Suche nach Raupennestern an Weiden- und Birken-Arten.
Gefährdung/Schutz: BArtSchV (2005): besonders geschützt, Rote Liste BRD (2008): V. – Aussagen zur Bestandssituation sind schwierig, da die Art zyklischen Populationsschwankungen unterliegt. Unterstützt durch Zuwanderungen aus Tschechien scheinen die Vorkommen in Ostdeutschland zurzeit stabil zu sein und sich sogar auszudehnen. Auch im Schwarzwald bestehen noch weitgehend stabile Vorkommen. Gefährdungsursachen liegen v. a. in Klimaveränderungen und der Zerstörung der Raupenhabitate.

C-Falter
Nymphalis c-album
(LINNAEUS, 1758)
→Tafel Seite 210

Merkmale Falter: Oberseite orangebraun. Kleine, weiße, C-förmige Zeichnung auf der Unterseite des Hinterflügels. Flügelhinterkante grob gezackt. Die Art bildet 2 Entwicklungslinien (von der Tageslänge während der Larvenentwicklung gesteuert): die ober- und unterseits deutlich hellere f. *hutchinsoni* (= Sommerform) entwickelt sich unter Langtageinfluss und bildet eine weitere Faltergeneration und die unterseits dunkelbraune Nominatform f. *c-album* (gr. Foto) bzw. die machmal auftretende, metallisch grün schimmernde f. *variegata*. Je nach geografischer Lage und jährlichem Witterungsverlaufes beide Formen in wechselnden Anteilen gleichzeitig auftretend. Ei: grünlich, oval und längsgerippt. Raupe: Dornen vorn rotbraun, Mitte und hinten weiß wie die Körperoberseite der sonst schwarzgrauen Raupe.
Lebensraum/Lebensweise: Luftfeuchte Wegränder, Schneisen und Lichtungen nahezu aller Waldgesellschaften und Forste. Daneben auch gehölzreiche Biotope im Offenland (Feldgehölze, Hecken, Gartenanlagen u. ä.). Nektarreiche (Garten-) Blumen, Weidenkätzchen, Sommerflieder, Distel-Arten, Fallobst. Im Frühjahr Sal-Weide, Ulme, Hasel, Stachel- und Johannisbeere, später Große Brennnessel.
Nachweis: Falter. (Beim Monitoring und anderen Erfassungen sollte auf die beiden Formen geachtet werden.)
Gefährdung/Schutz: Rote Liste BRD (2008): nicht gefährdet. – Förderung der Art durch Schaffung von Lichtungen, Schneisen und strukturreichen Waldmänteln; in intensiv landwirtschaftlich genutzen Räumen Erhaltung oder Entwicklung von Gehölzen mit breiten Krautsäumen.

SH –/+	HH 2/+	MV 3/+	NI 3/+
ST –/+	BE 3/+	BB –/+	SN –/+
TH –/+	HE 2/+	NW R/+	RP 1/+
SL 1/+	BW 3/+	BY V/+	D V/+

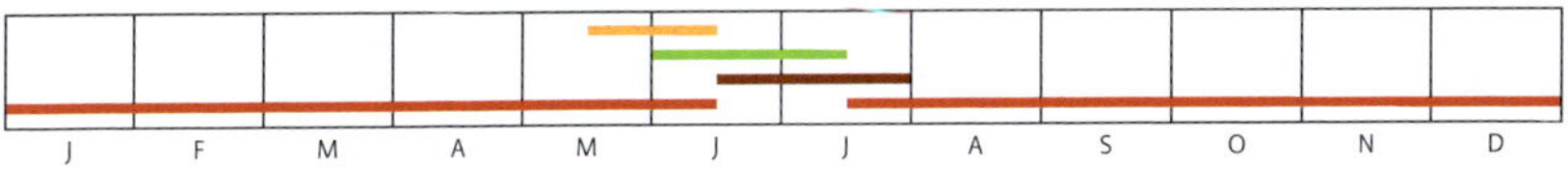

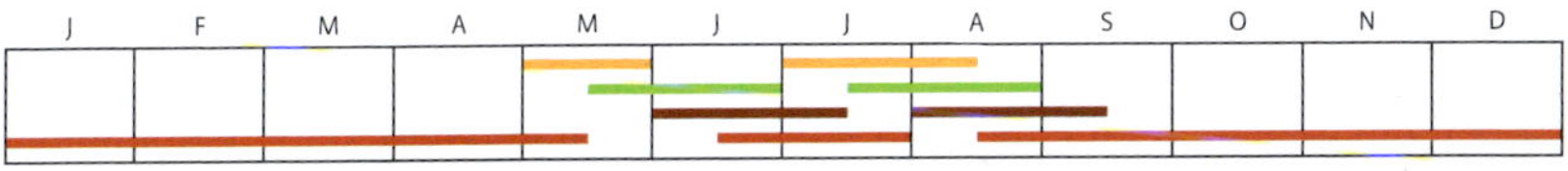

SH V/+	HH 3/+	MV –/+	NI V/+
ST –/+	BE –/+	BB –/+	SN –/+
TH –/+	HE –/+	NW –/+	RP –/+
SL –/+	BW –/+	BY –/+	D –/+

Großer Fuchs

Nymphalis polychloros
(LINNAEUS, 1758)
→ Tafel Seite 211

Merkmale Falter: Hellbraune Grundfarbe. Deutlich größer als der ähnliche *N. urticae* (s. u.) und die innere Hälfte des Hinterflügels nicht verdunkelt wie bei diesem (Foto). Ei: weißlich, kegelförmig, längsgerippt. Ringförmige Eigelege um Zweige. Raupe: bedornt, bräunlich (auch die Dornen) mit dunklem Rücken (Foto); gesellig.

Lebensraum/Lebensweise: Schwerpunkt in offenen Wäldern mit Vorkommen der Salweide, regional bzw. jahrweise (z. B. 2007) auch zahlreiche Raupenfunde in Streuobstbeständen, an sonnigen Waldrändern, Alleen und in Wohnsiedlungen. Art unterliegt extremen Häufigkeitsschwankungen und ist oft jahrelang selten bzw. regional fehlend. Blühende Weidenkätzchen, Baumsäfte, Brombeere, Liguster, Vogelkirsche. v. a. Weiden- und Ulmen-Arten, Kirsche, Zitter-Pappel. Ringförmige Eigelege um Zweige.

Nachweis: 1) Falter, am besten zu finden im März/April durch Suche von Männchen-Revieren an sonnenexponierten Waldrändern. 2) Suche nach Raupennestern oder Fraßbildern mit Raupenhäuten (kl. Foto: an Sal-Weide mit Raupenhäuten im Juni).

Gefährdung/Schutz: BArtSchV (2005): besonders geschützt, Rote Liste BRD (2008): V. – Schonung der Salweide im Waldverband, Förderung heimischer Ulmen und Verzicht auf Pestizide im Kirschenanbau.

> **Weitere Art**: Östlicher Großer Fuchs *Nymphalis xanthomelas* (ESPER [1781]); Tafel Seite 211; BArtSchV (2005): streng geschützt, Rote Liste BRD (2008): nicht bewertet. – Beine gelb; Flügelzeichnung kontrastreicher als bei *N. polychloros*. Seit Jahrzehnten nur wenige Nachweise (davor vor allem in östlichen Landesteilen; auch Raupennachweise).

Kleiner Fuchs

Aglais urticae
(LINNAEUS, 1758)
→ Tafel Seite 210

Merkmale Falter: Rötlich braune Grundfarbe. Deutlich kleiner als *N. polychloros* (s. o.); innere Hälfte des Hinterflügels im Gegensatz zu diesem verdunkelt (Foto). Ei: oval, grünlich glänzend mit deutlichen Längsrippen. Raupe: bedornt, Grundfarbe schwärzlich mit 2 gelben Rückenstreifen und je einem gelben Seitenstreifen (kl. Foto).

Lebensraum/Lebensweise: Falter in allen Bereichen des Offenlandes bis in die Waldmäntel und Lichtungen zu beobachten. Vielzahl von Nektar spendenden Blumen. Große Brennnessel, seltener an Kleiner Brennnessel oder Hopfen (BY). Eier in Gelegen an Blattunterseiten.

Nachweis: 1) Raupen auf vollsonnigen Brennnesselbeständen lufttrockener Standorte (in Ggs. zum Tagpfauenauge, S. 124). 2) Falter (ab März, nach Paarung und Fortpflanzung dann in mehreren, oft ineinander übergehenden Generationen bis Oktober; Sommerruhe etwas weniger ausgeprägt als beim Tagpfauenauge).

Gefährdung/Schutz: Rote Liste BRD (2008): nicht gefährdet. – Trotz jahrweise extremer Häufigkeitsschwankungen ist der Kleine Fuchs einer der am weitesten verbreiteten heimischen Tagfalter.

SH G/+	HH 1/+	MV 3/+	NI 1/+
ST 3/+	BE 2/+	BB 2/+	SN 2/+
TH 3/+	HE 3/+	NW 2/+	RP 3/+
SL V/+	BW 2/+	BY 3/+	D V/+

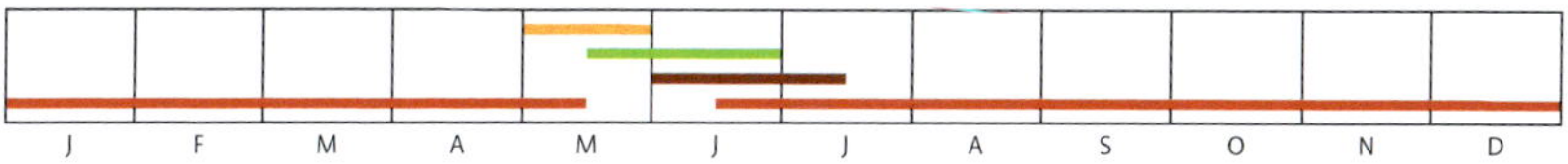

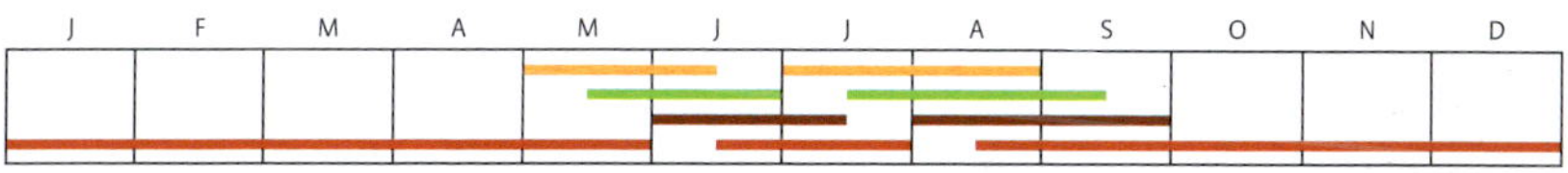

SH –/+	HH –/+	MV –/+	NI –/+
ST –/+	BE –/+	BB –/+	SN –/+
TH –/+	HE –/+	NW –/+	RP –/+
SL –/+	BW –/+	BY –/+	D –/+

Landkärtchenfalter

Araschnia levana
(LINNAEUS, 1758)
→Tafel Seite 209

Merkmale Falter: Flügelunterseite reich gegliedert, von hellen Adern durchzogen – einer Landkarte ähnlich (Name!). Helle Frühjahrsform (*A. levana* f. *levana*, S. 17) und dunkle Sommerform (*A. levana* f. *prorsa*, Foto). Ei: grün, zylindrisch, längsgerippt. Raupe: schwarz und bedornt, am Kopf 2 Dornen (kl. Foto; im Gegensatz zu *N. io*, S. 124).
Lebensraum/Lebensweise: Luftfeuchte, halbschattige bis schattige Brennnesselfluren im Wald (breite Forstwege, Schneisen etc.), seltener auch in luftfeuchten Offenlandbiotopen (z. B. nährstoffreiche Niedermoore, brachgefallene Obstwiesen) Präferenz für weiße Blüten (Brombeere, Wald-Engelwurz), aber auch viele violette Blüten. Große Brennnessel. Die Eier werden aufeinander in „Türmchen“ blattunterseits abgelegt.
Nachweis: 1) Artnachweis über die gesellig lebenden Raupen. 2) Falter.
Gefährdung/Schutz: Rote Liste BRD (2008): nicht gefährdet. – Das Landkärtchen hat sich in den letzten Jahrzehnten stark ausgebreitet und gehört in Deutschland jetzt zu den allgemein verbreiteten Arten.

Besonderheiten: Eine 3. Generation tritt seit einiger Zeit häufiger und in vielen Gebieten auf.

Eschen-Scheckenfalter

Euphydryas maturna
(LINNAEUS, 1758)
→Tafel Seite 216

Merkmale Falter: Durchgehende rote Submarginalbinden (vgl. Abb. S. 136) ohne schwarze Punkte auf der Unterseite der Hinterflügel. Ei: anfangs weiß, später rötlich, dann bräunlich; oval, schwach längsgerippt (kl. Foto). Raupe: schwarz (auch die Dornen) mit gelben Längsstreifen.
Lebensraum/Lebensweise: Mittelwälder, Auwälder, aber auch trockenere Laubmischwälder, sofern diese sonnenexponierte, randständige Eschen aufweisen, die gleichzeitig so geschützt stehen, dass sich Luftfeuchtigkeit aufbauen kann (z. B. am Rand kleiner Lichtungen). In Südwestdeutschland isoliertes Vorkommen in nordexponiertem Wiesengebiet mit eschenreichen Gehölzbeständen. Acker-Witwenblume; auch an Tierexkrementen. Esche, nach der Überwinterung polyphag (S. 232) an krautigen Pflanzen. Die Eier werden mehrschichtig in Eispiegeln (Foto; vgl. S. 232) blattunterseits abgelegt.
Nachweis: 1) Suche nach Jungraupengespinsten an exponierten Zweigen der Esche (Foto u. l.). 2) Falter.
Gefährdung/Schutz: BArtSchV (2005): streng geschützt, Rote Liste BRD (2008): 1, FFH-Richtlinie: Anhang II + IV. – In den letzten Jahrzehnten extremer Bestandsrückgang durch Aufgabe historischer Waldnutzungsformen (Mittel-, Niederwald) möglicherweise in Kombination mit großräumigen Klimaveränderungen. An den letzten deutschen Vorkommensorten ist eine den Ansprüchen der Art gerecht werdende Waldnutzung oder Pflege unbedingt geboten.
Besonderheiten: Zweimalige Überwinterung der Raupen soll möglich sein.

SH –/+	HH 3/+	MV –/+	NI –/+
ST –/+	BE –/+	BB –/+	SN –/+
TH –/+	HE –/+	NW –/+	RP –/+
SL –/+	BW –/+	BY –/+	D –/+

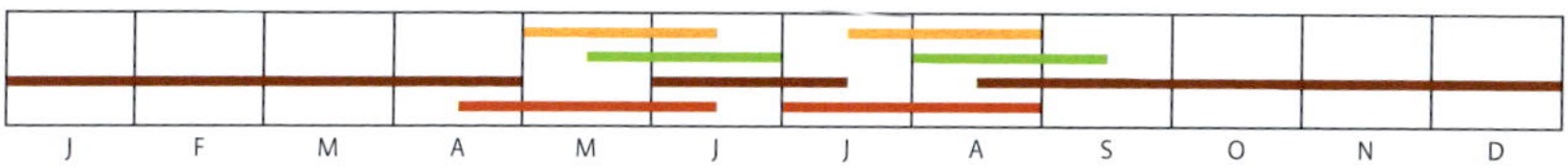

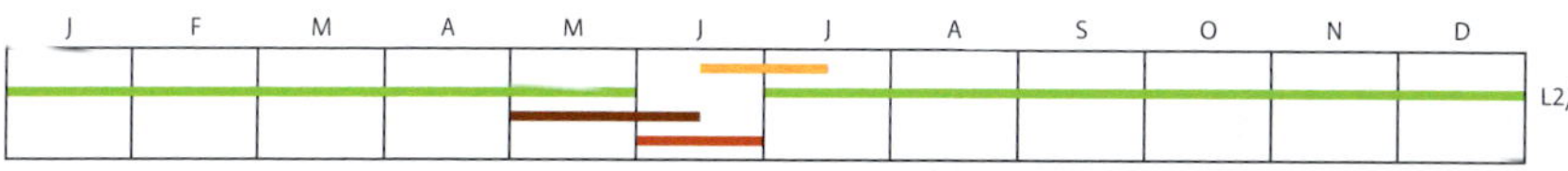

SH 0/x	HH –	MV 1/+	NI 0/+
ST 1/+	BE –	BB 0/o	SN 1/+
TH 0/+	HE 0/x	NW 0/o	RP 1/+
SL –	BW 1/+	BY 1/+	D 1/+

Goldener Scheckenfalter
Euphydryas aurinia (ROTTEMBURG, 1775)

→ Tafel Seite 216

Merkmale Falter: In der rötlichen Submarginalbinde (vgl. Abb. S. 136) befinden sich schwarze, weiß umrandete Flecken. Ei: gelbglänzend, rundlich, längsgerippt. Raupe: schwarz mit blauem Kopf und breiten silbrigen Längsstreifen (kl. Foto).

Lebensraum/Lebensweise: Magere, extensiv genutzte Feucht- und Moorwiesen mit Teufels-Abbiss oder Schwalbenwurz-Enzian einschließlich ihrer Brachestadien (z.B. Alpenvorland, Sachsen) in anderen Regionen (z.B. Thüringen, Saarland, Kaiserstuhl) trockene Kalkmagerrasen mit Tauben-Skabiose. Arnika, Wiesen-Knöterich, Kratzdisteln, Löwenzahn, Labkraut, Witwenblume, Wiesen-Schaumkraut, Hahnenfuß, Fingerkraut, Wundklee, Zypressen-Wolfsmilch. Gewöhnlicher Teufelsabbiss, Tauben-Skabiose, verschiedene Enzian-Arten, seltener auch Knautien. Eier in Gelegen auf Blattunterseiten (z.T. mehrschichtige Eispiegel).

Nachweis: 1) Falter. 2) Suche nach Jungraupengespinsten an den Wirtspflanzen (kl. Foto).

Gefährdung/Schutz: BArtSchV (2005): besonders geschützt, Rote Liste BRD (2008): 2, FFH-Richtlinie: Anhang II. – Eine Vielzahl von Faktoren führt in den unterschiedlichen Habitattypen zum Rückgang von *E. aurinia*: Drainage von Feuchtwiesen und Mooren sowie allgemein Düngung und Aufforstung von extensiv genutztem Offenland. Im Regelfall überlebt die Art nur in so genannten Metapopulationen. Hierzu müssen auf großer Fläche immer genügend besiedelbare Habitate vorhanden sein, die beim lokalen Verschwinden der Art an anderer Stelle das Überleben sichern und damit eine Wiederbesiedlung ermöglichen.

Wegerich-Scheckenfalter
Melitaea cinxia (LINNAEUS, 1758)

→ Tafel Seite 212

Merkmale Falter: *M. cinxia* unterscheidet sich von allen übrigen Scheckenfaltern durch eine Reihe deutlicher schwarzer Punkte in den Feldern der Submarginalbinde (S. 136) der Hinterflügel. Diese sind sowohl auf der Ober- als auch auf der Unterseite erkennbar (Foto: Paarung an Großem Ehrenpreis). Ei: rundlich, fein gerippt. Raupe: schwarz mit silbrig grauen Binden an den Segmenten, erwachsene Raupe mit roter Kopfkapsel (kl. Foto).

Lebensraum/Lebensweise: Das Spektrum der Habitate reicht von trockenen Magerrasen bis zu den Rändern von (stets nährstoffarmen) Moorkomplexen. Besonders typisch sind Halbtrockenrasen. Auch auf besonnten Grasstreifen entlang von Waldwegen oder an den Rändern von Schlagfluren. Ehrenpreis, Rot-Klee, Hahnenfuß, Zypressen-Wolfsmilch usw. Wegerich-Arten, Großer Ehrenpreis. In den Keuper- und Muschelkalkgebieten in BW erfolgen Eiablage (Gelege auf Blattunterseiten), Jungraupen-Entwicklung und Überwinterung fast ausschließlich am Großen Ehrenpreis. Erst im Frühjahr fressen die Raupen dort auch Wegerich-Arten.

Nachweis: 1) Falter. 2) Jungraupengespinste: am besten im Hochsommer zu finden (Foto u.l.: Gespinst an Großem Ehrenpreis), Wintergespinste dagegen relativ unauffällig. 3) Ältere Raupen, nach Überwinterung nicht mehr gesellig, oft schon ab März, v.a. aber im April fressend (Foto).

Gefährdung/Schutz: Rote Liste BRD (2008): 3. – Eine Vielzahl von Einflüssen führt zum Verlust von Magerrasen mit der für *M. cinxia* geeigneten Vegetation. Als wichtigste sind Nutzungsaufgabe und -intensivierung sowie Aufforstung zu nennen.

SH 1/+	HH 0/x	MV 2/+	NI 1/+
ST 1/+	BE 0/x	BB 0/+	SN 1/+
TH 2/+	HE 1/+	NW 1/+	RP 1/+
SL 3/+	BW 1/+	BY 2/+	D 2/+

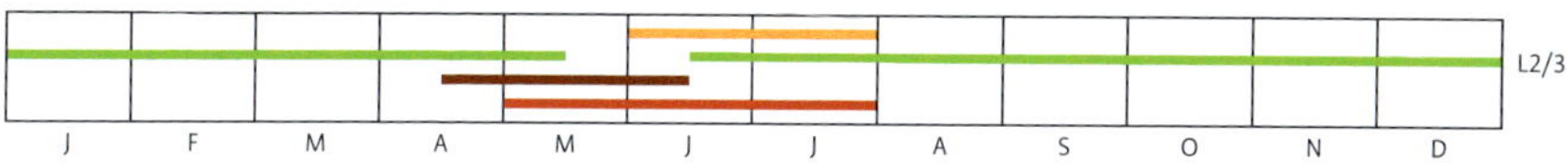

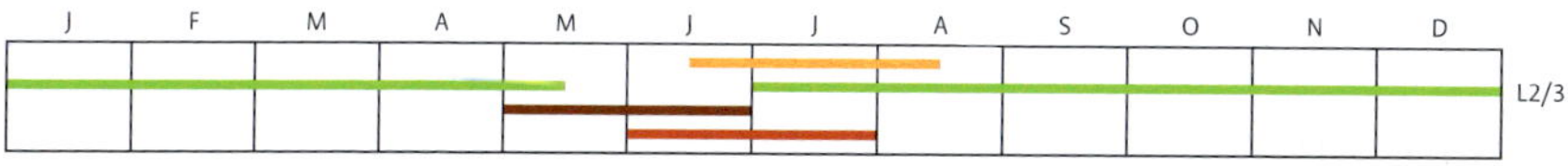

SH 1/+	HH 0/x	MV 3/+	NI 1/+
ST 3/+	BE 0/x	BB 2/+	SN 2/+
TH 1/+	HE 2/+	NW 1/+	RP 3/+
SL V/+	BW 2/+	BY 2/+	D 3/+

Flockenblumen-Scheckenfalter
Melitaea phoebe
(GOEZE, 1779)

→ Tafel Seite 212

Merkmale Falter: Große Scheckenfalter-Art. Submarginalbinde (vgl. Abb. S. 136) auf der Unterseite der Hinterflügel mit kreisrunden roten Punkten in den Feldern (Foto). Am Außenrand der Vorderflügel ein orangefarbenes Feld, deutlich größer als die übrigen. Ei: gelblich, oval, schwach längsgerippt. Raupe: grauschwarze Grundfärbung mit hellen Pünktchen und rötlichen Dornen (kl. Foto: halberwachsene Raupe).

Lebensraum/Lebensweise: Thermophile Art. Magere Weinbergsbrachen, südexponierte trockenwarme Magerrasen. Skabiosen-Flockenblume, Karthäuser-Nelke. Skabiosen-Flockenblume. Eipakete mit bis zu 300 Eiern werden an Blattunterseiten der Wirtspflanzen gelegt. Raupen nachtaktiv. Verpuppung an den Wirtspflanzen (Stürzpuppe).

Nachweis: 1) Falter (in wärmebegünstigten Regionen 2 Generationen, siehe Diagramm, weiter nördlich nur 1 Generation von Ende Mai bis Ende Juli). 2) Suche nach Jungraupengespinsten an kräftigen Flockenblumen meist kurzrasiger oder lückiger, „heißer" Standorte.

Gefährdung/Schutz: Rote Liste BRD (2008): 2. – Die verbliebenen Bestände beschränken sich in Deutschland auf einige wenige Flugstellen, vor allem in BW und BY. Zur Erhaltung von *M. phoebe* ist die Offenhaltung trockenheißer Hanglagen durch Beweidung, Entbuschung oder extensive Pflegemahd besonders vordringlich.

Roter Scheckenfalter
Melitaea didyma
(ESPER, 1779)

→ Tafel Seite 213

Merkmale Falter: Geschwungenes, aber zusammenhängendes orangefarbenes Band nahe der Basis der Hinterflügelunterseite (Foto). Ei: kugelig, schwach längsgerippt. Raupe: helle Grundfarbe mit orangebraunen, behaarten Dornen (kl. Foto).

Lebensraum/Lebensweise: Trockene Magerrasen mit recht kurzer, meist fels- oder gerölldurchsetzter Vegetation. Acker-Witwenblume, Wiesen-Flockenblume. Aufrechter Ziest, Spitz-Wegerich, Mittlerer Wegerich, Großer Ehrenpreis, Gamander-Ehrenpreis, Gewöhnliches Leinkraut, Acker-Wachtelweizen, Gelber Zahntrost, Großblütiger Fingerhut, Königskerzen-Arten. Eier in Gelegen auf Blattunterseiten.

Nachweis: 1) Falter. 2) Suche nach den bunten halberwachsenen und erwachsenen Raupen nach der Überwinterung.

Gefährdung/Schutz: Rote Liste BRD (2008): 2. – Bedrohung durch den Verlust offener, felsiger oder steiniger Trockenstandorte durch Nutzungsaufgabe, Sukzession und Aufforstung. Die meisten Lebensräume sind von einer Fortsetzung extensiver Beweidung abhängig.

SH –	HH –	MV –	NI ?
ST –	BE –	BB –	SN (E)
TH 1/+	HE 0/+	NW –	RP 0/o
SL –	BW 1/+	BY 2/+	D 2/+

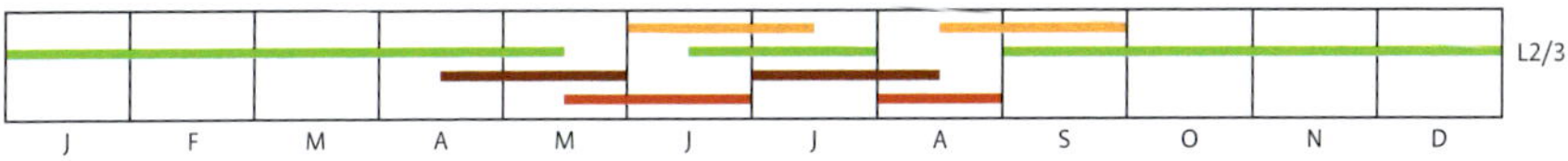

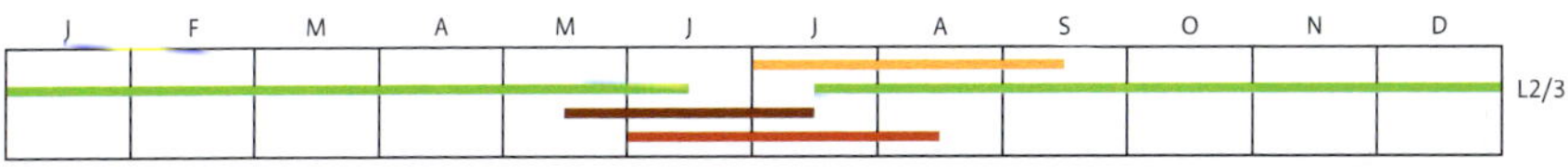

SH –	HH –	MV 0/o	NI 0/+
ST 1/+	BE 0/x	BB 1/+	SN E
TH 1/+	HE 2/+	NW 0/o	RP 2/+
SL 0/+	BW 3/+	BY 3/+	D 2/+

Wachtelweizen-Scheckenfalter
Melitaea athalia
(ROTTEMBURG, 1775)

⟶ Tafel Seite 214

Merkmale Falter: *M. athalia* ist sehr schwer von einigen anderen Arten der Gattung zu trennen (*M. aurelia*, *M. britomartis* und *M. parthenoides*). Anhaltspunkte können die Palpen und Marginallinien liefern (s. Abb. rechts). Eindeutige Artdiagnose ist nur durch Spezialisten möglich (s. Abb. S. 138). Ei: glänzend weiß, rundlich. Raupe: gelbbraune Rückendornen, Körper schwärzlich; braun gesprenkelt (kl. Foto).

Lebensraum/Lebensweise: Meist frische bis feuchte, magere Wiesen und Waldlichtungen (*M. aurelia* und *M. britomartis* bevorzugen trockene Magerrasen), in Süddeutschland regelmäßige Vorkommen auch in Mooren. Breites Nektarpflanzen-Spektrum; auch an Kot beobachtet. Wachtelweizen, Spitz-Wegerich, Gamander-Ehrenpreis. Eigelege an Blattunterseiten.

Nachweis: Falter.

Gefährdung/Schutz: Rote Liste BRD (2008): 3. – Wichtig ist die regelmäßige Neuschaffung magerer Waldlichtungen (Kahlschlag, Mittelwaldnutzung etc.). Die Mahd von mageren Waldwiesen und Lichtungen und die „Pflege" von Waldwegrändern sollte möglichst selten erfolgen (dadurch Spektrum an Wirtspflanzen und Nektarquellen über langen Zeitraum verfügbar).

Besonderheiten: In MV und NI fliegt auf Torf- und Stromtalwiesen die ähnliche, hier nicht näher betrachtete *Melitaea neglecta* PFAU, 1962.

Östlicher Scheckenfalter
Melitaea britomartis
ASSMANN, 1847

⟶ Tafel Seite 214

Merkmale Falter: Siehe bei *M. athalia* (s. o.). Unterseite, besonders der Hinterflügel, ist kontrastreich. Genaue Habitatbeschreibung und Überprüfung durch Spezialisten erforderlich. Ei: ähnlich *M. athalia*. Raupe: weißlich graue Grundfarbe mit schwarzer Äderung; Dornenbasis gelborange (kl. Foto).

Lebensraum/Lebensweise: Kalkmagerrasen (beweidete wie brach gefallene), in Ostdeutschland auch feuchtere Waldlichtungen. Feld-Thymian, Dost, Braunelle, Witwenblume, Sonnenröschen, Margerite, Weiß-Klee, Strand-Nelke. Spitz-Wegerich, Kleiner Klappertopf und verschiedene Ehrenpreis-Arten. Eigelege an Blattunterseiten. Stürzpuppe an Pflanzenstängeln.

Palpen und Marginallinien zur Unterscheidung von *M. athalia*, *M. britomartis* und *M. aurelia*
Palpen mit Palpenhaaren
- schwarz: *M. athalia*, *M. britomartis*.
- rot und schwarz: *M. aurelia*.

Marginallinien (Zwischenraum)
- hell: *M. athalia*.
- dunkel: *M. aurelia*, *M. britomartis*.

Nachweis: 1) Falter. 2) Suche nach Jungraupengespinsten vor allem an Ehrenpreis-Arten und Spitz-Wegerich (Foto u. l.).

Gefährdung/Schutz: Rote Liste BRD (2008): V. – Gefährdet durch Verbuschung der Habitate nach dauerhafter Nutzungsaufgabe. Schafbeweidung ist als Bewirtschaftungsform der Habitate geeignet, sofern sie nicht zu intensiv ist bzw. sich nicht auf die gesamte Fläche zu einem Zeitpunkt erstreckt.

SH 1/+	HH 1/+	MV 2/+	NI 1/+
ST V/+	BE 1/+	BB V/+	SN 2/+
TH 3/+	HE 2/+	NW 1/+	RP 3/+
SL V/+	BW 3/+	BY V/+	D 3/+

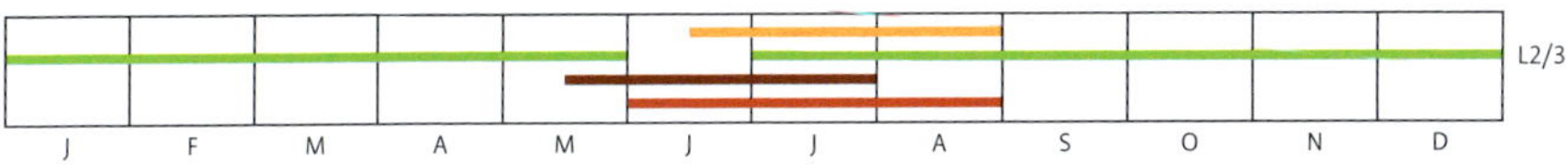

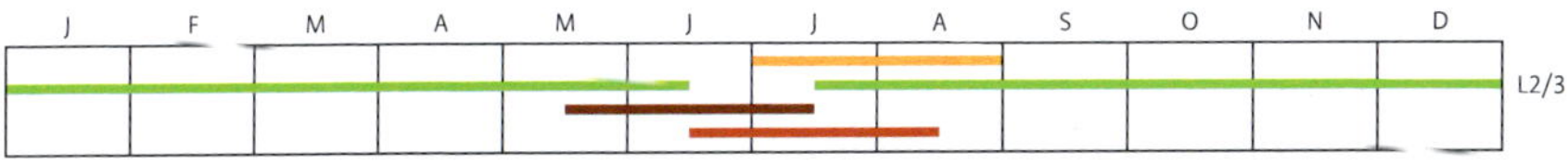

SH –	HH –	MV R/+	NI –
ST –	BE 0/x	BB 0/+	SN ?
TH 2/+	HE –	NW –	RP –
SL –	BW 3/+	BY 3/+	D V/+

Westlicher Scheckenfalter
Melitaea parthenoides
KEFERSTEIN, 1851

→ Tafel Seite 215

Merkmale Falter: Siehe bei *M. athalia* (S. 136). Ei: gelb glänzend, kugelig, längsgerippt. Raupe: Dornen an Basis gelborange, Körpersegmente schwarz, Körper weiß gesprenkelt.

Lebensraum/Lebensweise: Vor allem kurzrasige Kalkmagerrasen, selten bodensaure Magerrasen (Südschwarzwald), regional Falter-Nachweise auch in feuchten oder moorigen Wiesen. Hier möglicherweise kleinflächige Trockenstandorte mit Spitzwegerich entscheidend. ❀ Dost, Acker-Witwenblume, Skabiose, Wiesen-Salbei, Schafgarbe u. a. 🍃 Wegerich-Arten. Ablage von Eipaketen auf Blattunterseite. Raupen überwintern gemeinsam in bodennahem Gespinst.

Nachweis: 1) Falter. 2) Suche nach Raupengespinsten (kl. Foto).

Gefährdung/Schutz: Rote Liste BRD (2008): 2. – Die Art ist schon aufgrund ihrer in Deutschland begrenzten Verbreitung gefährdet. Rückgangsursachen sind insbesondere die Aufgabe extensiver Grünlandnutzungen, lokal auch Aufforstung der Habitate.

Ehrenpreis-Scheckenfalter
Melitaea aurelia
NICKERL, 1850

→ Tafel Seite 215

Merkmale Falter: Siehe bei *M. athalia* (S. 136). Ei: rundlich-oval, schwach längsgerippt. Raupe: ähnlich *M. britomartis* (S. 136). Grundfarbe schwärzlich, weiß gesprenkelt, Basis der Dornen rot (kl. Foto).

Lebensraum/Lebensweise: Magerrasen, vor allem kalkreiche Standorte, ausnahmsweise auch in Mooren, hier möglicherweise von trockenen Kleinstandorten abhängig. ❀ Witwenblume, Liguster, Dost, Karthäuser-Nelke, Weiß-Klee, Natternkopf, Tauben-Skabiose. 🍃 Mittlerer und Spitzwegerich, Großer Ehrenpreis, nach der Überwinterung wahrscheinlich auch Kleiner Klappertopf und Wachtelweizen. Eigelege an Blattunterseiten.

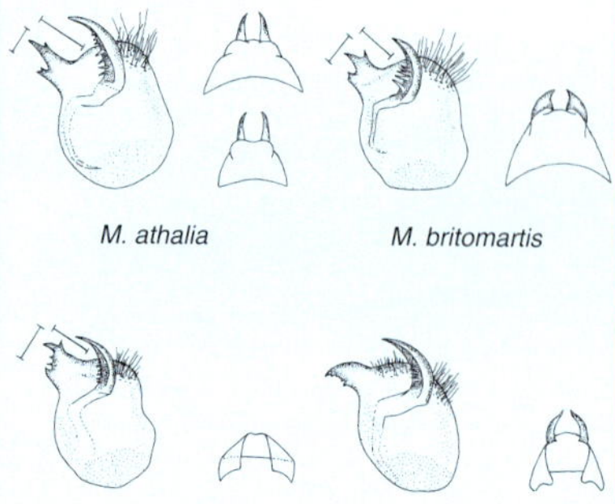

Linke Valve (links) und Tegumenspitze (Uncus-Fortsätze; rechts) der männlichen Genitalien von Scheckenfaltern
(vgl. Abb. S. 21)
Wichtig ist das Verhältnis von Länge zu Basisdurchmesser der Processi, Form und Länge der Uncus-Fortsätze sowie die Gestalt der Stylen.
M. athalia: lange, schlanke Uncus-Fortsätze, die an der Spitze leicht einwärts gebogen sein können; *M. aurelia*: extrem kurz oder fehlend; *M. britomartis*: kurze, zangenartige Fortsätze; *M. parthenoides*: ähnlich wie bei *M. athalia*, jedoch ist der Processus papageienschnabelartig nach unten gezogen.

Nachweis: 1) Falter. 2) Suche nach Jungraupengespinsten (Überwinterungsstadium) vor allem an Großem Ehrenpreis.

Gefährdung/Schutz: Rote Liste BRD (2008): V. – Gefährdung durch Nutzungsaufgabe, lokal auch durch zu intensive Nutzung/Pflege trockener Magerstandorte.

SH –	HH –	MV –	NI –
ST –	BE –	BB –	SN –
TH –	HE 0/x	NW –	RP 0/x
SL –	BW 2/+	BY 2/+	D 2/+

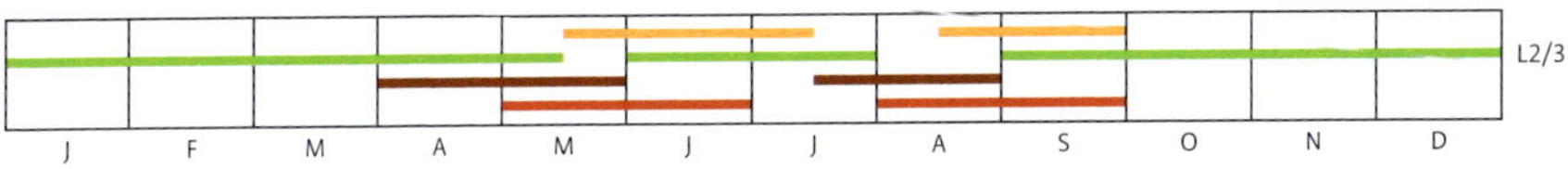

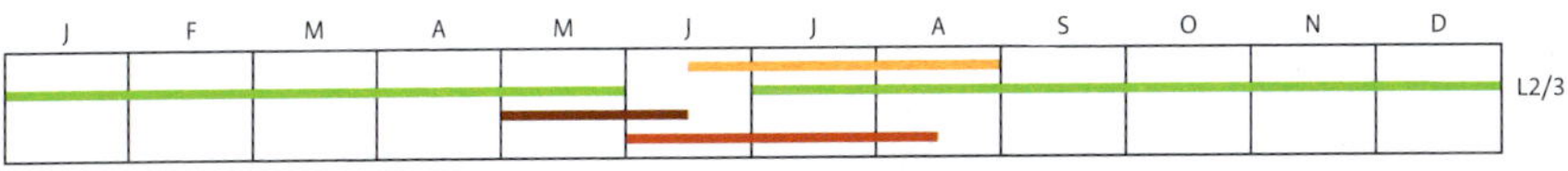

SH –	HH –	MV 1/+	NI 1/+
ST 1/+	BE 0/x	BB 0/x	SN 1/+
TH 3/+	HE 3/+	NW 2/+	RP 2/+
SL –/+	BW 3/+	BY 2/+	D V/+

Baldrian-Scheckenfalter
Melitaea diamina
(LANG, 1789)

→ Tafel Seite 213

Merkmale Falter: Unterscheidung von den ähnlichen Arten *M. athalia*, *M. britomartis*, *M. aurelia* und *M. parthenoides* (S. 136 ff.) anhand der kleinen schwarzen Flecken in der ockerbraunen Submarginalbinde (vgl. Abb. S. 136). Deutlich schwarz-weiß geringelte Fühler. Falter wirkt oberseits stark verdunkelt. Ei: oval, schwach längsgerippt. Raupe: Dornen gelblich orange. Schwärzliche Grundfarbe mit weißer Äderung.

Lebensraum/Lebensweise: Nicht oder nur extensiv genutzte Wuchsorte von Baldrian-Arten: Moor- und Sumpfwiesen, jedoch auch trockene Biotope, wie versaumte Halbtrockenrasen (Verschiedenbiotop-Bewohner; vgl. S. 232). Stetiges Vorkommen in Pfeifengras-Lichtungen von (ehemaligen) Mittelwäldern (Steigerwald, Südlicher Oberrhein). Arnika, Kratzdistel-Arten, Witwenblume, Jakobs-Greiskraut, Wiesen-Knöterich, Wiesen-Flockenblume, Sumpf-Pippau, Weiden-Alant, Heil-Ziest. Verschiedene Baldrian-Arten. Ablage von Eipaketen. Raupe überwintert am Boden in zusammengerollten Blättern. Stürzpuppe meist an trockenen Pflanzenteilen.

Nachweis: Falter.

Gefährdung/Schutz: Rote Liste BRD (2008): 3. – Gefährdet durch landwirtschaftliche Nutzungsintensivierung und Aufgabe sowie forstliche Nutzungsänderungen. Mit traditionell einschüriger Streuwiesenmahd kommt *M. diamina* gut zurecht, ebenso mit Brache, solange besonnte Bestände der Wirts- und Saugpflanzen nicht abnehmen. Vorkommen in Wäldern sind von Kahlschlag- oder Mittelwaldnutzung abhängig.

Großer Eisvogel
Limenitis populi
(LINNAEUS, 1758)

→ Tafel Seite 208

Merkmale Falter: Männchen mit einigen kleinen, Weibchen mit größeren weißen Flecken und einer breiten weißen Binde auf den Hinterflügeln (Foto). Ei: grünlich-glänzend, kugelförmig, wirkt durch wabenartige Oberflächenstruktur mit feinen Stacheln „igelartig". Raupe: schwarz-grün, (halb) erwachsen: bizarre Form – hinter dem Kopf 2 Nackenhörnchen.

Lebensraum/Lebensweise: Kontinentale, auf kalte Winter angewiesene Art; zitterpappelreiche Waldgesellschaften der Mittelgebirge, in tieferen Lagen Vorkommen v.a. in (ehemaligen) Mittelwäldern oder in Sukzessionswäldern militärischer Übungsplätze. Wichtig ist ein sehr großes Angebot an (Zitter-)Pappeln. Feuchte Wegstellen, Tierexkremente. Pappel-Arten, heute fast ausschließlich Zitter-Pappel. Eiablage i.d.R. auf Blattspitze (Foto r. u.).

Nachweis: 1) Suche nach Jungraupen anhand von „Kotrippen" (alle Eisvogel-Raupen lassen beim Fressen die Mittelrippe der Blätter stehen und verlängern diese noch durch zusammengesponnene Kotpartikel; Foto l. u.) an Zweigen luftfeucht stehender, nur mäßig besonnter Zitterpappeln in Wäldern oder waldnahen Sukzessionsstadien. 2) Suche nach Hibernacula (Überwinterungsgehäuse von Jungraupen, vgl. S. 232; kl. Foto r. o.) im Winterhalbjahr. 3) Falter durch Anlocken mit stark riechenden Käsesorten.

Gefährdung/Schutz: BArtSchV (2005): besonders geschützt, Rote Liste BRD (2008): 2. – Gefährdet durch Änderung der Waldnutzung und Klimaänderungen. Schutz durch Förderung von Massenbeständen der Zitterpappel auf Lichtungen, an Forstwegrändern und auf waldnahen Brachen.

SH 0/+	HH 0/x	MV 2/+	NI 1/+
ST 1/+	BE 0/x	BB 1/+	SN 1/+
TH 2/+	HE 2/+	NW 1/+	RP 3/+
SL –/+	BW 3/+	BY 3/+	D 3/+

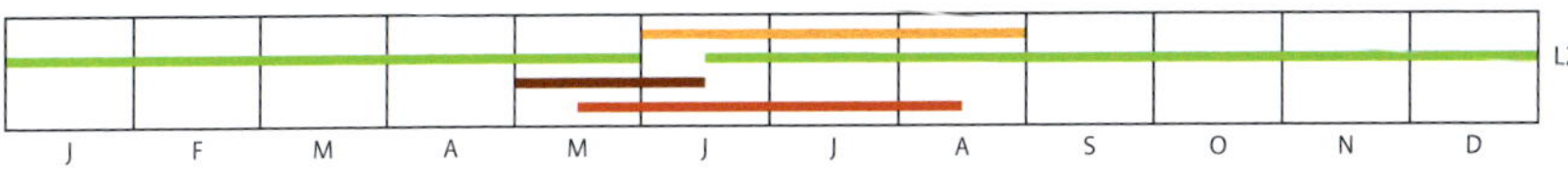

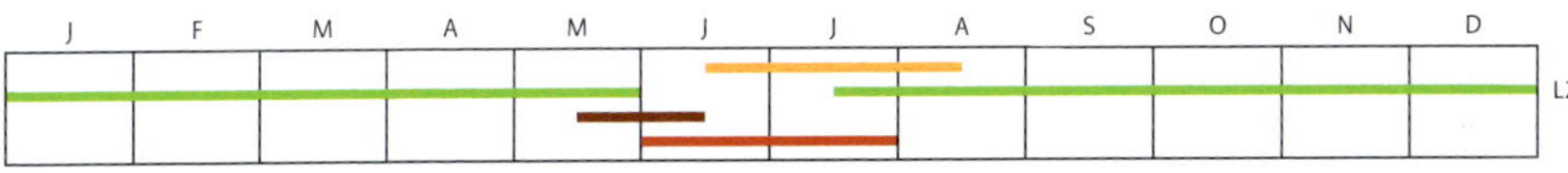

SH 0/+	HH 0/x	MV 1/+	NI 1/+
ST 2/+	BE 0/x	BB R/+	SN 2/+
TH 2/+	HE 2/+	NW 2/+	RP 1/+
SL 1/+	BW 1/+	BY 2/+	D 2/+

Kleiner Eisvogel

Limenitis camilla
(LINNAEUS, 1764)
→ Tafel Seite 209

Merkmale Falter: Mittelgroße, dunkelbraune Falter mit breiter weißer Binde auf Vorder- und Hinterflügeln. Unterseite der Hinterflügel trägt in der Marginalbinde (s. Abb. Umschlaginnenseite) 2 Punktreihen. Ei: rundlich mit wabenartiger Struktur und feinen Stacheln. Raupe: von oben grün, an den Seiten schmaler heller Streifen; auf dem Rücken paarige Dornen.

Lebensraum/Lebensweise: Halbschattige bis schattige Plätze in luftfeuchten Wäldern in denen die Wirtspflanze vorkommt; gehölzbewachsene Hohlwege. Neben feuchter Erde, Schweiß und Tierexkrementen auch an Blüten, z. B. Liguster, Dost, Schafgarbe, Disteln. Rote Heckenkirsche, Deutsches Geißblatt und Schneebeere.

Nachweis: 1) Suche nach Eiern oder Jungraupen (letztere anhand von „Kotrippen", s. Erklärung bei *L. populi*, S. 140; kl. Foto) vor allem an Geißblatt-Arten schattiger und luftfeuchter Standorte in Wäldern oder die Suche nach Hibernacula (vgl. S. 232; Foto o. l.) im Winterhalbjahr. 2) Falter (selten treten einzelne Falter einer 2. Generation auf; da sich *L. camilla* überwiegend in den unteren Straten der Wälder aufhält, um u. a. auch Nektar zu saugen, ist er als Falter zumindest leichter nachzuweisen als z. B. die vorgenannte Art).

Gefährdung/Schutz: BArtSchV (2005): besonders geschützt, Rote Liste BRD (2008): V. – Zum Schutz von *L. camilla* sind vor allem Heckenkirschen an luftfeuchten, beschatteten Stellen in Wäldern, an Waldrändern sowie entlang von Waldbächen und Waldwegen zu erhalten.

Blauschwarzer Eisvogel

Limenitis reducta
STAUDINGER, 1901
→ Tafel Seite 208

Merkmale Falter: Dem Namen entsprechend dunkle Grundfärbung mit Blauschimmer, weißen Flecken auf den Vorder- und einer weißen Binde auf den Hinterflügeln. Unterseite der Hinterflügel trägt in der Marginalbinde (s. Abb. Umschlaginnenseite) eine Punktreihe. Ei: rundlich mit wabenartiger Struktur und langen, feinen Stacheln. Raupe: Jungraupe ähnlich der von *L. camilla* (s. o.), aber dichter bedornt und ohne rötliche Färbungselemente.

Lebensraum/Lebensweise: Waldlichtungen (Kahlschläge, Sturmwürfe) mit zahlreichem Vorkommen der Wirtspflanze, seltener auch gebüschreiche Trockenhänge. In Deutschland aktuell wahrscheinlich nur noch auf der Schwäbischen Alb bodenständig, auch dort jedoch inzwischen stark rückläufig. Feuchte Wegstellen, weiße und violette Blüten. Rote Heckenkirsche, Wald- und Deutsches Geißblatt.

Nachweis: 1) Suche nach Jungraupen (anhand von „Kotrippen", s. Erklärung bei *L. populi*, S. 140; Foto u. l.) an gut besonnten Geißblatt-Pflanzen trocken-heißer Standorte oder die Suche nach Hibernacula (vgl. S. 232; kl. Foto) im Winterhalbjahr. 2) Falter.

Gefährdung/Schutz: BArtSchV (2005): besonders geschützt, Rote Liste BRD (2008): 1. – Hochgradig gefährdet vor allem durch Verzicht auf Kahlschlag/Niederwaldnutzung, gebietsweise auch durch das Zuwachsen von Trockenhängen nach Aufgabe der Naturschutzpflege. Schutz durch regelmäßige Neuschaffung größerer Kahlschläge und Offenhaltung trockener, gebüschreicher Hänge innerhalb des verbliebenen Verbreitungsareals.

SH 1/+	HH 0/x	MV 3/+	NI 2/+
ST 2/+	BE 3/+	BB 2/+	SN 1/+
TH 3/+	HE 3/+	NW 2/+	RP 3/+
SL 3/+	BW V/+	BY V/+	D V/+

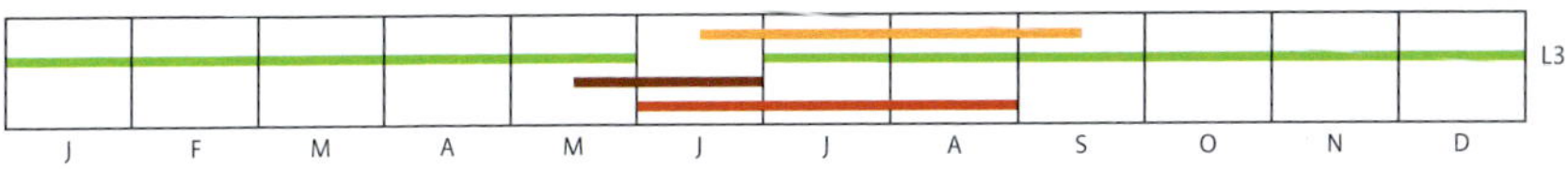

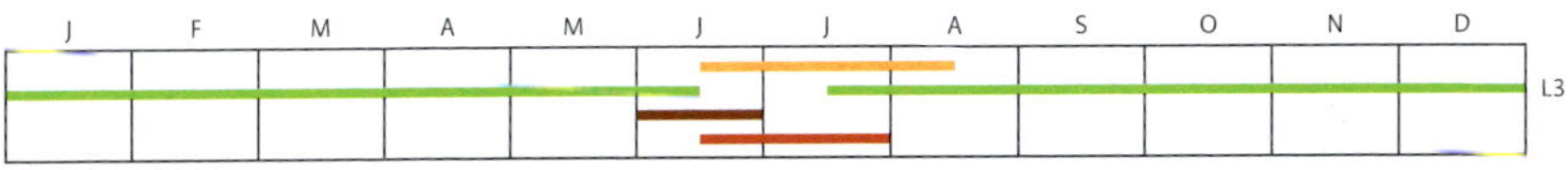

SH –	HH –	MV –	NI –
ST –	BE –	BB –	SN –
TH –	HE 0/x	NW 0/o	RP 1/+
SL E	BW 2/+	BY D/+	D 1/+

Großer Schillerfalter

Apatura iris
(LINNAEUS, 1758)
→ Tafel Seite 207

Merkmale Falter: *A. iris* fehlt der deutliche Augenfleck nahe der Hinterkante des Vorderflügels, den *A. ilia* (s. u.) aufweist. Außerdem verläuft die weiße Binde auf dem Hinterflügel bei *A. iris* gleichmäßig breit und gerade, während sie bei *A. ilia* (s. u.) deutlich eingebuchtet ist. Ei: grünlich, kuppelförmig, längsgerippt. Raupe: grün mit 2 Kopfhörnern.

Lebensraum/Lebensweise: Laub-, Misch- und Nadelwaldgesellschaften einschließlich Fichtenforste. Entscheidend sind größere Bestände von Weiden-Arten, insbesondere der Salweide (Lichtungen, Schneisen etc.). Raupen bevorzugt an schattig bis halbschattig stehenden Büschen. Ausnahmsweise an Wasserdost und Kohldistel, sonst feuchte Erde, Exkremente, Kadaver. Verschiedene Weiden-Arten. Eiablage an schattigen Weidenbüschen oder an Zweigen der nicht besonnten Seite des Busches. Geschlechterfindung (Balzspiele) an hohen Bäumen („Treetopping"; vgl. S. 232).

Nachweis: 1) Ei oder Jungraupe (Foto o. r. mit typischem September-Fraßbild) auf Blattoberseiten meist der unteren Äste von Weiden-Büschen an luftfeuchten, kühlen Standorten in Wäldern; oder im November/Dezember Suche anhand der festgesponnenen Herbst-Sitzblätter (kl. Foto). Letztere auffällig, da sie bei Erschütterung oder Wind am kahlen Zweig „baumeln"; Jungraupe überwintert in Astgabeln oder an Blattknospen (Foto, S. 16). 2) Ködern besonders der männlichen Falter (z. B. mit stark riechenden Käsesorten).

Gefährdung/Schutz: BArtSchV (2005): besonders geschützt, Rote Liste BRD (2008): V. – Förderung von luftfeucht stehenden Salweiden an Forstwegrändern, auf Lichtungen und an nordexponierten Waldrändern.

Kleiner Schillerfalter

Apatura ilia
([SCHIFFERMÜLLER], 1775)
→ Tafel Seite 207

Merkmale Falter: Zur Unterscheidung von *A. iris* siehe Text oben. In unserem Faunengebiet kommt die Art in einer blau schillernden (f. *ilia*, Foto) und einer rot schillernden Form (f. *clytie*) vor. Weibchen nicht schillernd. Ei: grünlich, kuppelförmig, längsgerippt. Raupe: grün mit v-förmiger gelber Rückenzeichnung (Foto).

Lebensraum/Lebensweise: Auwälder der größeren Flusstäler, aber auch andere Waldgesellschaften und Forste des Hügel- und Berglandes. Nur ausnahmsweise bodenständige Vorkommen außerhalb größerer Waldgebiete, z. B. ältere Vorwaldstadien aufgelassener Kiesgruben. *A. ilia* ist wärmeliebender als *A. iris* (s. o.) und steigt im Gebirge nicht so hoch. Bisher kein Blütenbesuch beobachtet; Aufnahme von Mineralien an feuchten Bodenstellen, Aas und Exkrementen. Zitter-Pappel, Schwarz-Pappel, Hybrid-Pappeln, ausnahmsweise offenbar auch Sal-Weide. Eiablage erfolgt einzeln auf Blattoberseiten der Wirtspflanzen. Von Käseködern, aber auch von menschlichem Schweiß wird die Art angelockt.

Nachweis: 1) Überwinternde Jungraupe; am besten Suche im November/Dezember anhand der festgesponnenen Herbst-Sitzblätter (Foto u. r.). Letztere auffällig, da sie bei Erschütterung oder Wind am kahlen Zweig „baumeln"; Jungraupe überwintert an Blattknospen, meist an der Zweigspitze (Foto u. l.). 2) Ködern der Falter mit stark riechenden Käsesorten.

Gefährdung/Schutz: BArtSchV (2005): besonders geschützt, Rote Liste BRD (2008): V. – Schutz von Pappeln wichtig, v. a. in Wäldern und an äußeren Waldrändern.

SH 3/+	HH 1/+	MV 3/+	NI 2/+
ST 2/+	BE 0/x	BB 2/+	SN 2/+
TH 3/+	HE V/+	NW –/+	RP 3/+
SL 3/+	BW V/+	BY V/+	D V/+

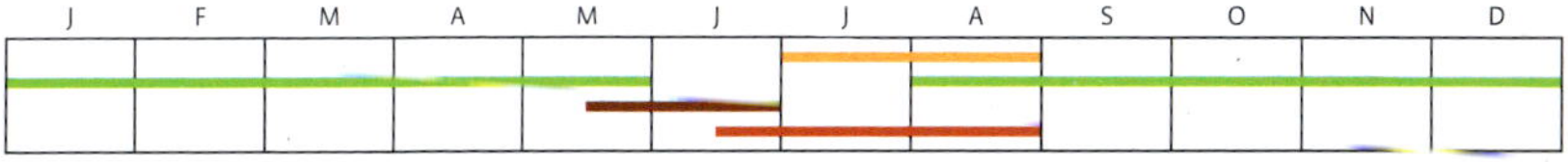

SH –	HH –	MV 1/+	NI 1/+
ST 3/+	BE 3/+	BB V/+	SN 3/+
TH 2/+	HE 3/+	NW 1/+	RP 2/+
SL 3/+	BW 3/+	BY V/+	D V/+

Waldbrettspiel

Pararge aegeria (LINNAEUS, 1758)

→ Tafel Seite 218

Merkmale Falter: Braune Grundfarbe mit mehreren hellbeigen Flecken auf dem Vorderflügel (Foto). In unserem Faunengebiet kommt die Unterart *tircis* vor. Ei: weißlich, kugelförmig, glatt. Raupe: grün, feine hellere Längslinien (kl. Foto).

Lebensraum/Lebensweise: Besiedelt die mit Gräsern durchsetzte Bodenvegetation fast aller in Deutschland anzutreffenden Waldgesellschaften und Forste, auch Nadelwälder, sofern die Bäume lückig genug stehen. Schattenbedürftige, typische Waldart. Von einer Sitzwarte aus „verteidigen" die Männchen ihr Revier. Selten beim Saugen an Blüten zu beobachten; saugt an feuchten Erdstellen, Baumwunden, Honigtau, reifen Früchten wie Brombeeren. Wald-Segge, Riesen-Schwingel, Fieder-Zwenke, Wald-Zwenke, Falt-Schwaden, Hain-Rispengras, Gewöhnliches Rispengras, Wiesen-Knäuelgras, Wald-Knäuelgras, Rohr-Pfeifengras, Hunds-Quecke, Kriechende Quecke, Wolliges Honiggras, Glatthafer, Weißes- und Riesen-Straußgras, Land- und Wald-Reitgras. Die Eier werden einzeln an Gräser geheftet.

Nachweis: Falter (mancherorts und in manchen Jahren eine partielle 3. Generation; oft kontinuierliches Auftreten der Falter von April bis Anfang Oktober).

Gefährdung/Schutz: Rote Liste BRD (2008): nicht gefährdet. – *P. aegeria* ist eine der wenigen Tagfalterarten, die mit kahlschlagfreier Waldnutzung gut zurechtkommt. Die weit verbreitete Art besitzt fast überall stabile Vorkommen und ist nicht auf spezielle Schutzmaßnahmen angewiesen.

Gelbringfalter

Lopinga achine (SCOPOLI, 1763)

→ Tafel Seite 217

Merkmale Falter: Brauner Falter mit einer schwachen Binde am Flügelrand, in der sich eine dichte Reihe großer Augenflecken befindet. Ei: gelblich, kugelförmig, glatt. Raupe: grün, dünn behaart.

Lebensraum/Lebensweise: Parkartig offene Wälder mit von Gräsern dominierter Bodenvegetation, insbesondere (ehemalige) Mittel- und Weidewälder. Die Falter sind in ihrer Umgebung leicht zu übersehen, in manchen Jahren jedoch hohe Populationsdichten. Bisher fast keine Beobachtungen der Nektaraufnahme an Blüten. Berichtet wird über Saugen an feuchtem Sand oder Erde, Baumsäften, Vogelkot und anderen Exkrementen. Bevorzugt Seggen und Fieder-Zwenke. Eier werden auf den Boden fallen gelassen. Verpuppung als Stürzpuppe im Gras.

Nachweis: Falter.

Gefährdung/Schutz: BArtSchV (2005): streng geschützt, Rote Liste BRD (2008): 2, FFH-Richtlinie, Anhang IV. – In allen Verbreitungsgebieten Mitteleuropas ist die Art in der Vergangenheit stark zurückgegangen. Von größter Wichtigkeit für die Erhaltung der letzten Vorkommen ist die Aufrechterhaltung oder Wiederaufnahme der Mittelwaldnutzung (z. B. im Steigerwald) bzw. von Waldweide (Nordalpen) und extensiver Nutzung der Moorränder (Alpenvorland).

SH	HH	MV	NI
–/+	2/+	–/+	–/+
ST	BE	BB	SN
–/+	–/+	–/+	–/+
TH	HE	NW	RP
–/+	–/+	–/+	–/+
SL	BW	BY	D
–/+	–/+	–/+	–/+

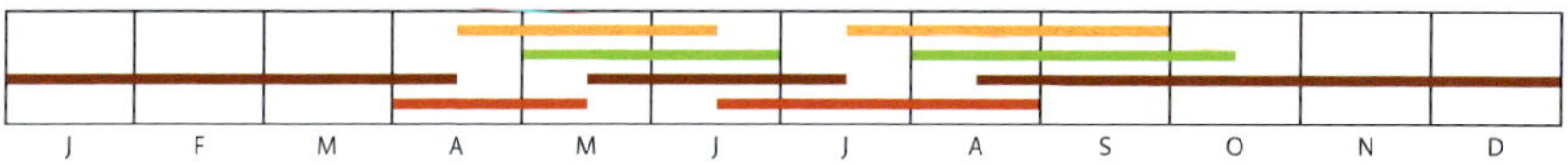

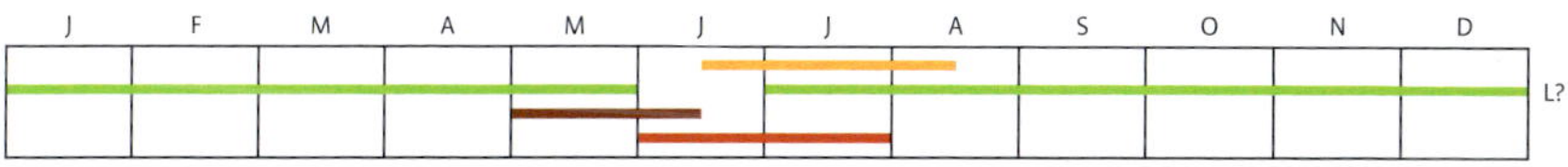

SH	HH	MV	NI
–	–	0/o	?
ST	BE	BB	SN
0/x	–	0/o	0/o
TH	HE	NW	RP
0/x	0/x	0/o	1/+
SL	BW	BY	D
(E)	1/+	2/+	2/+

Braunauge

Lasiommata maera
(LINNAEUS, 1758)
→ Tafel Seite 219

Merkmale Falter: Oberseite der Vorderflügel überwiegend braun gefärbt mit breiter orangefarbener Binde, in der der große, manchmal zweikernige Augenfleck liegt (Foto). Unterseite der Hinterflügel schieferfarben, mit sanft geschwungener Wellenlinie (vgl. *L. megera* unten) Ei: weißgrünlich (kurz vor dem Schlupf dunkel; kl. Foto), kugelförmig, sehr fein längsgerippt. Raupe: grün, fein kurz behaart.

Lebensraum/Lebensweise: Verschiedenbiotop-Bewohner (S. 232). Trockene Hänge mit frei liegenden Felsen; Natursteinmauern, Geröllhalden, Weinberge bzw. Schneisen im Hang- und Schluchtwald, luftfeuchte Waldsäume montan geprägter Gebiete. In Nordostdeutschland in Kiefernwäldern. Felsen an vegetationsfreien Stellen sind Sitzwarten, von denen aus die Männchen ihr Revier verteidigen. Witwenblume, Kugeldistel, Alpen-Greiskraut, Storchschnabel, Rot-Klee u. a. Verschiedene Gräser, z. B. Rot-Schwingel. Die Eier werden einzeln an Gräsern abgelegt. Stürzpuppen an Grasstängeln oder überhängenden Steinen.

Nachweis: 1) Falter (tritt nur 1 Generation auf, so fliegen die Falter im Juni und Juli. 2) Suche nach Eiern an Grashalmen, vor allem an der Basis von Felsen und Mauern oder unter überhängenden Böschungen.

Gefährdung/Schutz: Rote Liste BRD (2008): V. – Gefährdet und regional stark rückläufig durch Änderungen der Waldnutzung („Dunlerwerden" der Wälder). Zuwachsen trockener Hänge mit anstehendem Fels.

Weitere Art: Im Voralpenland und alpinen Bereich Verwechslung mit dem Braunscheckauge *Lasiommata petropolitana* (FABRICIUS, 1787) möglich (vgl. SETTELE et al. 2000, S. 354 f.; siehe Literatur S. 248).

Mauerfuchs

Lasiommata megera
(LINNAEUS, 1767)
→ Tafel Seite 219

Merkmale Falter: Insgesamt heller als *L. maera* (siehe oben). Männchen mit deutlichem Duftschuppenfleck. Zeichnung der Hinterflügel-Unterseite: Grundton kontrastreich bunt. Wellenlinien deutlicher gezeichnet und enger geschwungen (vgl. *L. maera* oben). Ei: weißgelb, kugelförmig mit sehr feiner Struktur aus Längs- und einzelnen Querrippen. Raupe: grünlich, weiß punktiert (hieraus kurze Borsten) und mit hellem Seitenstreifen (kl. Foto).

Lebensraum/Lebensweise: Steinbrüche, natürliche Felsstandorte, Trocken- und Halbtrockenrasen, vorzugsweise auf sonnenexponierten Hängen, Böschungen, Sand- und Kieswegen, in alten Weinbergen und Streuobstwiesen. Auch sitzt der Mauerfuchs (Name!) gern auf Felsen, Mauern oder einzelnen Steinen in der Sonne (Name). Wo diese fehlen, setzen sich die Falter auf den Sand offener Bodenstellen oder auch an Hauswände. Wiesen-Flockenblume, Dost, Sommerflieder, Rot-Klee, Witwenblume, Rainfarn u. a. Schaf-Schwingel und Fieder-Zwenke. Stürzpuppe unter Steinen oder an Grasstängeln.

Nachweis: 1) Falter (in Ausnahmejahren 3 Faltergenerationen). 2) Suche nach Eiern an Grashalmen, vor allem an der vor Regen geschützten Basis von Felsen und Mauern, im Fußbereich besonnter Baumstämme oder unter überhängenden Böschungen.

Gefährdung/Schutz: Rote Liste BRD (2008): nicht gefährdet. – Aktuell in vielen Naturräumen häufiger werdend oder in Ausbreitung begriffen, nur lokal gefährdet durch das Zuwachsen von Trockenstandorten und das Zerfallen von Trockenmauern.

SH –	HH –	MV 1/+	NI 1/+
ST 3/+	BE –	BB 1/+	SN 3/+
TH 3/+	HE 2/+	NW 2/+	RP 3/+
SL 2/+	BW 3/+	BY V/+	D V/+

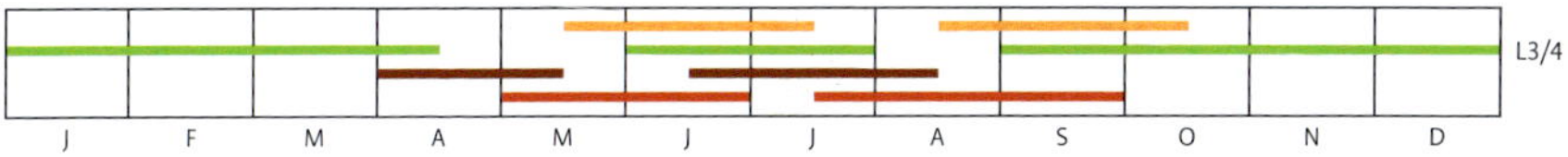

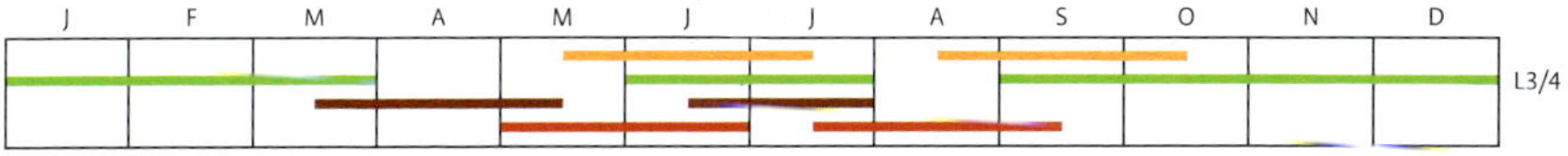

SH 3/+	HH –/+	MV –/+	NI V/+
ST –/+	BE –/+	BB –/+	SN V/+
TH –/+	HE V/+	NW V/+	RP –/+
SL –/+	BW V/+	BY –/+	D –/+

Kleines Wiesenvögelchen *Coenonympha pamphilus*

(LINNAEUS, 1758) → Tafel Seite 220

Merkmale Falter: Unterseite der Hinterflügel mehr oder weniger einfarbig grau mit kaum wahrnehmbaren Augenflecken. Randbinden fehlen (Foto). Ei: kegelförmig, oben abgeflacht, gelblich weiß mit einem dunklen Streifen um die Mitte, Längsrippen und Querleisten schwach erkennbar. Raupe: grün, dunkler von hellen Linien eingefasster Rückenstreifen (kl. Foto).

Lebensraum/Lebensweise: Besiedelt ein breites Spektrum offener Graslandbiotope trockener bis mäßig feuchter Standorte. Abhängig von lückiger oder niedrigwüchsiger Vegetation durch sporadische „Störungen" (z. B. Ränder unbefestigter Graswege) bzw. von regelmäßiger Mahd oder Beweidung. Es werden eine Vielzahl verschiedener Blüten als Nektarquelle genutzt, z. B. Thymian, Teufelsabbiss, Sommerflieder, Hahnenfuß-Arten, Habichtskraut-Arten, Margerite, Heidekraut, Zypressen-Wolfsmilch. Gras-Arten wie Rot-Schwingel, Wiesen-Rispengras, Weißes Straußgras und Rot-Straußgras. Die Eier werden zumeist an dürre Grasblättchen geheftet. Verpuppung als Stürzpuppe an Grasstängeln.

Nachweis: Falter (ineinander übergehende Flugzeiten der Generationen).

Gefährdung/Schutz: BArtSchV (2005): besonders geschützt, Rote Liste BRD (2008): nicht gefährdet. *C. pamphilus* unterliegt offenbar regionalen Schwankungen, so dass die normalerweise häufige Art gelegentlich seltener auftritt.

Großes Wiesenvögelchen *Coenonympha tullia*

(O. F. MÜLLER, 1764) → Tafel Seite 220

Merkmale Falter: Weiße Binde auf der Unterseite der Hinterflügel beginnt bereits an der Vorderkante; ohne glänzende Randbinde (Foto). Ei: relativ groß, grünlich gelb, fassförmig. Raupe: grün mit gelben Längsstreifen (kl. Foto).

Lebensraum/Lebensweise: Nieder- und Zwischenmoore, die extensiv genutzt werden (Schwarzwald, Alpenvorland); nicht im Hochmoor bodenständig. Sehr standorttreue Art mit geringem Aktivitätsradius. Heidekraut, Glockenheide, Moosbeere, Blutweiderich, Heil-Ziest, Hornklee, Weiden-Alant, Vogel-Wicke u. v. a. Sauergräser wie Wollgras- und Kopfriet-Arten, regional auch magere Süßgräser wie Borstgras. Eiablage an dürren Grasblättchen. Verpuppung als Stürzpuppe an Grasstängeln.

Nachweis: Falter.

Gefährdung/Schutz: BArtSchV (2005): besonders geschützt, Rote Liste BRD (2008): 2. – Konsequenter Schutz extensiv gemähter oder beweideter Moorstandorte vor Entwässerung und Intensivierung; wo noch machbar auch Wiedervernässung trockengelegter Moore. – In vielen Teilen des Landes dramatischer Rückgang in den letzten Jahren.

SH –/+	HH –/+	MV –/+	NI –/+
ST –/+	BE –/+	BB –/+	SN –/+
TH –/+	HE –/+	NW V/+	RP –/+
SL –/+	BW –/+	BY –/+	D –/+

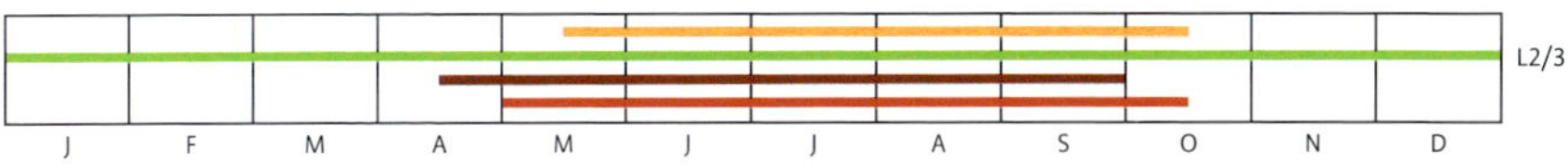

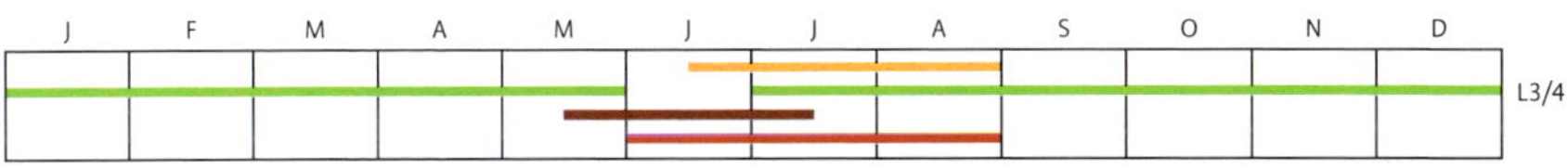

SH 2/+	HH 2/+	MV 2/+	NI 2/+
ST 0/x	BE 0/x	BB 2/+	SN 1/+
TH 0/x	HE 0/x	NW 1/+	RP 1/+
SL 0/x	BW 1/+	BY 2/+	D 2/+

Wald-Wiesenvögelchen
Coenonympha hero (LINNAEUS, 1761)

→ Tafel Seite 221

Merkmale Falter: Die Augenflecken auf der Unterseite der Hinterflügel, die wie bei *C. glycerion* (S. 154) und *C. tullia* (S. 150) in einer Reihe stehen, sind viel größer als bei diesen Arten (gr. Foto). Ei: relativ groß, bläulich hellgrün, fassförmig, mit feinen Längsrippen (kl. Foto: Freilandablage an Moos). Raupe: gelblich grün mit hellem Seitenstreifen.

Lebensraum/Lebensweise: Streu- und Feuchtwiesen-Brachen, Mittel- und Niederwälder, Wald-Hutungen, grasige Freiflächen, v. a. in Feucht-, Bruch- und Auwäldern. Nur wenige Beobachtungen zu Blütenbesuch oder sonstiger Nahrungsaufnahme. Winkelsegge, Zittergras-Segge, Rasen-Schmiele u. a. Gras-Arten. Stürzpuppe an Grasstängeln.

Nachweis: Falter (hüpfender bodennaher Flug).

Gefährdung/Schutz: BArtSchV (2005): streng geschützt, Rote Liste BRD (2008): 2, FFH-Richtlinie, Anhang IV. – Schutz von extensiv genutzten Mooren, Bruch- und Auwald-Lichtungen. Besiedelte Streuwiesen nur in mehrjährigem Abstand entbuschen. Traditionelle Waldbewirtschaftungsformen essentiell (Kahlschlag, Niederwaldnutzung).

Weitere Art (kl. Foto): Das Stromtal-Wiesenvögelchen *Coenonympha oedippus* (FABRICIUS, 1787), Tafel S. 221 ist *C. hero* ähnlich, aber größer; Merkmal: silbrige Binde auf der Hinterflügelunterseite mit Augenflecken, sonst ähnlich dem größeren *Aphantopus hyperantus* (S. 154). Die Art fliegt in 1 Generation von Ende Juni bis August. BArtSchV (2005): streng geschützt, Rote Liste BRD (2008): 0, FFH-Richtlinie: Anhang II + IV. – Letzter Nachweis in Deutschland: 1921.

Weißbindiges Wiesenvögelchen
Coenonympha arcania (LINNAEUS, 1761)

→ Tafel Seite 220

Merkmale Falter: Auf der Hinterflügelunterseite großer isolierter Augenfleck nahe der Vorderkante unterhalb der weißen Binde. Silberfarbene Randbinde. Ei: fassförmig, weißlich, mit bräunlichen Pünktchen übersät; feine Längsrippen erkennbar (kl. Foto). Raupe: grasgrün mit hellem Seitenstreifen (Foto u. l.).

Lebensraum/Lebensweise: Buschreiche magere Grasfluren, wie versaumte Magerrasen; Hecken- und Waldsäume oder grasige Kahlschläge. Die Art reproduziert sich in denjenigen Bereichen, in denen nicht oder nur sehr selten gemäht wird. Falter fliegen träge zwischen den Grashalmen. Männchen zeigen Territorialverhalten. Färberginster, Flockenblume, Witwenblume, Liguster, Thymian, Dost, Brombeere, Zwerg-Holunder. Verschiedene Gras-Arten frischer bis trockener Standorte. Eier werden einzeln an Gräser geheftet. Verpuppung als Stürzpuppe an Grasstängeln.

Nachweis: Falter.

Gefährdung/Schutz: BArtSchV (2005): besonders geschützt, Rote Liste BRD (2008): – nicht gefährdet durch Änderung der Waldnutzung (Verzicht auf Kahlschlag, Abschaffung von Nieder- und Mittelwald) sowie durch Zuwachsen von Trockenhängen nach längerfristiger Nutzungsaufgabe werden die Populationen aber beeinträchtigt.

SH	HH	MV	NI
–	–	?	1/+
ST	BE	BB	SN
0/x	–	–	0/x
TH	HE	NW	RP
0/+	0/+	0/x	1/+
SL	BW	BY	D
0/o	1/+	2/+	2/+

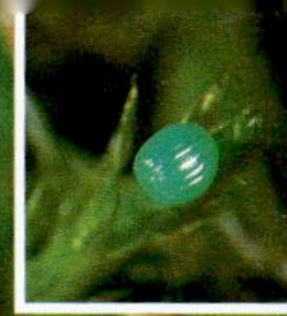

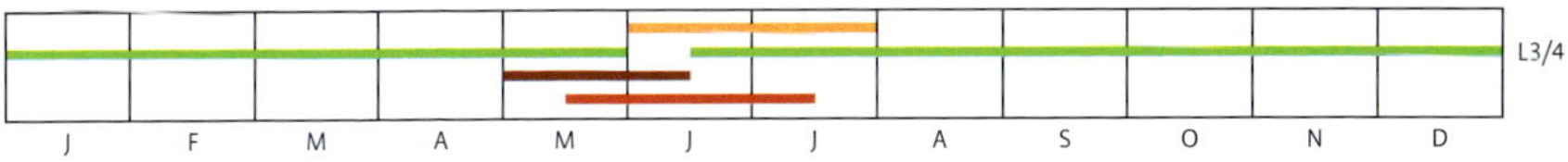

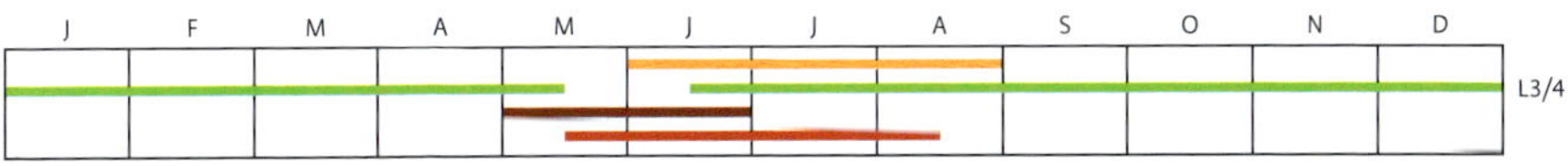

SH	HH	MV	NI
2/+	1/+	3/+	2/+
ST	BE	BB	SN
–/+	1/+	2/+	1/+
TH	HE	NW	RP
–/+	V/+	3/+	–/+
SL	BW	BY	D
V/+	V/+	V/+	–/+

Rotbraunes Wiesenvögelchen

Coenonympha glycerion (BORKHAUSEN, 1788) → Tafel Seite 221

Merkmale Falter: Unvollständige weiße Binde auf der Unterseite der Hinterflügel, die nicht bis zur Vorderkante reicht. Schmale Randbinde mit Bleiglanz (Foto). Ei: hellgrün, fassförmig mit undeutlichen Längsrippen. Raupe: ähnlich *C. pamphilus* (S. 150), aber etwas heller (gelblicher; kl. Foto: Jungraupe).
Lebensraum/Lebensweise: Verschiedenbiotop-Bewohner (S. 232). In Nordostdeutschland auf Sandtrockenrasen, zum Beispiel an den Oderhängen. In BW Halbtrockenrasen auf Jura und Muschelkalk. Regional, jedoch mit stark abnehmender Tendenz, auch in mageren, extensiv genutzten Feucht- und Moorwiesen (z. B. wechselfeuchte Streuwiesen des Alpenvorlandes). Thymian, Dost, Braunelle, Wasserdost. Verschiedene Süßgräser, z. B. Aufrechte Trespe. Eier werden einzeln an die Wirtspflanzen geheftet. Verpuppung als Stürzpuppe an Grasstängeln.
Nachweis: Falter.
Gefährdung/Schutz: BArtSchV (2005): besonders geschützt, Rote Liste BRD (2008): V. – An den potenziellen und nachgewiesenen Flugstellen ist eine extensive Nutzung oder Pflege sicherzustellen (Streumahd in Feuchtgebieten, Schaf- oder Rinderbeweidung in trockenen Habitaten).

Schornsteinfeger

Aphantopus hyperantus (LINNAEUS, 1758) → Tafel Seite 217

Merkmale Falter: Flügel einheitlich samtbraun. 3 Augenflecken auf dem Vorder-, 5 auf dem Hinterflügel; diese auf den Unterseiten stets deutlich erkennbar (Foto). Ei: weißlich, halbkugelförmig, an der Basis nach innen eingebuchtet; feine Längsrippen erkennbar. Raupe: gräulich, beborstet mit dunklem Rückenstreifen (kl. Foto).
Lebensraum/Lebensweise: Ein breites Spektrum von mäßig trockenen bis feuchten Biotopen. Saumgesellschaften, Schneisen und Lichtungen, auch ruderalisierte Flächen wie Wegränder und Böschungen. Ebenfalls in komplexen Sekundärlebensräumen wie Kiesgruben und Steinbrüchen. Frisch gemähte Bereiche werden gemieden. Violette Blüten werden den gelben vorgezogen, insgesamt wird aber ein breites Spektrum von der eifrig Blüten besuchenden Art genutzt; Brombeerblüten spielen eine vorrangige Rolle. Kratzdistel-Arten, Dost, Wiesen-Knöterich, Himbeere, Sumpf-Storchschnabel, Sommerflieder, Fetthenne, Wasserdost, Ringelblume, Glocken-Heide, Schafgarbe usw. Verschiedene Gras-Arten mittlerer bis hoher Produktivität. Im Gras sitzend lassen die Weibchen die Eier einzeln auf den Boden fallen. Puppe in einem Gespinst aus Graspartikeln am Grunde von Grasbüscheln.
Nachweis: Falter.
Gefährdung/Schutz: Rote Liste BRD (2008): nicht gefährdet. – Die weit verbreitete Art ist nicht auf spezielle Schutzmaßnahmen angewiesen. Durch einmalige Spätmahd grasiger Randstreifen von Blumenwiesen lässt sie sich selbst auf öffentlichen Grünflächen und in naturnah gestalteten Gärten ansiedeln.

SH 1/+	HH –	MV 3/+	NI 2/+
ST 2/+	BE 1/+	BB –/+	SN 3/+
TH 3/+	HE 0/x	NW 0/o	RP 0/x
SL –	BW 3/+	BY V/+	D V/+

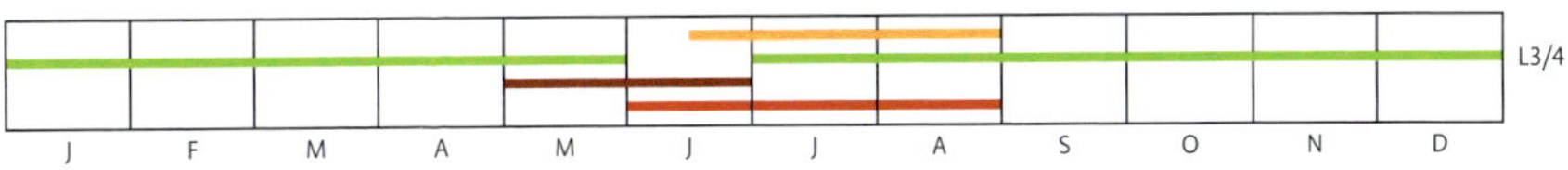

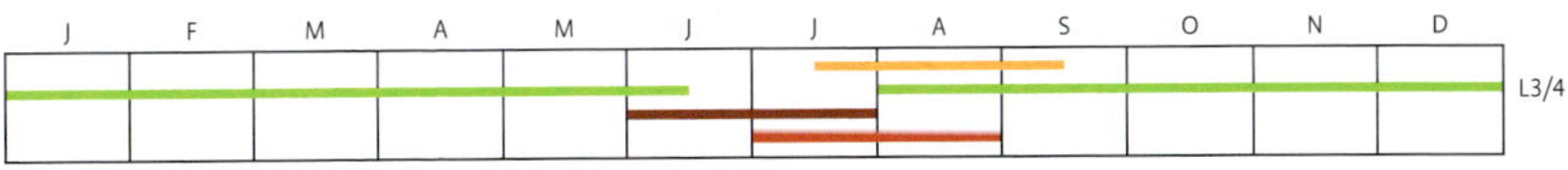

SH –/+	HH –/+	MV –/+	NI –/+
ST –/+	BE –/+	BB –/+	SN –/+
TH –/+	HE –/+	NW –/+	RP –/+
SL –/+	BW –/+	BY –/+	D –/+

Großes Ochsenauge

Maniola jurtina
(LINNAEUS, 1758)
→ Tafel Seite 222 und 223

Merkmale Falter: Variable Art bezüglich der Augenflecken; siehe *H. lycaon* (unten). Nicht selten treten – besonders bei Weibchen – albinotische (weißliche) Tiere auf (gr. Foto: Männchen; kl. Foto: Weibchen). Ei: an beiden Polen abgeplattet, kegelförmig, deutlich längsgerippt. Raupe: hellgrün, fein behaart.
Lebensraum/Lebensweise: Besiedelt ein breites Spektrum offener Graslandbiotope trockener bis mäßig feuchter Standorte. Typisch in extensiv genutztem Grünland (Heuwiesen, Magerrasen), gern auch an sonnigen, einmal jährlich gemähten Forstwegrändern. Aus der Vielzahl der festgestellten Nektarpflanzen können nur einige aufgezählt werden (offenbar werden aber violette Blüten bevorzugt): Kratzdistel-Arten, Witwenblume, Flockenblume, Dost, Ringelblume, Schafgarbe, Sommerflieder, Wasserdost, Brombeere, Weiß-Klee, Rot-Klee, Glocken-Heide, Tauben-Skabiose, Sandköpfchen, Thymian, Margerite, Rainfarn, Teufelsabbiss, Baldrian usw. Eine Fülle verschiedener Gras-Arten. Eier werden einzeln entweder kurz über dem Boden an trockene Grasteile gelegt oder aber auf den Boden fallen gelassen. Zur Eiablage bevorzugt werden Wiesen, deren Mahd nicht allzu lange zurückliegt. Gürtelpuppe an trockenen Pflanzenteilen, dicht über dem Boden.
Nachweis: Falter.
Gefährdung/Schutz: Rote Liste BRD (2008): nicht gefährdet. – *M. jurtina* profitiert von traditioneller Heuwiesennutzung, verschwindet aber bei intensiver Düngung und mehr als dreimal jährlicher Mahd.

Kleines Ochsenauge

Hyponephele lycaon
(KÜHN, 1774)
→ Tafel Seite 222 und 223

Merkmale Falter: Das Weibchen hat im Unterschied zu *M. jurtina* (s. o.) 2 statt 1 Augenfleck auf dem Vorderflügel. Die Färbung der Hinterflügelunterseite des Männchens ist kontrastreicher als bei *M. jurtina*. Besonders bei Männchen Überprüfung durch Spezialisten wegen der Verwechslungsmöglichkeiten empfohlen. Ei: längsgerippt, kegelförmig, am oberen Pol abgeplattet. Raupe: grün mit schmalem Seitenstreifen; oben rot, unten weißlich (Foto).
Lebensraum/Lebensweise: Sandmagerrasen (Silbergrasfluren), Trockenrasen und Steppenheiden mit Vegetationslücken, trocken-warme Saum- und Buschgesellschaften unter anderem entlang von Bahndämmen. Das Vorhandensein von offenen Bodenstellen ist bei dieser Art ein wichtiger Faktor der Habitatqualität. In Deutschland wohl nur noch in den östlichen Bundesländern vorkommend, hier bis an die Ostsee (Westgrenze des Areals). Sand-Thymian, Sandköpfchen. Gräser magerer Standorte wie z. B. Schwingel-Arten. Die Eier werden an dürre Grasblätter geheftet.
Nachweis: Falter (im Gelände nach Weibchen suchen wegen eindeutiger Bestimmbarkeit).
Gefährdung/Schutz: Rote Liste BRD (2008): 2. – Bei Beständen an der Grenze des Artareals ist mit starken Populationsschwankungen zu rechnen, insbesondere dann, wenn die Verbreitung so stark vom Klima abzuhängen scheint wie bei dieser kontinentalen Art. Die Erhaltung von Xerothermstandorten mit lückiger Vegetation ist auf jeden Fall der Bestandspflege dieser wie auch vieler anderer Arten dienlich.

SH –/+	HH –/+	MV –/+	NI –/+
ST –/+	BE –/+	BB –/+	SN –/+
TH –/+	HE –/+	NW –/+	RP –/+
SL –/+	BW –/+	BY –/+	D –/+

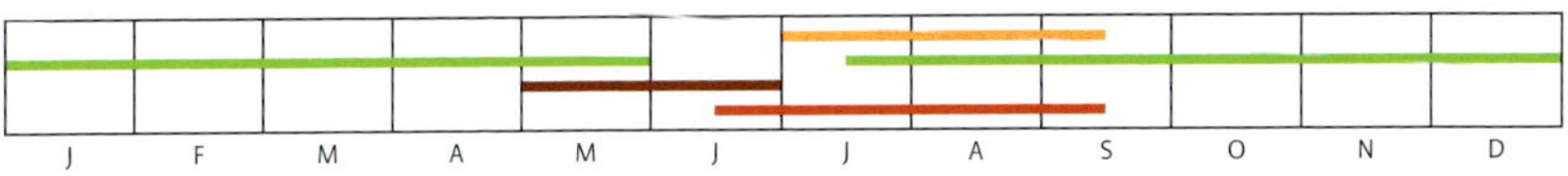

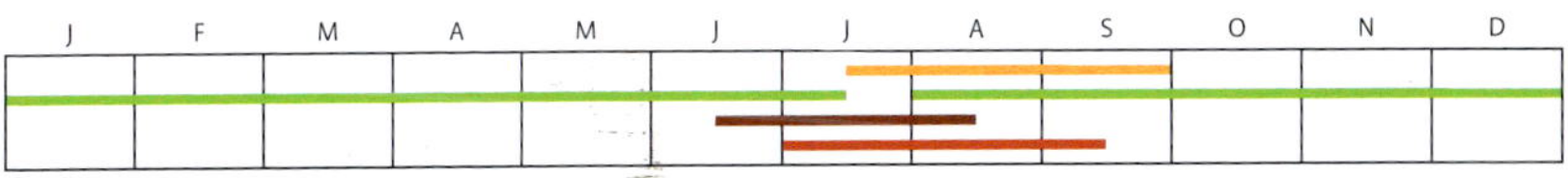

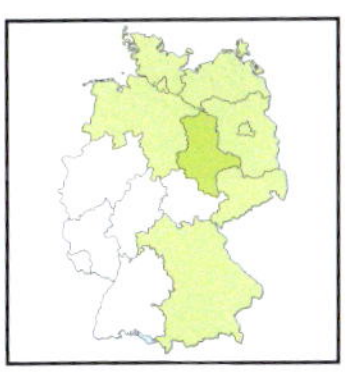

SH 1/+	HH 1/+	MV 2/+	NI 1/+
ST 3/+	BE 1/+	BB 2/+	SN 2/+
TH 0/o	HE –	NW 0/o	RP –
SL –	BW ?	BY 0/+	D 2/+

Rotbraunes Ochsenauge
Pyronia tithonus
(LINNAEUS, 1771)

→ Tafel Seite 223

Merkmale Falter: Augenfleck bei beiden Geschlechtern doppelt gekernt. Männchen mit breitem dunklem Duftschuppenstreifen im orangefarbenen Feld auf dem Vorderflügel (kl. Foto). Ei: längsgerippt, ähnlich *M. jurtina* (S. 156). Raupe: grau oder grün, mit dunklem Rückenstreifen. Nachtaktiv.

Lebensraum/Lebensweise: Deutliche Präferenz für Saumgesellschaften im mäßig feuchten, aber warmen Klima, vor allem Waldsäume sowie in Sandkiefernwäldern, regional aber auch Brachen und Böschungen im Offenland. Zur Nektaraufnahme fliegen die Falter auch auf angrenzende blumenreiche Wiesen. In Norddeutschland, BB und SN stößt die Art an ihre nordöstliche Arealgrenze. Acker-Kratzdistel, Dost, Thymian, Wiesen-Bärenklau, Greiskraut-Arten, Flockenblumen, Wasserdost, Sonnenhut usw. Breites Spektrum unterschiedlicher Gras-Arten (z.B. Schwingel-Arten, Straußgras, Lieschgras, Lolch). Die Eier werden fallen gelassen oder an trockene Grasteile geheftet. Stürzpuppe an Gräsern; der Anheftungsfaden wird mit braunen Fasern getarnt. Die Art unterliegt in manchen Gebieten starken Abundanzschwankungen.

Nachweis: Falter.

Gefährdung/Schutz: Rote Liste BRD (2008): nicht gefährdet. – Wie für eine große Zahl anderer heimischer Tagfalter sollte zur Förderung von *M. tithonus* ein kontinuierliches Angebot grasiger Waldlichtungen und -säume innerhalb der Verbreitungsareale sichergestellt werden. Außerdem kann die Art durch Wald- oder gehölznahe Brachen unterstützt werden.

Weißbindiger Mohrenfalter
Erebia ligea
(LINNAEUS, 1758)

→ Tafel Seite 224

Merkmale Falter: *E. ligea* unterscheidet sich von den übrigen bei uns heimischen Arten der Gattung durch die unregelmäßige weiße Binde auf der Hinterflügelunterseite (gr. Foto). Ei: bauchig-kegelförmig, am oberen Pol abgeplattet mit Längsrippen; kurz nach der Ablage weißlich, später bräunlich gemustert. Raupe: hell, gelbbraune, behaarte schwache Querbinden; Stigmen gut sichtbar.

Lebensraum/Lebensweise: Lichtungen und Saumbiotope (z.B. breite Forstwegränder) in Mittelgebirgswäldern. Präferenz für eher luftfeuchte Bereiche. Violette und gelbe Staudenblüten, z.B. Kratzdisteln, Witwenblume, Flockenblumen, Heil-Ziest, Alpen-Milchlattich, Greiskraut-Arten, Arnika. Rot-Schwingel, Aufrechte Trespe, Dreizahn, Pfeifengras und Reitgras. Die Eier werden einzeln an Pflanzenteile dicht über dem Boden geheftet. Verpuppung in der Streuschicht.

Nachweis: Falter. Es wird beobachtet, dass die Art in ungeraden Jahren häufiger fliegt als in geraden. Als Ursache wird die zweijährige Entwicklungszeit der Raupen angenommen.

Gefährdung/Schutz: BArtSchV (2005): besonders geschützt, Rote Liste BRD (2008): V. – Gefährdet v.a. durch geänderte Waldnutzung, Aufforstung und Düngung von Waldwiesen. Schutz durch extensive Pflege von Forstweg-Rändern, Schaffung von Lichtungen und Pflege ungedüngter Waldwiesen in Mittelgebirgen.

SH R/+	HH 0/x	MV 0/x	NI 2/+
ST 2/+	BE –/+	BB 3/+	SN 2/+
TH 0/o	HE V/+	NW 3/+	RP 3/+
SL –/+	BW –/+	BY 2/+	D –/+

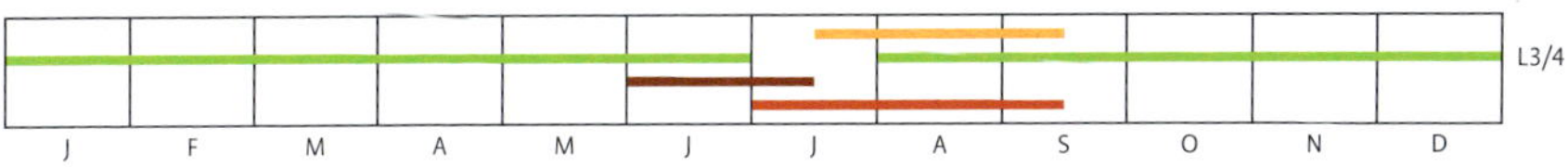

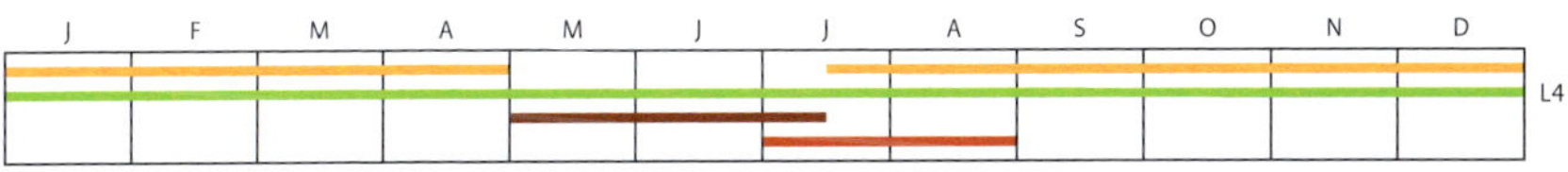

SH –	HH –	MV –	NI 2/+
ST 3/+	BE –	BB –	SN 3/+
TH –/+	HE 2/+	NW 2/+	RP 1/+
SL ?	BW V/+	BY V/+	D V/+

Weißbindiger Bergwald-Mohrenfalter

Erebia euryale (ESPER, 1805)

→ Tafel Seite 225

Merkmale Falter: Kleinere Schwesterart zu *E. ligea* (S. 158); dieser sehr ähnlich, die weiße Binde ist jedoch in einzelne Flecke aufgelöst oder fehlt. Männchen ohne Duftschuppenfleck auf der Vorderflügeloberseite. Überprüfung durch Spezialisten wird wegen der Verwechslungsmöglichkeiten empfohlen. Ei: bauchig-kegelförmig, oben abgeplattet mit Längsrippen. Raupe: behaart, bräunlich mit Seitenlinie und gut sichtbaren Stigmen (kl. Foto).

Lebensraum/Lebensweise: Auf Grasplätzen der montanen Stufe, wahrscheinlich auf die Alpen und den Bayerischen Wald (900 bis 1100 m über NN) beschränkt. Primärhabitat sind senkrechte Gneiswände mit Felsspalten-Gesellschaften und Pfeifengras-Rieselfluren. Fliegen besonders in der Mittagssonne an den Felsen und rasten dann am Fuße der Felsen auf Pfeifengras. Keine Angaben verfügbar. Es ist jedoch anzunehmen, dass die Art – ähnlich *E. ligea* – die blühenden Stauden und Hochstauden ihres Lebensraumes zur Nektaraufnahme nutzt. Rot-Schwingel, Aufrechte Trespe, Dreizahn, Pfeifengras und Reitgras.

Nachweis: Falter (es soll eine zweijährige Entwicklungszeit geben).

Gefährdung/Schutz: BArtSchV (2005): besonders geschützt, Rote Liste BRD (2008): nicht gefährdet. – Vernichtung und Eutrophierung montaner, artenreicher Wiesen gefährden die Art.

Graubindiger Mohrenfalter

Erebia aethiops (ESPER, 1777)

→ Tafel Seite 224

Merkmale Falter: Morphologisch ist diese Art leicht mit *E. medusa* (S. 162) zu verwechseln. Das sicherste Unterscheidungsmerkmal bieten die Flugzeiten, die keine Überschneidung aufweisen. Gegebenenfalls wird die Überprüfung durch Spezialisten wegen der Verwechslungsmöglichkeiten empfohlen. Ei: bauchig-kegelförmig, am oberen Pol abgerundet, feine Längsrippen sind erkennbar; anfangs weißlich, später bräunlich gefleckt. Raupe: schmutzig grau mit seitlichen Flecken.

Lebensraum/Lebensweise: Sonnige, grasige Saumbiotope im Inneren von Wäldern (v. a. trockenen Kiefernwäldern) sowie Wald-Offenland-Übergangsbereiche, z. B. mit angrenzendem Kalkmagerrasen. Silberdistel, Dost, Flockenblumen, Tauben-Skabiose, Acker-Witwenblume, Nickende Distel, Kratzdistel-Arten. Aufrechte Trespe, Fieder-Zwenke und Land-Reitgras. Raupe nachtaktiv. Überwinterung und Verpuppung in der Streuschicht.

Nachweis: Falter.

Gefährdung/Schutz: BArtSchV (2005): besonders geschützt, Rote Liste BRD (2008): 3. – Erhaltung bzw. Renaturierung von inneren und äußeren Saumbiotopen von Laubmisch- und Kiefernwäldern. Möglichst breite Säume unter Einbeziehung des angrenzenden Offenlandes sind extensiv zu pflegen. Fortschreitende Verbuschung und Verdichtung der lockeren Kiefernforste bedroht die Existenz der Art. Die Wiederaufnahme der früher verbreiteten Kahlschlagwirtschaft in trockenen Kiefernwäldern könnte – neben *E. aethiops* – zahlreiche andere gefährdete Falter- und Vogelarten fördern (z. B. Kleiner Waldpolier – S. 164, Ockerbindiger Samtfalter – S. 166, Heidelerche, Berglaubsänger).

SH –	HH –	MV –	NI –
ST –	BE –	BB –	SN –
TH –	HE –	NW –	RP –
SL –	BW –	BY V/+	D –/+

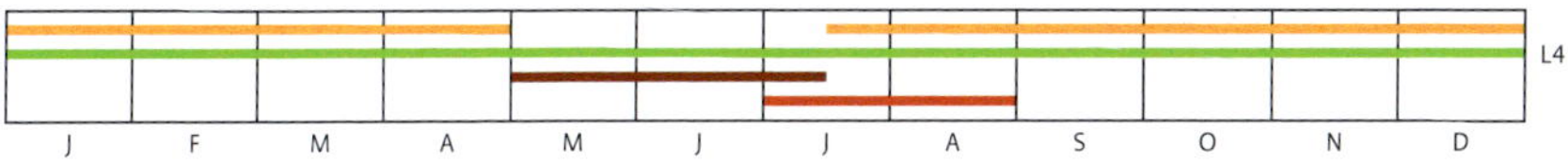

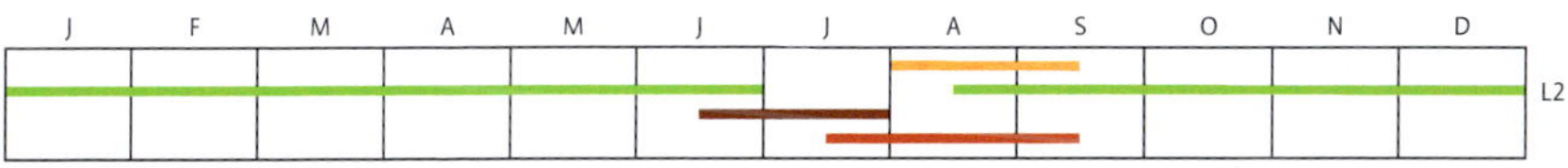

SH –	HH –	MV 0/o	NI 1/+
ST 2/+	BE –/x	BB 0/+	SN (E)
TH 3/+	HE 2/+	NW 1/+	RP 1/+
SL 0/x	BW 3/+	BY V/+	D 3/+

Rundaugen-Mohrenfalter
Erebia medusa
(FABRICIUS, 1787)

→ Tafel Seite 225

Merkmale Falter: Sicheres Unterscheidungsmerkmal von den vier übrigen heimischen, außeralpinen *Erebia*-Arten: Ober- und Unterseiten gleich, die Grundfarbe der Flügel ist einheitlich braun, die weiß gekernten Augenflecken liegen zentriert in einer meist in Flecken aufgelösten orangefarbenen Binde. Die Überprüfung durch Spezialisten wird wegen der Verwechslungsmöglichkeiten empfohlen. Ei: schwach längsgerippt, oben abgeplattet; frisch gelegt weißlich, später bräunlich mit rötlicher Musterung. Raupe: hellgrün bis beige, kurz behaart, dunkle Rückenlinie (Foto).

Lebensraum/Lebensweise: Das Spektrum der von *E. medusa* besiedelten Biotope reicht von Trocken- bis zu mageren Feuchtstandorten und vom Offenlandbereich bis in das Innere lichter Wälder. Typisch sind magere grasige Brachen mit kniehoher Vegetation und Vorkommen der Wirtspflanzen. Bevorzugung gelber Blüten, z. B. Hahnenfuß-, Fingerkraut-, Habichtskraut-Arten. Verschiedene Grasarten bei starker Bevorzugung dünnblättriger Süßgräser der Gattung *Festuca* (v. a. Schaf-Schwingel, Rot-Schwingel). Die Puppe steht senkrecht in der Streu.

Nachweis: 1) Falter. 2) Suche nach Eiern an Halmen oder Blütenständen von Schaf- und Rotschwingel.

Gefährdung/Schutz: BArtSchV (2005): besonders geschützt, Rote Liste BRD (2008): V. – Wie bei vielen anderen Arten auch, kommt der Offenhaltung von Magerrasen sowie von mageren Waldlichtungen und -säumen (z. B. Stromtrassen im Wald) durch extensive Nutzung oder Pflege besondere Bedeutung zu.

Gelbbindiger Mohrenfalter
Erebia meolans
(DE PRUNNER, 1798)

→ Tafel Seite 226

Merkmale Falter: Im Gegensatz zu *E. medusa* (s. o.) Augenflecken am Außenrand der orangefarbenen Flecken. Flügelunterseiten – beim Weibchen deutlicher als beim Männchen – unterschiedlich braun marmoriert. Überprüfung durch Spezialisten mitunter wichtig. Ei: kegelförmig-oval, am oberen Pol abgerundet, feine Längsrippen erkennbar; anfangs weißlich, später bräunlich gefleckt (kl. Foto). Raupe: grün, kurz behaart, dunkle nach hinten deutliche Rückenlinie, dünne Seitenlinie.

Lebensraum/Lebensweise: Saumbiotope und Waldfreiflächen wie grasige Lichtungen, Heiden und Blockhalden in Mittelgebirgslagen. In größerer Höhe Präferenz für offenere Bereiche. Arnika, Grauer Alpendost, Rauer Löwenzahn, Witwenblume, Kriechender Hahnenfuß u. a. Borstgras, Draht-Schmiele, Rot-Straußgras; vielleicht auch Schwingel-Arten. Eier werden einzeln an die Grasblüten geheftet.

Nachweis: 1) Falter. 2) Suche nach Eiern in Blütenständen v. a. der Draht-Schmiele (Fotos u. l.).

Gefährdung/Schutz: BArtSchV (2005): besonders geschützt, Rote Liste BRD (2008): 3. – Art kann auch in Fichtenforsten gefördert werden durch breite, sonnige Wegränder und kleinere Kahlschläge. Im Schwarzwald derzeit ungefährdet.

Besonderheiten zur Gattung *Erebia*: Im alpinen Bereich zahlreiche weitere Arten, so auch der seit langem im Harz ausgestorbene „Knochs Mohrenfalter" *Erebia epiphron* (KNOCH, 1783), Tafel Seite 226.

SH –	HH –	MV 1/+	NI 1/+
ST 3/+	BE –/x	BB 0/x	SN 2/+
TH –/+	HE 2/+	NW 2/+	RP 3/+
SL 2/+	BW V/+	BY V/+	D V/+

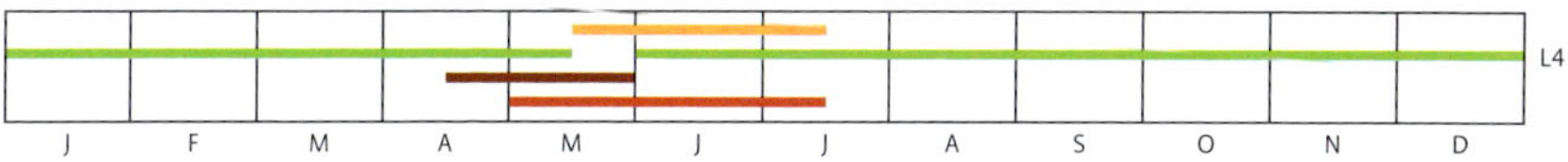

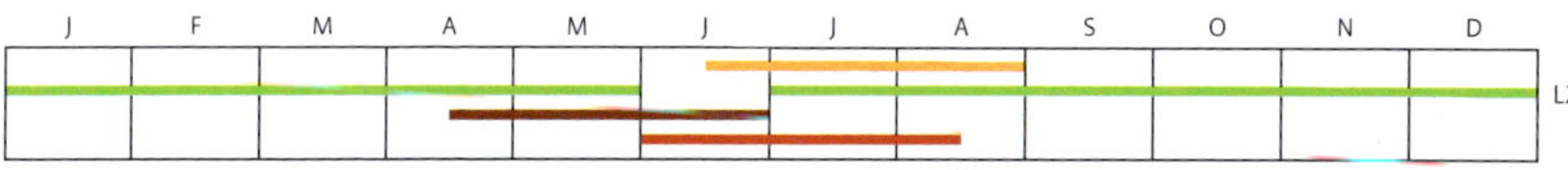

SH –	HH –	MV –	NI –
ST –	BE –	BB –	SN –
TH 0/x	HE –	NW –	RP 1/+
SL 0/x	BW –/+	BY 3/+	D 3/+

Großer Waldportier
Hipparchia fagi
(SCOPOLI, 1763)
→ Tafel Seite 231

Merkmale Falter: *H. fagi* kann nur durch das Jullien'sche Organ am männlichen Hinterleib sicher von *H. hermione* (s. u.) unterschieden werden (Abb. rechts). Ei: groß, weiß, gerippt. Raupe: die nachtaktiven Raupen können anhand der bei *H. fagi* schwächer ausgeprägten Rücken- und Seitenstreifen gut unterschieden werden (Abb. unten rechts; kl. Foto).

Lebensraum/Lebensweise: *H. fagi* ist als Art mit südeuropäischem Verbreitungsschwerpunkt nur in niederschlagsarmen warmen Gebieten zu finden. In D derzeit wohl nur nah am Kaiserstuhl. Dort werden trockene, lückig bewachsene Rebböschungen, magere Waldränder, gebüschreiche Trockenrasen und Sukzessionsflächen ehemaliger Steinbrüche besiedelt. Im Gegensatz zu den übrigen *Hipparchia*-Arten bewachen die Männchen ihr Revier nicht nur vom unteren Stammbereich aus, sondern nehmen auch Sitzwarten in der Kronenschicht ein. Dost, Skabiosen-Trockenblume, Kronwicke, Wilde Möhre, Wirbeldost, aber auch an Früchten (z. B. an Kirschpflaume), feuchten Erdstellen und Baumsäften. Z. B. Aufrechte Trespe. Eiablage meist an dürre Grasblätter. Verpuppung in einer mit Gespinst ausgekleideten Erdhöhle.

Nachweis: Falter.

Gefährdung/Schutz: BArtSchV (2005): streng geschützt, Rote Liste BRD (2008): 2. – Hauptgefährdungsursache für die letzten Vorkommen der Art am Kaiserstuhl ist die schleichende Verbuschung und Bewaldung der trockenen Larvalhabitate.

Kleiner Waldportier
Hipparchia hermione
(LINNAEUS, 1764)
→ Tafel Seite 231

Merkmale Falter: Siehe *H. fagi* (oben). Gegebenenfalls Überprüfung durch Spezialisten erforderlich. Ei: sehr ähnlich *H. fagi*. Raupe: siehe *H. fagi* (oben) und kleines Foto.

Lebensraum/Lebensweise: Lichte, heiß-trockene Sand-Kiefernwälder oder Eichenwälder; Waldsäume in Verbindung mit Trockenrasen und Heideflächen, die freie Bodenstellen aufweisen. Vorwiegend an violetten Blüten, z. B. Witwenblume, Flockenblumen-Arten; Thymian. Gräser nährstoffarmer Böden, z. B. Schaf-Schwingel. Eiablage auf trockene Pflanzenteile in der Nähe der Wirtspflanzen. Verpuppung in einer Erdhöhle. Männchen in Krautschicht mit Territorialverhalten (*H. fagi* in höheren Schichten).

Nachweis: Falter.

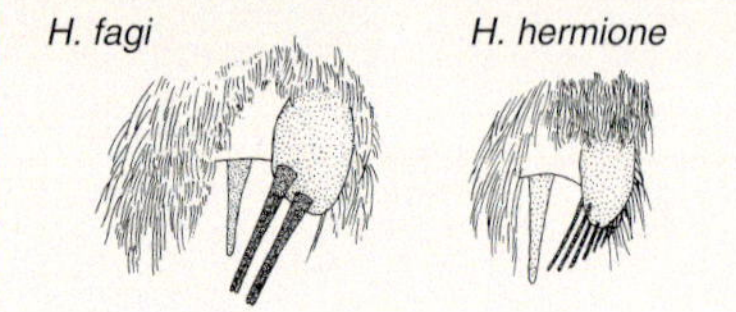

Dorsalansicht des männlichen Abdomens von *Hipparchia fagi* und *H. hermione*
H. fagi (links) besitzt nur wenige große Stäbchenschuppen (Jullien'sches Organ, Haare z. T. entfernt.)

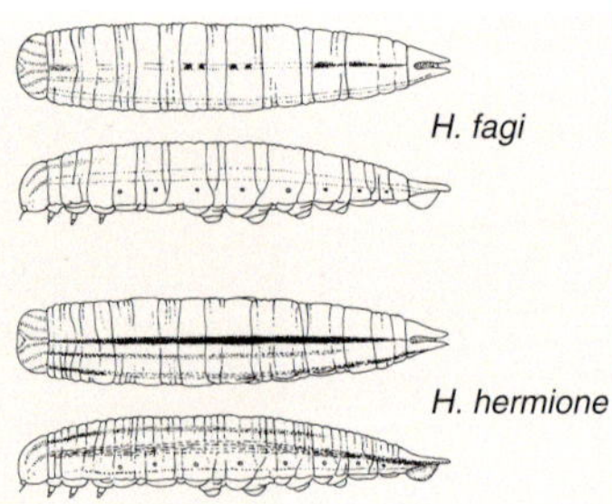

Dorsal- und Lateralansicht der Raupen
Hipparchia fagi (oben) und *H. hermione* (unten).

Gefährdung/Schutz: BArtSchV (2005): streng geschützt, Rote Liste BRD (2008): 1. – Förderung offener Kiefernwälder in enger Verzahnung mit Sandtrockenrasen und -heiden (breite Forstwegränder und Schneisen freihalten, Kahlschlagnutzung).

SH –	HH –	MV –	NI –
ST –	BE –	BB –	SN –
TH 0/o	HE 0/x	NW 0/o	RP 0/o
SL E	BW 1/+	BY 0/+	D 2/+

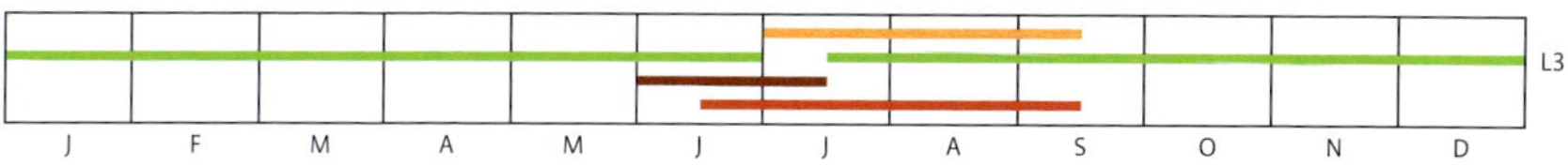

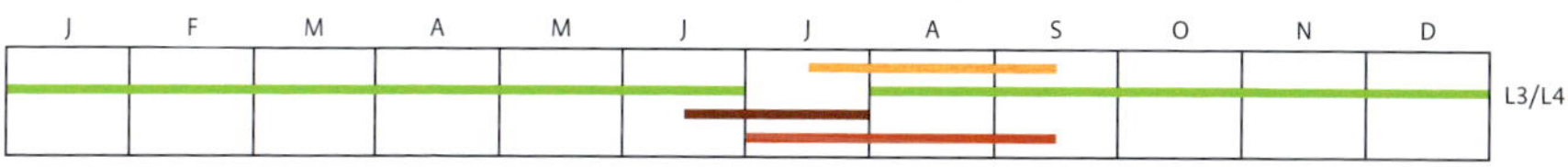

SH 0/x	HH 0/x	MV 1/+	NI 1/+
ST 1/+	BE 1/+	BB 1/+	SN 1/+
TH –	HE 0/o	NW 0/o	RP 1/+
SL (E)	BW –	BY 0/x	D 2/+

Ockerbindiger Samtfalter

Hipparchia semele (LINNAEUS, 1758)

→ Tafel Seite 227

Merkmale Falter: Binden auf den Flügeln nicht beigegelb wie bei den drei übrigen heimischen *Hipparchia*-Arten, sondern deutlich orange gefärbt. Kontrastreiche Marmorierung auf der Hinterflügelunterseite (Foto). Ei: kalkweiß, tönnchenförmig, unten wie oben abgeplattet mit Längsrippen. Raupe: braun mit dunkleren, pastellfarbigen Streifen (kl. Foto).

Lebensraum/Lebensweise: Felsige Trocken- und Halbtrockenrasen, lückige Zwergstrauchheiden, Küstendünen, Lichtungen oder Schneisen trockener Kiefernwälder. Gemeinsames Merkmal der Habitate sind trocken-warme spärlich bewachsene Kalk-, Fels- oder Sandböden mit horstbildenden Magergräsern. Violette Blüten, z. B. Heidekraut, Thymian, Sommerflieder, Wasserdost. Süßgräser wie Schaf-Schwingel, Silbergras und Aufrechte Trespe, an der Küste auch Strandhafer. Raupen dämmerungsaktiv.

Nachweis: Falter (längere Trockenperioden können zu sommerlicher Dormanz führen).

Gefährdung/Schutz: Rote Liste BRD (2008): 3. – Offenhaltung von Halbtrockenrasen, Zwergstrauchheiden sowie Schneisen und Lichtungen in trocken-warmen Wäldern. Vegetationslücken sind für die Eignung als Larvalhabitat essenziell und zudem für die Geschlechterfindung von Bedeutung.

Weitere Art: Der Rotbindige Samtfalter *Arethusana arethusa* ([DENIS & SCHIFFERMÜLLER], 1775), Tafel S. 228, der *H. semele* ähnelt, gilt in Deutschland als ausgestorben. 1975/76 letzte sichere Nachweise. BArtSchV (2005): streng geschützt.

Eisenfarbener Samtfalter

Hipparchia statilinus (HUFNAGEL, 1766)

→ Tafel S. 228

Merkmale Falter: Hinterflügelunterseite einfarbig eisengrau; im Gegensatz zu den anderen Arten der Gattung weiße Binde nicht oder nur extrem schwach vorhanden. Auf dem Vorderflügel 2 kleine weiße Punkte zwischen den Augenflecken (Foto). Ei: kalkweiß, tönnchenförmig, unten wie oben abgeplattet mit deutlichen Längsrippen. Raupe: bunt in Brauntönen, Längsstreifen, Rückenstreifen deutlich, dunkel (kl. Foto).

Lebensraum/Lebensweise: Extrem nährstoffarme, trockene Standorte, z. B. Silbergrasrasen auf Truppenübungsplätzen, trockenen Kahlschlägen und Waldbrandflächen. Sehr späte Flugzeit während der Heidekrautblüte (reiches Nektarangebot). Heidekraut, Glocken-Heide, Sand-Thymian. Silbergras und Schaf-Schwingel. Die Eier werden bodennah an tote Pflanzenteile geheftet.

Nachweis: Falter (wenn mit zusammengelegten Flügeln am Boden sitzend, ist er wie *H. semele* durch die Zeichnung seiner Hinterflügelunterseite hervorragend getarnt).

Gefährdung/Schutz: BArtSchV (2005): streng geschützt, Rote Liste BRD (2008): 1. – Insbesondere (ehemalige) Truppenübungsplätze erfüllen die extremen Standortansprüche der Art. Da diese Nutzung zusehends aufgegeben wird und solche Flächen vielfach aufgeforstet wurden und werden, müssen schnellstmöglich Pflege- und Schutzkonzepte entwickelt und umgesetzt werden. Auch vegetationsarme Böschungen und Bankette von Verkehrswegen werden besiedelt. Sie sollten deshalb durch sporadische Störungen der Vegetation offen gehalten, keinesfalls aber bepflanzt oder begrünt werden.

SH V/+	HH 1/+	MV 3/+	NI 2/+
ST –/+	BE 2/+	BB V/+	SN 2/+
TH 2/+	HE 2/+	NW 2/+	RP 2/+
SL 1/+	BW 1/+	BY 2/+	D 3/+

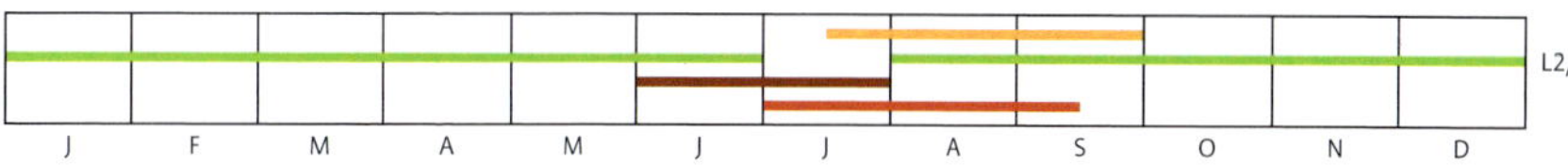

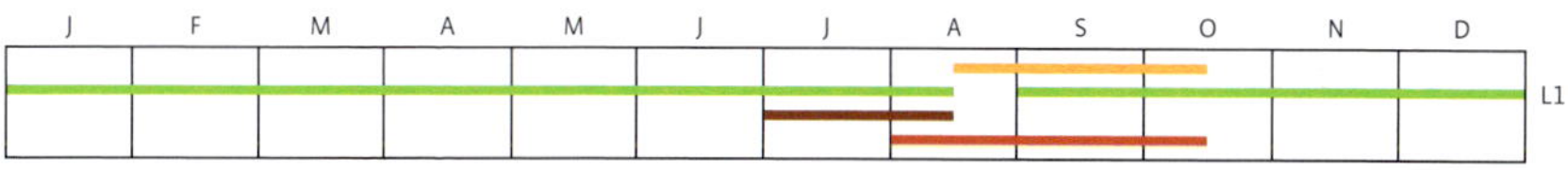

SH 0/x	HH 0/x	MV 1/+	NI 1/+
ST 1/+	BE 0/x	BB 1/+	SN 1/+
TH –	HE –	NW 0/o	RP 0/o
SL –	BW –	BY –	D 1/+

Berghexe

Chazara briseis
(LINNAEUS, 1764)
→ Tafel Seite 230

Merkmale Falter: Hinterflügelunterseite fein hellbraun-grau marmoriert mit einer schwachen Binde beim Weibchen und einigen dunklen Flecken beim Männchen. Ei: kalkweiß, tönnchenförmig, mit deutlichen Längsrippen (kl. Foto). Raupe: bräunlich mit an den Segmenten unterbrochenen Längslinien (Foto o. l.).

Lebensraum/Lebensweise: Habitate immer heiß und trocken. Kurzrasige, lückige, meist fels- oder gerölldurchsetzte und beweidete Magerrasen auf Kalk, seltener auch auf silikatischen Gesteinen (z. B. Porphyr). An der Saale bei Halle stößt die Art an ihre nordöstliche Verbreitungsgrenze. Kratzdisteln, Tauben-Skabiose, Flockenblume sowie Luzerne. Aufrechte Trespe, Schaf-Schwingel, Blaugras. Die Eier werden bodennah an dürre Grasblätter geheftet. Die Raupen überwintern als L1 oder L2, entwickeln sich langsam und fressen nur nachts. Puppe in einem Gespinst im Oberboden.

Nachweis: Falter.

Gefährdung/Schutz: BArtSchV (2005): besonders geschützt, Rote Liste BRD (2008): 1. – Für die Larven ist es nötig, die Vegetation kurz und lückig zu halten (Beweidung, Mahd, Feuer) und gelegentlich frühe Pionierstandorte zu schaffen. Höhere Vegetation in der Umgebung sichert die Nektarversorgung. Dramatischer Rückgang der Art in ursprünglich gut besetzten Gebieten (z. B. Thüringen).

Weißer Waldportier

Brintesia circe
(FABRICIUS, 1775)
→ Tafel Seite 230

Merkmale Falter: Größter Augenfalter mit kontrastreicher Schwarz-Weiß-Zeichnung. Ei: kugelig, frisch gelegt weißlich, strukturlos (kl. Foto). Raupe: bunte Raupe mit klarer Linienzeichnung (einschließlich Kopfkapsel).

Lebensraum/Lebensweise: Südexponierte Hänge mit Trocken- und Halbtrockenrasenvegetation („Steppenheide"), höherwüchsige Magerrasen in Flusstälern, Rebböschungen (Kaiserstuhl) sowie trockene, grasige Waldlichtungen (südlicher Oberrhein). Männchen besuchen z. B. Disteln bzw. Kratzdisteln, Wasserdost, Dost, Streichköder (für Nachtfalterfang); Weibchen an Baumausfluss (Eichen). Flugzeit in den frühen Vormittags- und späten Nachmittagsstunden, daher nicht in der Mittagshitze. „Hilltopping" (vgl. S. 232). Aufrechte Trespe und Schaf-Schwingel. Weibchen lässt Eier zu Boden fallen (Eistreuer wie *Minois dryas* (S. 170) im Gegensatz zu den heimischen *Hipparchia*-Arten und *Chazara briseis*, welche die Eier an Grashalme heften). Verpuppung im Oberboden in einer ausgekleideten Erdhöhle.

Nachweis: Falter (langlebige Weibchen; Einzeltiere können sporadisch fernab von bekannten Vorkommen auftreten).

Gefährdung/Schutz: BArtSchV (2005): besonders geschützt, Rote Liste BRD (2008): 3. – Die Art besiedelt weder völlig gehölzfreie Magerrasen oder Heideflächen noch zu stark verbuschte Gebiete, sodass zu ihrer Erhaltung Erfahrung und Fingerspitzengefühl bei der Biotopgestaltung bzw. -pflege nötig sind. Am südlichen Oberrhein besiedelte die Art spontan neue Mittelwaldschläge.

SH –	HH –	MV –	NI 1/+
ST 2/+	BE –	BB –	SN 0/x
TH 1/+	HE 0/+	NW 1/+	RP 1/+
SL (E)	BW 1/+	BY 1/+	D 1/+

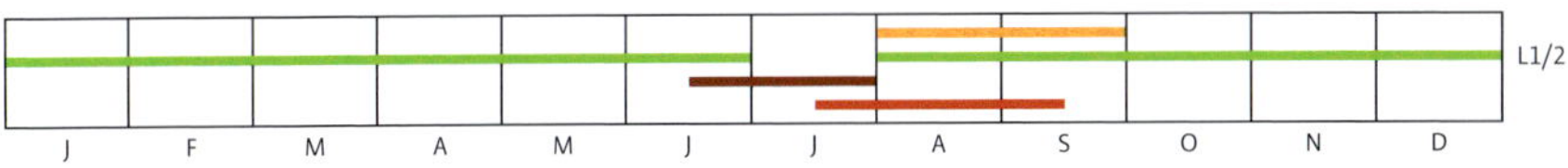

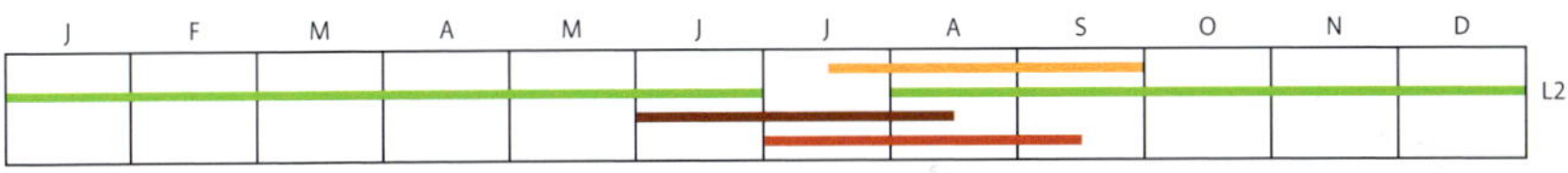

SH –	HH –	MV –	NI –
ST (E)	BE –	BB E	SN –
TH –	HE 2/+	NW 0/o	RP 1/+
SL 0/+	BW 1/+	BY 2/+	D 3/+

Blaukernauge
Minois dryas
(Scopoli, 1763)
→ Tafel Seite 229

Merkmale Falter: Wie aus dem deutschen Namen hervorgeht, Augenflecken mit leuchtend blauen Kernen (Foto: Weibchen). Ei: sehr klein, kugelig bis dreieckig, frisch gelegt fahlgelb, später bräunlich rosa; sehr feine Längsrippen erkennbar. Raupe: bräunlich, längs gestreift, Stigmen gut sichtbar (kl. Foto).

Lebensraum/Lebensweise: Verschiedenbiotopbewohner (S. 232): Pfeifengraswiesen (Streuwiesen) in Nieder- und Zwischenmooren des Alpenvorlandes, Waldlichtungen mit grasiger Bodenvegetation (z. B. Mittelwälder im südlichen Steigerwald und am südlichen Oberrhein), aber auch höherwüchsige Trocken- und Halbtrockenrasen (Kaiserstuhl, Kyffhäuser). Letzte lokale Vorkommen in MV und TH; in BW und BY dagegen regional noch weit verbreitet. Vorzugsweise violette Blüten, z. B. Skabiose, Teufelsabbiss, Sumpf-Kratzdistel, Dost, Wasserdost usw. Pfeifengras, Seggen, Rot-Schwingel, Aufrechte Trespe und Land-Reitgras. Das Weibchen lässt das Ei in die Vegetation fallen. Verpuppung in einer nicht mit Gespinst ausgekleideten Erdhöhle.

Nachweis: Falter.

Gefährdung/Schutz: Rote Liste BRD (2008): 2. – Insbesondere die bereits weiträumig isolierten Vorkommen der Art sind meist hochgradig gefährdet und schutzbedürftig. Bestandssicherung durch Fortführung oder Wiederaufnahme extensiver Formen von Mahd und Beweidung sowie durch Mittelwaldnutzung.

Schachbrettfalter
Melanargia galathea
(Linnaeus, 1758)
→ Tafel Seite 180

Merkmale Falter: Unverwechselbar, schwarz-weiß gefleckt. Ei: kugelig, weiß. Raupe: mit deutlichem Seitenstreifen; treten etwa gleich häufig in graubrauner oder grüner Farbvariante auf (kl. Foto).

Lebensraum/Lebensweise: Magerrasen, Zwergstrauchheiden, spät gemähte „Blumenwiesen", magere Brachflächen, Wegränder, Böschungen, Waldschneisen. Entscheidend für die Eiablage ist das Vorhandensein von Altgrasbeständen. Eine Vielzahl von Nektarpflanzen. Unterschiedliche Gras-Arten, die ihre Präferenzen je nach eigenem Entwicklungsstand und Nährstoffgehalt der Pflanzen wechseln. Eier werden einzeln auf den Boden fallen gelassen. Überwinterung als Jungraupe ohne Nahrungsaufnahme. Während die Raupen in den frühen Entwicklungsstadien auch tagsüber fressen, sind sie im vorletzten und letzten Larvenstadium nur noch nachts aktiv. Die Verpuppung findet an der Basis eines Grasbüschels in einem Gespinst aus zusammengewobenen Graspartikeln statt.

Nachweis: Falter.

Gefährdung/Schutz: Rote Liste BRD (2008): nicht gefährdet. – Durch Düngung und intensive Nutzung werden blumenreiche Magerwiesen zu artenarmen Fettwiesen, die dieser Art keine Lebensgrundlage mehr bieten können. Häufige Mahd beeinträchtigt weniger die Raupen – da sie gegen Ende der Entwicklung nachtaktiv sind – als vielmehr die erwachsenen Falter, denen die Nektarquellen entzogen werden.

SH –	HH –	MV 1/+	NI 0/+
ST 0/x	BE –	BB 0/x	SN 0/x
TH 1/+	HE 0/o	NW 0/o	RP 0/x
SL –	BW 2/+	BY 2/+	D 2/+

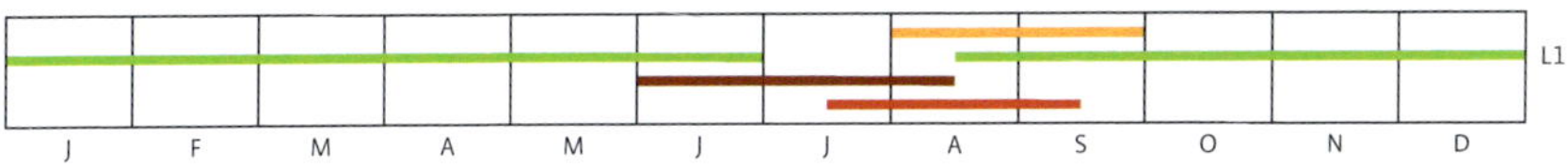

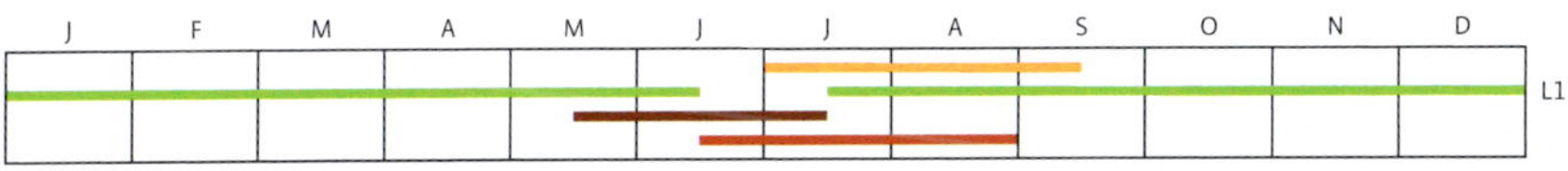

SH –/+	HH 1/+	MV –/+	NI –/+
ST –/+	BE –/+	BB –/+	SN –/+
TH –/+	HE –/+	NW –/+	RP –/+
SL –/+	BW –/+	BY –/+	D –/+

Roter Würfel-Dickkopffalter (S. 26)
Spialia sertorius

Kleiner Würfel-Dickkopffalter (S. 26)
Pyrgus malvae

Spätsommer-Würfel-Dickkopff. (S. 32)
Pyrgus cirsii

Steppenheiden-Würfel-Dickkopff. (S. 34)
Pyrgus carthami

Schwarzbrauner Würfel-Dickkopff. (S. 32)
Pyrgus serratulae

Sonnenröschen- / Veritys / Mehrbrütiger / Warrens Würfel-D. (S. 28ff)
Pyrgus alveus / accretus / armoricanus / trebevicensis

Malven-Dickkopffalter (S. 34)
Carcharodus alceae

Dunkler Dickkopffalter (S. 36)
Erynnis tages

Heilziest-Dickkopffalter (S. 36)
Carcharodus flocciferus

Ziest-Dickkopffalter (S. 34)
Carcharodus lavatherae

Spiegelfleck-Dickkopffalter (S. 38)
Heteropterus morpheus

♂
♀
U
U - Fühlerspitze
schwarz
Schwarzkolbiger Braun-Dickkopff. (S. 42)
Thymelicus lineola
♂
♀
U
U - Fühlerspitze
orange
Braunkolbiger Braun-Dickkopff. (S. 42)
Thymelicus sylvestris
♂
halbkreisförmige Zeichnung
♀
U
Mattscheckiger Braun-Dickkopff. (S. 40)
Thymelicus acteon
♂
♀
U
gelbliche Flecken
Rostfarbiger Dickkopffalter (S. 44)
Ochlodes sylvanus

Komma-Dickkopffalter (S. 44)
Hesperia comma

Gelbwürfeliger Dickkopffalter (S. 38)
Carterocephalus palaemon

Gold-Dickkopffalter (S. 40)
Carterocephalus silvicolus

Apollofalter (S. 46)
Parnassius apollo

Schwarzer Apollofalter (S. 46)
Parnassius mnemosyne

Baum-Weißling (S. 58)
Aporia crataegi

Großer Kohl-Weißling (S. 60)
Pieris brassicae

Großer Kohl-Weißling (S. 60)
Pieris brassicae

Leguminosen- / Reals Schmalflügel-Weißling (S. 50)
Leptidea sinapis / reali

Kleiner Kohl-Weißling (S. 60)
Pieris rapae

Karst-Weißling (S. 60)
Pieris mannii

Grünader-Weißling (S. 62)
Pieris napi

Reseda-Weißling (S. 62)
Pontia edusa

Aurorafalter (S. 64)
Anthocharis cardamines

Zitronenfalter (S. 58)
Gonepteryx rhamni

Schachbrettfalter (S. 170)
Melanargia galathea

Weißklee-Gelbling (S. 54)
Colias hyale

Hufeisenklee-Gelbling (S. 54)
Colias alfacariensis

Wander-Gelbling (S. 56)
Colias crocea

Regensburger Gelbling (S. 56)
Colias myrmidone

Hochmoor-Gelbling (S. 52)
Colias palaeno

Östlicher Gelbling (S. 52)
Colias erate

Dukaten-Feuerfalter (S. 66)
Lycaena virgaureae

Großer Feuerfalter (S. 64)
Lycaena dispar

Lilagold-Feuerfalter (S. 70)
Lycaena hippothoe

Violetter Feuerfalter (S. 68)
Lycaena alciphron

Kleiner Feuerfalter (S. 66)
Lycaena phlaeas

Brauner Feuerfalter (S. 68)
Lycaena tityrus

Blauschillernder Feuerfalter (S. 70)
Lycaena helle

Segelfalter (S. 48)
Iphiclides podalirius

Schwalbenschwanz (S. 48)
Papilio machaon

Blauer Eichen-Zipfelfalter (S. 72)
Favonius quercus

Nierenfleck-Zipfelfalter (S. 72)
Thecla betulae

Kreuzdorn-Zipfelfalter (S. 76)
Satyrium spini

Brauner Eichen-Zipfelfalter (S. 74)
Satyrium ilicis

Pflaumen-Zipfelfalter (S. 76)
Satyrium pruni

Kleiner Schlehen-Zipfelfalter (S. 78)
Satyrium acaciae

Ulmen-Zipfelfalter (S. 74)
Satyrium w-album

Grüner Zipfelfalter (S. 78)
Callophrys rubi

Zwerg-Bläuling (S. 80)
Cupido minimus

Kurzschwänziger Bläuling (S. 80)
Cupido argiades

Faulbaum-Bläuling (S. 82)
Celastrina argiolus

Storchschnabel-Bläuling (S. 98)
Aricia eumedon

Streifen-Bläuling (S. 98)
Polyommatus damon

Zahnflügel-Bläuling (S. 100)
Polyommatus daphnis

Zahnflügel-Bläuling (S. 100)
Polyommatus daphnis

Rotklee-Bläuling (S. 100)
Cyaniris semiargus

Dunkler Wiesenknopf-Ameisenbläuling (S. 84)
Phengaris nausithous

Heller Wiesenknopf-Ameisenbläuling (S. 84)
Phengaris teleius

Kreuzenzian- / Lungenenzian-Ameisenbläuling (S. 86)
Phengaris rebeli / alcon

Thymian-Ameisenbläuling (S. 88)
Phengaris arion

Alexis-Bläuling (S. 82)
Glaucopsyche alexis

Hochmoor-Bläuling (S. 94)
Plebejus optilete

Argus-Bläuling (S. 94)
Plebejus argus

Ginster-Bläuling (S. 92)
Plebejus idas

Kronwicken-Bläuling (S. 92)
Plebejus argyrognomon

Kleiner / Großer Sonnenröschen-Bläuling (S. 96)
Aricia agestis / artaxerxes

Westlicher / Östlicher Quendel-Bläuling (S. 90)
Scolitantides baton / schiffermuelleri

Fetthennen-Bläuling (S. 88)
Scolitantides orion

Wundklee-Bläuling (S. 104)
Polyommatus dorylas

Vogelwicken-Bläuling (S. 104)
Polyommatus amandus

Esparsetten-Bläuling (S. 106)
Polyommatus thersites

Silbergrüner Bläuling (S. 102)
Polyommatus coridon

Himmelblauer Bläuling (S. 102)
Polyommatus bellargus

Hauhechel-Bläuling (S. 106)
Polyommatus icarus

Kaisermantel (S. 108)
Argynnis paphia

Kaisermantel (S. 108)
Argynnis paphia f. valesina

Kaisermantel (S. 108)
Argynnis paphia

♂ ♀

Östlicher Perlmutterfalter (S. 108)
Argynnis laodice

U

Östlicher Perlmutterfalter (S. 108)
Argynnis laodice

Großer Perlmutterfalter (S. 110)
Argynnis aglaja

Feuriger Perlmutterfalter (S. 110)
Argynnis adippe

U

Feuriger Perlmutterfalter (S. 110)
Argynnis adippe f. *cleodoxa*

U

Mittlerer Perlmutterfalter (S. 112)
Argynnis niobe

O

Mittlerer Perlmutterfalter (S. 112)
Argynnis niobe

U

Mittlerer Perlmutterfalter (S. 112)
Argynnis niobe f. *eris*

Kleiner Perlmutterfalter (S. 112)
Issoria lathonia

Brombeer-Perlmutterfalter (S. 114)
Brenthis daphne

Mädesüß-Perlmutterfalter (S. 114)
Brenthis ino

Hochmoor-Perlmutterfalter (S. 116)
Boloria aquilonaris

Magerrasen-Perlmutterfalter (S. 122)
Boloria dia

Alpen-Perlmutterfalter (S. 120)
Boloria thore

Natterwurz-Perlmutterfalter (S. 120)
Boloria titania

Braunfleckiger Perlmutterfalter (S. 118)
Boloria selene

Silberfleck-Perlmutterfalter (S. 118)
Boloria euphrosyne

♂

Randring-Perlmutterfalter (S. 116)
Boloria eunomia

♀

Randring-Perlmutterfalter (S. 116)
Boloria eunomia

U

Randring-Perlmutterfalter (S. 116)
Boloria eunomia

O

U

Schlüsselblumen-Würfelfalter (S. 108)
Hamearis lucina

Trauermantel (S. 126)
Nymphalis antiopa

Tagpfauenauge (S. 124)
Aglais io

Distelfalter (S. 124)
Vanessa cardui

Admiral (S. 122)
Vanessa atalanta

Großer Schillerfalter (S. 144)
Apatura iris

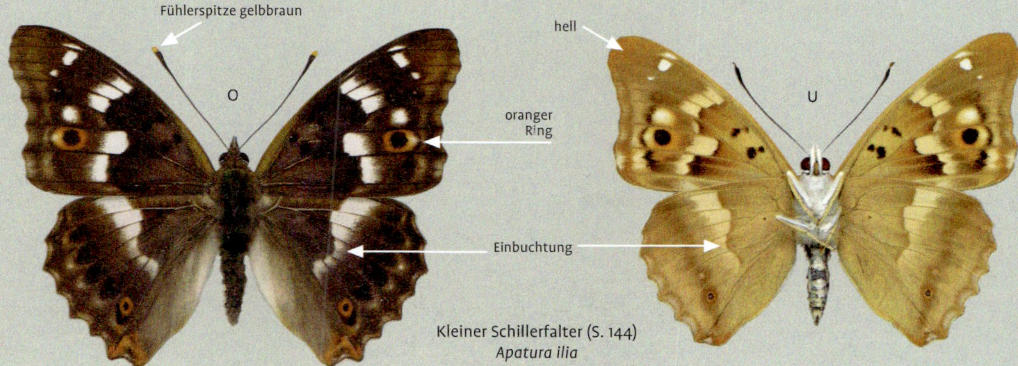

Kleiner Schillerfalter (S. 144)
Apatura ilia

Großer Eisvogel (S. 140)
Limenitis populi

Blauschwarzer Eisvogel (S. 142)
Limenitis reducta

Kleiner Eisvogel (S. 142)
Limenitis camilla

Landkärtchenfalter (2. Gen.; S. 130)
Araschnia levana

Landkärtchenfalter (1. Gen.; S. 130)
Araschnia levana

C-Falter (S. 126)
Nymphalis c-album

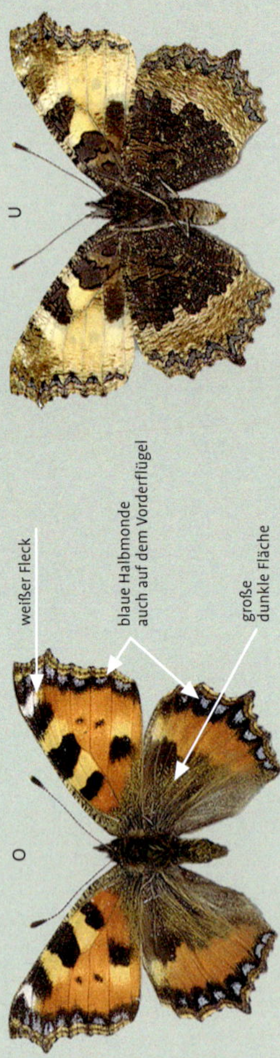

Kleiner Fuchs (S. 128)
Aglais urticae

Großer Fuchs (S. 128)
Nymphalis polychloros

Östlicher Großer Fuchs (S. 128)
Nymphalis xanthomelas

Wegerich-Scheckenfalter (S. 132)
Melitaea cinxia

Flockenblumen-Scheckenfalter (S. 134)
Melitaea phoebe

Roter Scheckenfalter (S. 134)
Melitaea didyma

Baldrian-Scheckenfalter (S. 140)
Melitaea diamina

Wachtelweizen-Scheckenfalter (S. 136)
Melitaea athalia

Östlicher Scheckenfalter (S. 136)
Melitaea britomartis

Ehrenpreis-Scheckenfalter (S. 138)
Melitaea aurelia

Westlicher Scheckenfalter (S. 138)
Melitaea parthenoides

Eschen-Scheckenfalter (S. 130)
Euphydryas maturna

Goldener Scheckenfalter (S. 132)
Euphydryas aurinia

O

U

Gelbringfalter (S. 146)
Lopinga achine

O

U

Schornsteinfeger (S. 154)
Aphantopus hyperantus

Waldbrettspiel (S. 146)
Pararge aegeria

Mauerfuchs (S. 148)
Lasiommata megera

Braunauge (S. 148)
Lasiommata maera

O
U
Flecken undeutlich oder fehlend
Kleines Wiesenvögelchen (S. 150)
Coenonympha pamphilus
O
U
Binde breit
Weißbindiges Wiesenvögelchen (S. 152)
Coenonympha arcania
♂
♀
U
weiße Binde meist bis zur Vorderkante
ohne Bleiglanz
Großes Wiesenvögelchen (S. 150)
Coenonympha tullia

Rotbraunes Wiesenvögelchen (S. 154)
Coenonympha glycerion

Wald-Wiesenvögelchen (S. 152)
Coenonympha hero

Stromtal-Wiesenvögelchen (S. 152)
Coenomympha oedippus

Großes Ochsenauge (S. 156)
Maniola jurtina

Kleines Ochsenauge (S. 156)
Hyponephele lycaon

O ♀
U ♀
Großes Ochsenauge (S. 156)
Maniola jurtina
O ♀
stets 2
Augenflecken
U ♀
Kleines Ochsenauge (S. 156)
Hyponephele lycaon
♂
doppelt
gekernt
♀
U
Rotbraunes Ochsenauge (S. 158)
Pyronia tithonus

Weißbindiger Mohrenfalter (S. 158)
Erebia ligea

Graubindiger Mohrenfalter (S. 160)
Erebia aethiops

Weißbindiger Bergwald-Mohrenfalter (S. 160)
Erebia euryale

Rundaugen-Mohrenfalter (S. 162)
Erebia medusa

Gelbbindiger Mohrenfalter (S. 162)
Erebia meolans

Knochs Mohrenfalter (S. 162)
Erebia epiphron

Ockerbindiger Samtfalter (S. 166)
Hipparchia semele

Ockerbindiger Samtfalter (S. 166)
Hipparchia semele

Rotbindiger Samtfalter (S. 166)
Arethusana arethusa

Eisenfarbener Samtfalter (S. 166)
Hipparchia statilinus

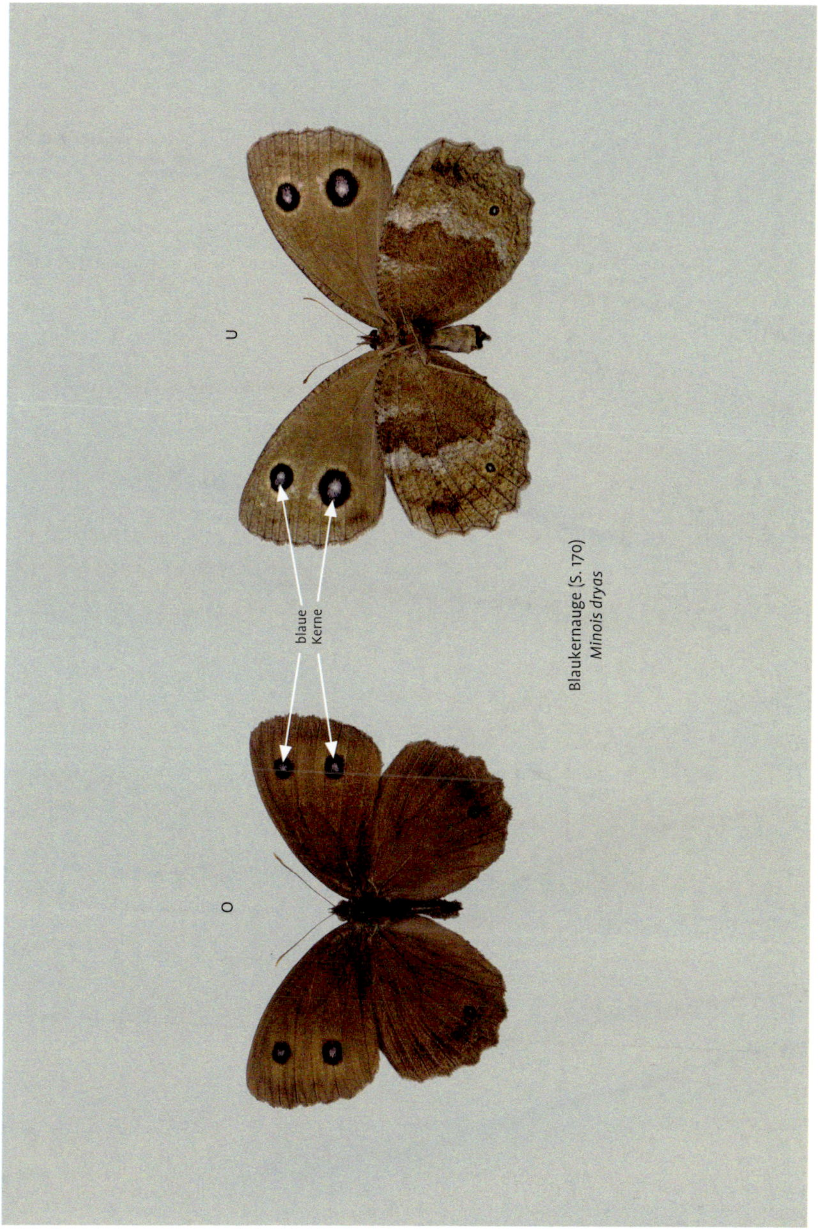

Blaukernauge (S. 170)
Minois dryas

Weißer Waldportier (S. 168)
Brintesia circe

Berghexe (S. 168)
Chazara briseis

Großer Waldportier (S. 164)
Hipparchia fagi

Kleiner Waldportier (S. 164)
Hipparchia hermione

Glossar

Ameisengarde: Raupen bestimmter Bläulinge werden von Ameisen begleitet, die dem Kartierer das Auffinden der Raupen erleichtern können (vgl. Myrmekophilie).

Begattungstasche: Eine vor dem Hinterleibsende des Weibchens liegende Einsenkung, in die vom Männchen die Samenkapsel eingelegt wird.

Dormanz: Physiologischer Zustand, in welchem ungünstige Witterungsbedingungen überdauert werden (Sommerruhe, Winterstarre).

Duftschuppenfleck: Stellen mit Duftstoffe freisetzenden Schuppen auf den Flügeln.

Einbiotop-Bewohner: Arten, die sich in allen Stadien (Ei, Raupe, Puppe, Falter) in einem einzigen Biotop aufhalten und diesen in der Regel nicht verlassen.

Eispiegel: Zusammenhängendes Eigelege mit mehr oder weniger gleichmäßigem Muster.

Gürtelpuppe: Schmetterlingspuppe, die mit einem Spinnfaden um die Körpermitte an Pflanzenstängeln oder anderen Substraten befestigt ist. Bei Weißlingen, zahlreichen Bläulingen und Ritterfaltern (vgl. Fotos S. 13).

Hibernaculum: Zusammengesponnenes Blatt (o. Ä.) als Überwinterungsversteck.

Hilltopping (= Gipfelbalz): Männliche Falter führen Balzflüge über Bergkuppen, Hügeln und Halden durch. Dort setzen sich die stärksten Falter gegenüber ihren Geschlechtsgenossen durch und besetzen die attraktivsten Reviere – meist die höchsten Stellen. Frisch geschlüpfte Weibchen suchen ebenfalls diese Orte auf und finden so auch in Gegenden mit niedriger Populationsdichte ihren Geschlechtspartner.

Klopfen von Raupen: Unter einen vom Boden aus erreichbaren Ast eines Wirtsbaumes oder -strauches wird ein umgekehrt aufgespannter Schirm oder ein Tuch gehalten, dann mit einem Stock zwei- bis dreimal auf den Ast geschlagen. Günstig sind kühle Morgenstunden, da dann die Raupen meist lockerer sitzen.

Kotrippe: Die Raupen der drei in Deutschland heimischen Eisvogel-Arten (S. 140 ff) lassen beim Fressen die Mittelrippe der Blätter stehen und verspinnen diese zusätzlich durch Kot.

Mesophile Standorte/Arten: Standorte/Arten mit mittleren Feuchtigkeits- und Temperaturbedingungen bzw. -ansprüchen.

Metapopulation: Zusammenhängendes dynamisches System von mit Teilpopulationen besetzten Flächen, von denen einzelne zeitweise unbesetzt sind und wiederbesiedelt werden können.

Monophagie: Raupen nutzen nur eine einzige Pflanzenart als Wirtspflanze.

Myrmekophilie: Die Raupen zahlreicher Bläulinge werden von Ameisen vor Feinden geschützt. Als Ausgleich geben die Raupen ein süßes Sekret ab, das den Ameisen als Nahrung dient. Bei den Ameisenbläulingen (S. 84 ff) werden die Raupen sogar in den Ameisenbau eingetragen. Dort werden sie gefüttert oder ernähren sich von der Ameisenbrut.

Osmaterium: Larven einiger Ritterfalter besitzen hinter dem Kopf eine ausstülpbare Nackengabel. Daraus bei Gefahr abgesondertes Sekret löst z. B. bei Ameisen eine Fluchtreaktion aus.

Perching: Männchen lauern auf Ansitz-Plätzen in ihrem Revier auf vorbeifliegende Weibchen.

Polyphagie: Raupen nutzen ein (sehr) breites Spektrum an Wirtspflanzen.

Stürzpuppe: Schmetterlingspuppe, die mit dem Hinterende an Pflanzen oder einem anderen Substrat befestigt ist und herunterhängt (vgl. Foto S. 15 oben). V. a. bei Edelfaltern.

Treetopping: Abwandlung des Hilltopping (s. o.); als Rendevouz-Plätze dienen nicht Geländeerhebungen, sondern aus dem Wipfeldach des Waldes ragende Baumkronen.

Verschiedenbiotop-Bewohner: Arten, die in verschiedenen Stadien unterschiedliche Biotope bewohnen und sich in diesen wie Einbiotop-Bewohner verhalten.

Xerotherme Standorte/Arten: Standorte/Arten, die trockenwarme Bedingungen bzw. Ansprüche aufweisen.

Die wichtigsten Raupenwirtspflanzen

Pflanzenart		Tagfalterart	
Deutscher Name	**Wissenschaftlicher Name**	**Deutscher Name**	**Wissenschaftlicher Name**
Ampfer, Fluss-	*Rumex hydrolapathum*	Großer Feuerfalter	*Lycaena dispar*
Ampfer, Krauser	*Rumex crispus*	Dukaten-Feuerfalter	*Lycaena virgaureae*
		Großer Feuerfalter	*Lycaena dispar*
		Kleiner Feuerfalter	*Lycaena phlaeas*
		Lilagold-Feuerfalter	*Lycaena hippothoe*
Ampfer, Rispen-	*Rumex thyrsiflorus*	Brauner Feuerfalter	*Lycaena tityrus*
		Kleiner Feuerfalter	*Lycaena phlaeas*
Ampfer, Stumpfblättriger	*Rumex obtusifolius*	Großer Feuerfalter	*Lycaena dispar*
		Kleiner Feuerfalter	*Lycaena phlaeas*
Baldrian-Arten	*Valeriana* spec.	Baldrian-Scheckenfalter	*Melitaea diamina*
Bärenschote	*Astragalus glycyphyllos*	Faulbaum-Bläuling	*Celastrina argiolus*
		Kronwicken-Bläuling	*Plebejus argyrognomon*
Bauernsenf, Kahler	*Teesdalia nudicaulis*	Reseda-Weißling	*Pontia edusa*
Besenginster	*Cytisus scoparius*	Ginster-Bläuling	*Plebejus idas*
Besenrauke	*Descurainia sophia*	Reseda-Weißling	*Pontia edusa*
Birke	*Betula pendula*	Nierenfleck-Zipfelfalter	*Thecla betulae*
		Trauermantel	*Nymphalis antiopa*
Blasenstrauch	*Colutea arborescens*	Zwerg-Bläuling	*Cupido minimus*
Blaugras, Kalk-	*Sesleria albicans*	Berghexe	*Chazara briseis*
Borstgras	*Nardus stricta*	Gelbbindiger Mohrenfalter	*Erebia meolans*
		Großes Wiesenvögelchen	*Coenonympha tullia*
		Komma-Dickkopffalter	*Hesperia comma*
Brennnessel, Große	*Urtica dioica*	Admiral	*Vanessa atalanta*
		C-Falter	*Nymphalis c-album*
		Kleiner Fuchs	*Aglais urticae*
		Landkärtchenfalter	*Araschnia levana*
		Tagpfauenauge	*Aglais io*
Brennnessel, Kleine	*Urtica urens*	Kleiner Fuchs	*Aglais urticae*
Brombeere	*Rubus fruticosus*	Brombeer-Perlmutterfalter	*Brenthis daphne*

Pflanzenart		Tagfalterart	
Deutscher Name	**Wissenschaftlicher Name**	**Deutscher Name**	**Wissenschaftlicher Name**
Brombeere	*Rubus fruticosus*	Faulbaum-Bläuling Grüner Zipfelfalter Kleiner Würfel-Dickkopffalter	*Celastrina argiolus* *Callophrys rubi* *Pyrgus malvae*
Brombeere, Sand-	*Rubus ulmifolius*	Brombeer-Perlmutterfalter	*Brenthis daphne*
Dill	*Anethum graveolens*	Schwalbenschwanz	*Papilio machaon*
Dost, Gewöhnlicher	*Origanum vulgare*	Thymian-Ameisenbläuling	*Phengaris arion*
Dreizahn	*Danthonia decumbens*	Weißbindiger Bergwald-Mohrenfalter	*Erebia euryale*
		Weißbindiger Mohrenfalter	*Erebia ligea*
Eberesche	*Sorbus aucuparia*	Baum-Weißling Segelfalter	*Aporia crataegi* *Iphiclides podalirius*
Efeu	*Hedera helix*	Faulbaum-Bläuling	*Celastrina argiolus*
Ehrenpreis, Gamander-	*Veronica chamaedrys*	Roter Scheckenfalter Wachtelweizen-Scheckenfalter	*Melitaea didyma* *Melitaea athalia*
Ehrenpreis, Großer	*Veronica teucrium*	Östlicher Scheckenfalter	*Melitaea britomartis*
		Roter Scheckenfalter Wegerich-Scheckenfalter	*Melitaea didyma* *Melitaea cinxia*
Ehrenpreis-Arten	*Veronica* spec.	Östlicher Scheckenfalter	*Melitaea britomartis*
Eibisch	*Alcea rosea*	Malven-Dickkopffalter	*Carcharodus alceae*
Eiche, Stiel- (Blätter)	*Quercus robur*	Brauner Eichen-Zipfelfalter	*Satyrium ilicis*
Eiche, Stiel- (Blüten)	*Quercus robur*	Blauer Eichen-Zipfelfalter	*Favonius quercus*
Eiche, Trauben- (Blätter)	*Quercus petraea*	Blauer/Brauner Eichen-Zipfelfalter	*Favonius quercus*, *Satyrium ilicis*
Enzian, Kreuz-	*Gentiana cruciata*	Kreuzenzian-Ameisenbläuling	*Phengaris rebeli*
Enzian, Lungen-	*Gentiana pneumonanthe*	Lungenenzian-Ameisenbläuling	*Phengaris alcon*
Enzian, Schwalbenwurz-	*Gentiana asclepiadea*	Lungenenzian-Ameisenbläuling	*Phengaris alcon*
Enzian-Arten	*Gentiana* spec.	Goldener Scheckenfalter	*Euphydryas aurinia*

Pflanzenart		Tagfalterart	
Deutscher Name	**Wissenschaftlicher Name**	**Deutscher Name**	**Wissenschaftlicher Name**
Erdbeere, Hügel-	*Fragaria viridis*	Kleiner Würfel-Dickkopffalter	*Pyrgus malvae*
Erdbeere, Wald-	*Fragaria vesca*	Kleiner Würfel-Dickkopffalter	*Pyrgus malvae*
Erika-Arten	*Erica* spec.	Ginster-Bläuling	*Plebejus idas*
Esche	*Fraxinus excelsior*	Eschen-Scheckenfalter	*Euphydryas maturna*
Esparsette, Saat-	*Onobrychis viciifolia*	Alexis-Bläuling	*Glaucopsyche alexis*
		Esparsetten-Bläuling	*Polyommatus thersites*
		Streifen-Bläuling	*Polyommatus damon*
Esparsette, Sand-	*Onobrychis arenaria*	Esparsetten-Bläuling	*Polyommatus thersites*
Faulbaum	*Frangula alnus*	Faulbaum-Bläuling	*Celastrina argiolus*
		Zitronenfalter	*Gonepteryx rhamni*
Fenchel	*Foeniculum vulgare*	Schwalbenschwanz	*Papilio machaon*
Fetthenne, Große	*Sedum maximum*	Fetthennen-Bläuling	*Scolitantides orion*
Fetthenne, Purpur-	*Sedum telephium*	Fetthennen-Bläuling	*Scolitantides orion*
Fetthenne, Weiße	*Sedum album*	Apollofalter	*Parnassius apollo*
Fingerhut, Großblütiger	*Digitalis grandiflora*	Roter Scheckenfalter	*Melitaea didyma*
Fingerkraut, Gänse-	*Potentilla anserina*	Kleiner Würfel-Dickkopffalter	*Pyrgus malvae*
Fingerkraut, Kriechendes	*Potentilla reptans*	Kleiner Würfel-Dickkopffalter	*Pyrgus malvae*
		Schwarzbrauner Würfel-Dickkopffalter	*Pyrgus serratulae*
		Spätsommer-Würfel-Dickkopffalter	*Pyrgus cirsii*
Fingerkraut-Arten	*Potentilla* spec.	Steppenheiden-Würfel-Dickkopffalter	*Pyrgus carthami*
		Zweibrütiger Würfel-Dickkopffalter	*Pyrgus armoricanus*
Flattergras, Wald-	*Milium effusum*	Gold-Dickkopffalter	*Carterocephalus silvicolus*
Flockenblume, Skabiosen-	*Centaurea scabiosa*	Flockenblumen-Scheckenfalter	*Melitaea phoebe*
Fuchsschwanz, Wiesen-	*Alopecurus pratensis*	Gelbwürfeliger Dickkopffalter	*Carterocephalus palaemon*
Gänsekresse, Rauhaarige	*Arabis hirsuta*	Aurorafalter	*Anthocharis cardamines*
Geißblatt, Deutsches	*Lonicera periclymenum*	Blauschwarzer Eisvogel	*Limenitis reducta*
		Kleiner Eisvogel	*Limenitis camilla*
Geißblatt, Echtes	*Lonicera caprifolium*	Blauschwarzer Eisvogel	*Limenitis reducta*
Geißklee, Regensburger	*Chamaecytisus ratisbonensis*	Regensburger Gelbling	*Colias myrmidone*

Pflanzenart		Tagfalterart	
Deutscher Name	**Wissenschaftlicher Name**	**Deutscher Name**	**Wissenschaftlicher Name**
Ginster, Färber-	*Genista tinctoria*	Alexis-Bläuling Faulbaum-Bläuling	*Glaucopsyche alexis* *Celastrina argiolus*
Glatthafer	*Arrhenatherum elatius*	Waldbrettspiel	*Pararge aegeria*
Goldregen	*Laburnum anagyroides*	Ginster-Bläuling	*Plebejus idas*
Hartriegel, Blutroter	*Cornus sanguinea*	Faulbaum-Bläuling Grüner Zipfelfalter	*Celastrina argiolus* *Callophrys rubi*
Hasel	*Corylus avellana*	C-Falter Nierenfleck-Zipfelfalter	*Nymphalis c-album* *Thecla betulae*
Hauhechel, Dornige	*Ononis spinosa*	Hauhechel-Bläuling	*Polyommatus icarus*
Hauhechel, Kriechende	*Ononis repens*	Hauhechel-Bläuling	*Polyommatus icarus*
Heckenkirsche, Rote	*Lonicera xylosteum*	Blauschwarzer Eisvogel Kleiner Eisvogel	*Limenitis reducta* *Limenitis camilla*
Heidekraut	*Calluna vulgaris*	Faulbaum-Bläuling Geißklee-Bläuling Ginster-Bläuling	*Celastrina argiolus* *Plebejus argus* *Plebejus idas*
Heidelbeere	*Vaccinium myrtillus*	Grüner Zipfelfalter	*Callophrys rubi*
Himbeere	*Rubus idaeus*	Brombeer-Perlmutterfalter Grüner Zipfelfalter Kleiner Würfel-Dickkopffalter Magerrasen-Perlmutterfalter	*Brenthis daphne* *Callophrys rubi* *Pyrgus malvae* *Boloria dia*
Honiggras, Wolliges	*Holcus lanatus*	Gelbwürfeliger Dickkopffalter Waldbrettspiel	*Carterocephalus palaemon* *Pararge aegeria*
Hopfen	*Humulus lupulus*	Faulbaum-Bläuling Kleiner Fuchs	*Celastrina argiolus* *Nymphalis urticae*
Hopfenklee	*Medicago lupulina*	Hauhechel-Bläuling Weißklee-Gelbling	*Polyommatus icarus* *Colias hyale*
Hornklee, Gewöhnlicher	*Lotus corniculatus*	Dunkler Dickkopffalter Geißklee-Bläuling Ginster-Bläuling Hauhechel-Bläuling Kurzschwänziger Bläuling Leguminosen-Weißling	*Erynnis tages* *Plebejus argus* *Plebejus idas* *Polyommatus icarus* *Cupido argiades* *Leptidea sinapis*

Pflanzenart		Tagfalterart	
Deutscher Name	**Wissenschaftlicher Name**	**Deutscher Name**	**Wissenschaftlicher Name**
Hornklee, Gewöhnlicher	*Lotus corniculatus*	Reals Schmalflügel-Weißling	*Leptidea reali*
		Wander-Gelbling	*Colias croceus*
		Weißklee-Gelbling	*Colias hyale*
Hornklee, Sumpf-	*Lotus uliginosus*	Dunkler Dickkopffalter	*Erynnis tages*
		Hauhechel-Bläuling	*Polyommatus icarus*
		Kurzschwänziger Bläuling	*Cupido argiades*
Hufeisenklee	*Hippocrepis comosa*	Dunkler Dickkopffalter	*Erynnis tages*
		Geißklee-Bläuling	*Plebejus argus*
		Hauhechel-Bläuling	*Polyommatus icarus*
		Himmelblauer Bläuling	*Polyommatus bellargus*
		Hufeisenklee-Gelbling	*Colias alfacariensis*
		Silbergrüner Bläuling	*Polyommatus coridon*
		Wander-Gelbling	*Colias croceus*
		Weißklee-Gelbling	*Colias hyale*
Johannisbeere	*Ribes rubrum*	C-Falter	*Nymphalis c-album*
Kapuzinerkresse	*Tropaeolum majus*	Großer Kohl-Weißling	*Pieris brassicae*
Kirsche, Felsen-	*Prunus mahaleb*	Segelfalter	*Iphiclides podalirius*
Kirschen-Arten	*Prunus* spec.	Baum-Weißling	*Aporia crataegi*
		Großer Fuchs	*Nymphalis polychloros*
		Nierenfleck-Zipfelfalter	*Thecla betulae*
Klappertopf, Kleiner	*Rhinanthus minor*	Ehrenpreis-Scheckenfalter	*Melitaea aurelia*
		Östlicher Scheckenfalter	*Melitaea britomartis*
Klee, Faden-	*Trifolium dubium*	Hauhechel-Bläuling	*Polyommatus icarus*
Klee, Feld-	*Trifolium campestre*	Ginster-Bläuling	*Plebejus idas*
Klee, Hasen-	*Trifolium arvense*	Hauhechel-Bläuling	*Polyommatus icarus*
Klee, Rot-	*Trifolium pratense*	Kurzschwänziger Bläuling	*Cupido argiades*
		Rotklee-Bläuling	*Cyaniris semiargus*
		Weißklee-Gelbling	*Colias hyale*
Klee, Weiß-	*Trifolium repens*	Hauhechel-Bläuling	*Polyommatus icarus*
		Weißklee-Gelbling	*Colias hyale*
Klee, Zickzack-	*Trifolium medium*	Rotklee-Bläuling	*Cyaniris semiargus*
Knabenkraut, Steifblättriges	*Dactylorhiza incarnata*	Mädesüß-Perlmutterfalter	*Brenthis ino*
Knäuelgras, Wald-	*Dactylis polygama*	Waldbrettspiel	*Pararge aegeria*

Pflanzenart		Tagfalterart	
Deutscher Name	**Wissenschaftlicher Name**	**Deutscher Name**	**Wissenschaftlicher Name**
Knäuelgras, Wiesen-	*Dactylis glomerata*	Gelbwürfeliger Dickkopffalter Rostfarbiger Dickkopffalter	*Carterocephalus palaemon* *Ochlodes sylvanus*
Knäuelgras-Arten	*Dactylis* spec.	Braunkolbiger Braun-Dickkopffalter	*Thymelicus sylvestris*
Knoblauchsrauke	*Alliaria petiolata*	Aurorafalter	*Anthocharis cardamines*
Kohl-Arten	*Brassica* spec.	Großer Kohl-Weißling Kleiner Kohl-Weißling	*Pieris brassicae* *Pieris rapae*
Königskerze, Mehlige	*Verbascum lychnitis*	Roter Scheckenfalter	*Melitaea didyma*
Königskerzen-Arten	*Verbascum* spec.	Roter Scheckenfalter	*Melitaea didyma*
Kratzdistel-Arten	*Cirsium* spec.	Distelfalter	*Vanessa cardui*
Kresse, Virginische	*Lepidium virginicum*	Reseda-Weißling	*Pontia edusa*
Kreuzdorn, Echter	*Rhamnus cathartica*	Faulbaum-Bläuling Kreuzdorn-Zipfelfalter Zitronenfalter	*Celastrina argiolus* *Satyrium spini* *Gonepteryx rhamni*
Kronwicke, Bunte	*Securigera varia*	Alexis-Bläuling Dunkler Dickkopffalter Geißklee-Bläuling Hauhechel-Bläuling Himmelblauer Bläuling Hufeisenklee-Gelbling Kronwicken-Bläuling Leguminosen-Weißling Reals Schmalflügel-Weißling Silbergrüner Bläuling Wander-Gelbling Weißklee-Gelbling Zahnflügel-Bläuling	*Glaucopsyche alexis* *Erynnis tages* *Plebejus argus* *Polyommatus icarus* *Polyommatus bellargus* *Colias alfacariensis* *Plebejus argyrognomon* *Leptidea sinapis* *Leptidea reali* *Polyommatus coridon* *Colias croceus* *Colias hyale* *Polyommatus daphnis*
Kümmel, Wiesen-	*Carum carvi*	Schwalbenschwanz	*Papilio machaon*
Leinkraut, Gewöhnliches	*Linaria vulgaris*	Roter Scheckenfalter	*Melitaea didyma*
Lerchensporn-Arten	*Corydalis* spec	Schwarzer Apollofalter	*Parnassius mnemosyne*
Lieschgras, Wiesen-	*Phleum pratense*	Gelbwürfeliger Dickkopffalter Rostfarbiger Dickkopffalter	*Carterocephalus palaemon* *Ochlodes sylvanus*
Lieschgras-Arten	*Phleum* spec.	Rotbraunes Ochsenauge	*Maniola tithonus*

Pflanzenart		Tagfalterart	
Deutscher Name	**Wissenschaftlicher Name**	**Deutscher Name**	**Wissenschaftlicher Name**
Liguster	*Ligustrum vulgare*	Faulbaum-Bläuling	*Celastrina argiolus*
Luzerne	*Medicago sativa*	Alexis-Bläuling	*Glaucopsyche alexis*
		Faulbaum-Bläuling	*Celastrina argiolus*
		Hauhechel-Bläuling	*Polyommatus icarus*
		Kurzschwänziger Bläuling	*Cupido argiades*
		Östlicher Gelbling	*Colias erate*
		Wander-Gelbling	*Colias croceus*
		Weißklee-Gelbling	*Colias hyale*
Luzerne, Sichel-	*Medicago falcata*	Alexis-Bläuling	*Glaucopsyche alexis*
		Hauhechel-Bläuling	*Polyommatus icarus*
		Leguminosen-Weißling	*Leptidea sinapis*
		Reals Schmalflügel-Weißling	*Leptidea reali*
Mädesüß, Echtes	*Filipendula ulmaria*	Faulbaum-Bläuling	*Celastrina argiolus*
		Kleiner Würfel-Dickkopffalter	*Pyrgus malvae*
		Mädesüß-Perlmutterfalter	*Brenthis ino*
Malve, Moschus-	*Malva moschata*	Malven-Dickkopffalter	*Carcharodus alceae*
Malve, Rosen-	*Malva alcea*	Malven-Dickkopffalter	*Carcharodus alceae*
Malve, Weg-	*Malva neglecta*	Malven-Dickkopffalter	*Carcharodus alceae*
Meerkohl	*Crambe maritima*	Großer Kohl-Weißling	*Pieris brassicae*
Möhre, Wilde	*Daucus carota*	Schwalbenschwanz	*Papilio machaon*
Moosbeere	*Vaccinium macrocarpon*	Hochmoor-Bläuling	*Plebejus optilete*
		Hochmoor-Perlmutterfalter	*Boloria aquilonaris*
Odermennig, Kleiner	*Agrimonia eupatoria*	Kleiner Würfel-Dickkopffalter	*Pyrgus malvae*
Pappel, Hybrid-	*Populus × canadensis*	Großer Schillerfalter	*Apatura iris*
Pappel, Schwarz-	*Populus nigra*	Großer Eisvogel	*Limenitis populi*
		Kleiner Schillerfalter	*Apatura ilia*
Pappel, Zitter-	*Populus tremula*	Großer Eisvogel	*Limenitis populi*
		Kleiner Schillerfalter	*Apatura ilia*
Petersilie	*Petroselinum crispum*	Schwalbenschwanz	*Papilio machaon*
Pfeifengras, Blaues	*Molinia caerulea*	Blaukernauge	*Minois dryas*
		Gelbwürfeliger Dickkopffalter	*Carterocephalus palaemon*
		Großes Wiesenvögelchen	*Coenonympha tullia*

Pflanzenart		Tagfalterart	
Deutscher Name	**Wissenschaftlicher Name**	**Deutscher Name**	**Wissenschaftlicher Name**
Pfeifengras, Blaues	*Molinia caerulea*	Spiegelfleck-Dickkopffalter	*Heteropterus morpheus*
		Weißbindiger Bergwald-Mohrenfalter	*Erebia euryale*
		Weißbindiger Mohrenfalter	*Erebia ligea*
Pfeifengras, Rohr-	*Molinia arundinacea*	Gelbwürfeliger Dickkopffalter	*Carterocephalus palaemon*
		Waldbrettspiel	*Pararge aegeria*
Pflaumen-Arten	*Prunus* spec.	Baum-Weißling	*Aporia crataegi*
		Nierenfleck-Zipfelfalter	*Thecla betulae*
Pimpinelle, Kleine	*Pimpinella saxifraga*	Schwalbenschwanz	*Papilio machaon*
Platterbse, Wiesen-	*Lathyrus pratensis*	Vogelwicken-Bläuling	*Polyommatus amandus*
Porst, Sumpf-	*Ledum palustre*	Grüner Zipfelfalter	*Callophrys rubi*
Preiselbeere	*Vaccinium vitis-idaea*	Grüner Zipfelfalter	*Callophrys rubi*
Primel, Wald-	*Primula elatior*	Schlüsselblumen-Würfelfalter	*Hamearis lucina*
Quecke, Hunds-	*Elymus caninus*	Waldbrettspiel	*Pararge aegeria*
Quecke, Kriechende	*Elymus repens*	Mattscheckiger Braun-Dickkopffalter	*Thymelicus acteon*
		Schwarzkolbiger Braun-Dickkopffalter	*Thymelicus lineola*
		Waldbrettspiel	*Pararge aegeria*
Rauschbeere	*Vaccinium uliginosum*	Grüner Zipfelfalter	*Callophrys rubi*
		Hochmoor-Bläuling	*Plebejus optilete*
		Hochmoor-Gelbling	*Colias palaeno*
Reiherschnabel, Gewöhnlicher	*Erodium cicutarium*	Kleiner Sonnenröschen-Bläuling	*Polyommatus agestis*
Reitgras, Land-	*Calamagrostis epigejos*	Blaukernauge	*Minois dryas*
		Gelbwürfeliger Dickkopffalter	*Carterocephalus palaemon*
		Graubindiger Mohrenfalter	*Erebia aethiops*
		Rostfarbiger Dickkopffalter	*Ochlodes sylvanus*
		Schwarzkolbiger Braun-Dickkopffalter	*Thymelicus lineola*
		Wald-Wiesenvögelchen	*Coenonympha hero*
		Waldbrettspiel	*Pararge aegeria*

Pflanzenart		Tagfalterart	
Deutscher Name	**Wissenschaftlicher Name**	**Deutscher Name**	**Wissenschaftlicher Name**
Reitgras, Sumpf-	*Calamagrostis canescens*	Spiegelfleck-Dickkopffalter	*Heteropterus morpheus*
		Gold-Dickkopffalter	*Carterocephalus silvicolus*
		Waldbrettspiel	*Pararge aegeria*
Reitgras-Arten	*Calamagrostis* spec.	Weißbindiger Bergwald-Mohrenfalter	*Erebia euryale*
		Weißbindiger Mohrenfalter	*Erebia ligea*
Resede	*Reseda* spec.	Reseda-Weißling	*Pontia edusa*
Rispengras, Gewöhnliches	*Poa trivialis*	Waldbrettspiel	*Pararge aegeria*
Rispengras, Hain-	*Poa nemoralis*	Waldbrettspiel	*Pararge aegeria*
Rispengras, Wiesen-	*Poa pratensis*	Kleines Wiesenvögelchen	*Coenonympha pamphilus*
Rispengras-Arten	*Poa* spec.	Braunkolbiger Braun-Dickkopffalter	*Thymelicus sylvestris*
Sauerampfer, Großer	*Rumex acetosa*	Brauner Feuerfalter	*Lycaena tityrus*
		Dukaten-Feuerfalter	*Lycaena virgaureae*
		Kleiner Feuerfalter	*Lycaena phlaeas*
		Lilagold-Feuerfalter	*Lycaena hippothoe*
		Violetter Feuerfalter	*Lycaena alciphron*
Sauerampfer, Kleiner	*Rumex acetosella*	Brauner Feuerfalter	*Lycaena tityrus*
		Dukaten-Feuerfalter	*Lycaena virgaureae*
		Kleiner Feuerfalter	*Lycaena phlaeas*
		Lilagold-Feuerfalter	*Lycaena hippothoe*
		Violetter Feuerfalter	*Lycaena alciphron*
Schaumkraut, Wiesen-	*Cardamine pratensis*	Aurorafalter	*Anthocharis cardamines*
Schlehe	*Prunus spinosa*	Kleiner Schlehen-Zipfelfalter	*Satyrium acaciae*
		Nierenfleck-Zipfelfalter	*Thecla betulae*
		Pflaumen-Zipfelfalter	*Satyrium pruni*
		Segelfalter	*Iphiclides podalirius*
Schlüsselblume, Frühlings-	*Primula veris*	Schlüsselblumen-Würfelfalter	*Hamearis lucina*
Schmiele, Draht-	*Deschampsia flexuosa*	Gelbbindiger Mohrenfalter	*Erebia meolans*
Schmiele, Rasen-	*Deschampsia cespitosa*	Großes Wiesenvögelchen	*Coenonympha tullia*
		Wald-Wiesenvögelchen	*Coenonympha hero*

Pflanzenart		Tagfalterart	
Deutscher Name	**Wissenschaftlicher Name**	**Deutscher Name**	**Wissenschaftlicher Name**
Schneeball, Wolliger	*Viburnum lantana*	Grüner Zipfelfalter	*Callophrys rubi*
Schneebeere	*Symphoricarpos albus*	Kleiner Eisvogel	*Limenitis camilla*
Schwaden, Falt-	*Glyceria notata*	Waldbrettspiel	*Pararge aegeria*
Schwingel, Riesen-	*Festuca gigantea*	Waldbrettspiel	*Pararge aegeria*
Schwingel, Rot-	*Festuca rubra*	Blaukernauge	*Minois dryas*
		Braunauge	*Lasiommata maera*
		Großer Waldportier	*Hipparchia fagi*
		Kleines Wiesenvögelchen	*Coenonympha pamphilus*
		Komma-Dickkopffalter	*Hesperia comma*
		Weißbindiger Bergwald-Mohrenfalter	*Erebia euryale*
		Weißbindiger Mohrenfalter	*Erebia ligea*
		Rundaugen-Mohrenfalter	*Erebia medusa*
Schwingel, Schaf-	*Festuca ovina*	Berghexe	*Chazara briseis*
		Eisenfarbener Samtfalter	*Hipparchia statilinus*
		Kleiner Waldportier	*Hipparchia hermione*
		Komma-Dickkopffalter	*Hesperia comma*
		Mauerfuchs	*Lasiommata megera*
		Ockerbindiger Samtfalter	*Hipparchia semele*
		Rundaugen-Mohrenfalter	*Erebia medusa*
		Weißer Waldportier	*Brintesia circe*
Segge, Sumpf-	*Carex acutiformis*	Blaukernauge	*Minois dryas*
Segge, Wald-	*Carex sylvatica*	Waldbrettspiel	*Pararge aegeria*
Segge, Weiße	*Carex alba*	Blaukernauge	*Minois dryas*
Segge, Winkel-	*Carex remota*	Wald-Wiesenvögelchen	*Coenonympha hero*
Seggen-Arten	*Carex* spec.	Gelbringfalter	*Lopinga achine*
		Blaukernauge	*Minois dryas*
Silbergras	*Corynephorus canescens*	Eisenfarbener Samtfalter	*Hipparchia statilinus*
		Komma-Dickkopffalter	*Hesperia comma*
		Ockerbindiger Samtfalter	*Hipparchia semele*

Pflanzenart		**Tagfalterart**	
Deutscher Name	**Wissenschaftlicher Name**	**Deutscher Name**	**Wissenschaftlicher Name**
Skabiose, Tauben-	*Scabiosa columbaria*	Goldener Scheckenfalter	*Euphydryas aurinia*
Sonnenröschen, Gewöhnliches	*Helianthemum nummularium*	Kleiner Sonnenröschen-Bläuling	*Aricia agestis*
Sonnenröschen-Arten	*Helianthemum* spec.	Ginster-Bläuling	*Plebejus idas*
		Großer Sonnenröschen-Bläuling	*Aricia artaxerxes*
		Grüner Zipfelfalter	*Callophrys rubi*
		Sonnenröschen-Würfel-Dickkopffalter	*Pyrgus alveus*
Stachelbeere	*Ribes uva-crispa*	C-Falter	*Nymphalis c-album*
Steinklee, Echter	*Melilotus officinalis*	Alexis-Bläuling	*Glaucopsyche alexis*
Steinklee, Weißer	*Melilotus albus*	Alexis-Bläuling	*Glaucopsyche alexis*
		Faulbaum-Bläuling	*Celastrina argiolus*
Steinklee-Arten	*Melilotus* spec.	Ginster-Bläuling	*Plebejus idas*
Stiefmütterchen, Garten-	*Viola wittrockiana*	Kleiner Perlmutterfalter	*Issoria lathonia*
Storchschnabel, Blut-	*Geranium sanguineum*	Storchschnabel-Bläuling	*Aricia eumedon*
Storchschnabel, Schlitzblättriger	*Geranium dissectum*	Kleiner Sonnenröschen-Bläuling	*Aricia agestis*
Storchschnabel, Sumpf-	*Geranium palustre*	Storchschnabel-Bläuling	*Aricia eumedon*
Storchschnabel, Weicher	*Geranium molle*	Kleiner Sonnenröschen-Bläuling	*Aricia agestis*
Storchschnabel, Wiesen-	*Geranium pratense*	Kleiner Sonnenröschen-Bläuling	*Aricia agestis*
		Storchschnabel-Bläuling	*Aricia eumedon*
Storchschnabel, Zwerg-	*Geranium pusillum*	Kleiner Sonnenröschen-Bläuling	*Aricia agestis*
Strandhafer	*Ammophila arenaria*	Ockerbindiger Samtfalter	*Hipparchia semele*
Straußgras, Riesen-	*Agrostis gigantea*	Waldbrettspiel	*Pararge aegeria*
Straußgras, Rotes	*Agrostis capillaris*	Gelbbindiger Mohrenfalter	*Erebia meolans*
		Kleines Wiesenvögelchen	*Coenonympha pamphilus*
		Rostfarbiger Dickkopffalter	*Ochlodes sylvanus*
Straußgras, Weißes	*Agrostis stolonifera*	Kleines Wiesenvögelchen	*Coenonympha pamphilus*
		Waldbrettspiel	*Pararge aegeria*

Pflanzenart		Tagfalterart	
Deutscher Name	**Wissenschaftlicher Name**	**Deutscher Name**	**Wissenschaftlicher Name**
Straußgras-Arten	*Agrostis* spec.	Braunkolbiger Braun-Dickkopffalter	*Thymelicus sylvestris*
Straußgras-Arten	*Agrostis* spec.	Rotbraunes Ochsenauge	*Maniola tithonus*
Teufelsabbiss, Gewöhnlicher	*Succisa pratensis*	Goldener Scheckenfalter	*Euphydryas aurinia*
Thymian, Gewöhnlicher	*Thymus pulegioides*	Westlicher Quendel-Bläuling	*Scolitantides baton*
Thymian, Sand-	*Thymus serpyllum*	Östlicher Quendel-Bläuling	*Scolitantides schiffermuelleri*
Thymian-Arten	*Thymus* spec.	Thymian-Ameisenbläuling	*Phengaris arion*
Tragant, Esparsetten-	*Astragalus onobrychis*	Ginster-Bläuling	*Plebejus idas*
Tragant-Arten	*Astragalus* spec.	Alexis-Bläuling	*Glaucopsyche alexis*
Traubenkirsche	*Prunus padus*	Nierenfleck-Zipfelfalter	*Thecla betulae*
		Pflaumen-Zipfelfalter	*Satyrium pruni*
Traubenkirsche, Späte	*Prunus serotina*	Segelfalter	*Iphiclides podalirius*
Trespe, Aufrechte	*Bromus erectus*	Berghexe	*Chazara briseis*
		Blaukernauge	*Minois dryas*
		Graubindiger Mohrenfalter	*Erebia aethiops*
		Großer Waldportier	*Hipparchia fagi*
		Ockerbindiger Samtfalter	*Hipparchia semele*
		Rotbraunes Wiesenvögelchen	*Coenonympha glycerion*
		Rundaugen-Mohrenfalter	*Erebia medusa*
		Weißbindiger Bergwald-Mohrenfalter	*Erebia euryale*
		Weißbindiger Mohrenfalter	*Erebia ligea*
		Weißer Waldportier	*Brintesia circe*
Ulme, Berg-	*Ulmus glabra*	C-Falter	*Nymphalis c-album*
		Großer Fuchs	*Nymphalis polychloros*
		Ulmen-Zipfelfalter	*Satyrium w-album*
Ulme, Feld-	*Ulmus minor*	C-Falter	*Nymphalis c-album*
		Großer Fuchs	*Nymphalis polychloros*
		Ulmen-Zipfelfalter	*Satyrium w-album*
Ulme, Flatter-	*Ulmus laevis*	C-Falter	*Nymphalis c-album*

Pflanzenart		Tagfalterart	
Deutscher Name	**Wissenschaftlicher Name**	**Deutscher Name**	**Wissenschaftlicher Name**
Ulme, Flatter-	*Ulmus laevis*	Großer Fuchs	*Nymphalis polychloros*
		Ulmen-Zipfelfalter	*Satyrium w-album*
Veilchen, Hunds-	*Viola canina*	Großer Perlmutterfalter	*Argynnis aglaja*
Veilchen, Rauhaariges	*Viola hirta*	Großer Perlmutterfalter	*Argynnis aglaja*
		Kaisermantel	*Argynnis paphia*
		Silberfleck-Perlmutterfalter	*Boloria euphrosyne*
Veilchen, Wald-	*Viola reichenbachiana*	Großer Perlmutterfalter	*Argynnis aglaja*
		Kaisermantel	*Argynnis paphia*
Veilchen, Wohlriechendes	*Viola odorata*	Feuriger Perlmutterfalter	*Argynnis adippe*
		Kaisermantel	*Argynnis paphia*
		Silberfleck-Perlmutterfalter	*Boloria euphrosyne*
Veilchen, Zweiblütiges	*Viola biflora*	Alpen-Perlmutterfalter	*Boloria thore*
Veilchen-Arten	*Viola* spec.	Braunscheckiger Perlmutterfalter	*Boloria selene*
		Feuriger Perlmutterfalter	*Argynnis adippe*
		Kleiner Perlmutterfalter	*Issoria lathonia*
		Magerrasen-Perlmutterfalter	*Boloria dia*
		Mittlerer Perlmutterfalter	*Argynnis niobe*
Wachtelweizen, Acker-	*Melampyrum arvense*	Roter Scheckenfalter	*Melitaea didyma*
Wachtelweizen-Arten	*Melampyrum* spec.	Ehrenpreis-Scheckenfalter	*Melitaea aurelia*
		Wachtelweizen-Scheckenfalter	*Melitaea athalia*
Wegerich, Breit-	*Plantago major*	Wegerich-Scheckenfalter	*Melitaea cinxia*
Wegerich, Mittlerer	*Plantago media*	Roter Scheckenfalter	*Melitaea didyma*
		Wegerich-Scheckenfalter	*Melitaea cinxia*
Wegerich, Spitz-	*Plantago lanceolata*	Ehrenpreis-Scheckenfalter	*Melitaea aurelia*

Pflanzenart		Tagfalterart	
Deutscher Name	**Wissenschaftlicher Name**	**Deutscher Name**	**Wissenschaftlicher Name**
Wegerich, Spitz-	*Plantago lanceolata*	Östlicher Scheckenfalter	*Melitaea britomartis*
		Roter Scheckenfalter	*Melitaea didyma*
		Wachtelweizen-Scheckenfalter	*Melitaea athalia*
		Wegerich-Scheckenfalter	*Melitaea cinxia*
		Westlicher Scheckenfalter	*Melitaea parthenoides*
Weide, Bruch-	*Salix fragilis*	Großer Schillerfalter	*Apatura iris*
Weide, Grau-	*Salix cinerea*	Großer Fuchs	*Nymphalis polychloros*
		Großer Schillerfalter	*Apatura iris*
Weide, Korb-	*Salix viminalis*	Großer Fuchs	*Nymphalis polychloros*
Weide, Ohr-	*Salix aurita*	Großer Schillerfalter	*Apatura iris*
Weide, Purpur-	*Salix purpurea*	Großer Schillerfalter	*Apatura iris*
Weide, Sal-	*Salix caprea*	C-Falter	*Nymphalis c-album*
		Großer Fuchs	*Nymphalis polychloros*
		Großer Schillerfalter	*Apatura iris*
		Kleiner Schillerfalter	*Apatura ilia*
Weide, Silber-	*Salix alba*	Großer Fuchs	*Nymphalis polychloros*
Weiden-Arten	*Salix* spec.	Großer Fuchs	*Nymphalis polychloros*
		Großer Schillerfalter	*Apatura iris*
		Trauermantel	*Nymphalis antiopa*
Weidelgras, Deutsches	*Lolium perenne*	Komma-Dickkopffalter	*Hesperia comma*
		Rotbraunes Ochsenauge	*Maniola tithonus*
Weiderich, Blut-	*Lythrum salicaria*	Faulbaum-Bläuling	*Celastrina argiolus*
Weißdorn-Arten	*Crataegus* spec.	Baum-Weißling	*Aporia crataegi*
Wicke, Rauhaarige	*Vicia hirsuta*	Weißklee-Gelbling	*Colias hyale*
Wicke, Viersamige	*Vicia tetrasperma*	Weißklee-Gelbling	*Colias hyale*
Wicke, Vogel-	*Vicia cracca*	Alexis-Bläuling	*Glaucopsyche alexis*
		Leguminosen-Weißling	*Leptidea sinapis*
		Reals Schmalflügel-Weißling	*Leptidea reali*
		Vogelwicken-Bläuling	*Polyommatus amandus*
		Weißklee-Gelbling	*Colias hyale*
Wiesenknopf, Großer	*Sanguisorba officinalis*	Dunkler Wiesenknopf-Ameisenbläuling	*Phengaris nausithous*
		Heller Wiesenknopf-Ameisenbläuling	*Phengaris teleius*

Pflanzenart		Tagfalterart	
Deutscher Name	**Wissenschaftlicher Name**	**Deutscher Name**	**Wissenschaftlicher Name**
Wisenknopf, Großer	*Sanguisorba officinalis*	Mädesüß-Perlmutterfalter	*Brenthis ino*
Wiesenknopf, Kleiner	*Sanguisorba minor*	Kleiner Würfel-Dickkopffalter	*Pyrgus malvae*
Wiesenknopf, Kleiner	*Sanguisorba minor*	Roter Würfel-Dickkopffalter	*Spialia sertorius*
Wiesenknöterich, Schlangen-	*Bistorta officinalis*	Blauschillernder Feuerfalter	*Lycaena helle*
		Natterwurz-Perlmutterfalter	*Boloria titania*
		Randring-Perlmutterfalter	*Boloria eunomia*
Wundklee, Gewöhnlicher	*Anthyllis vulneraria*	Ginster-Bläuling	*Plebejus idas*
		Wundklee-Bläuling	*Polyommatus dorylas*
		Zwerg-Bläuling	*Cupido minimus*
Zahntrost, Gelber	*Odontites lutea*	Roter Scheckenfalter	*Melitaea didyma*
Ziest, Aufrechter	*Stachys recta*	Roter Scheckenfalter	*Melitaea didyma*
Ziest, Heil-	*Stachys officinalis*	Heilziest-Dickkopffalter	*Carcharodus flocciferus*
Zwenke, Fieder-	*Brachypodium pinnatum*	Gelbringfalter	*Lopinga achine*
		Gelbwürfeliger Dickkopffalter	*Carterocephalus palaemon*
		Graubindiger Mohrenfalter	*Erebia aethiops*
		Mattscheckiger Braun-Dickkopffalter	*Thymelicus acteon*
		Mauerfuchs	*Lasiommata megera*
		Rostfarbiger Dickkopffalter	*Ochlodes sylvanus*
		Waldbrettspiel	*Pararge aegeria*
Zwenke, Wald-	*Brachypodium sylvaticum*	Waldbrettspiel	*Pararge aegeria*

Anhang

Literatur

Zitierte Arbeiten und weiterführende Literatur

BINK, F. A. (1992): Ecologische Atlas van de Dagvlinders van Noordwest-Europa. – Schuyt, Haarlem.

EBERT, G. & RENNWALD, E. (1991): Die Schmetterlinge Baden-Württembergs. Band 1 und 2: Tagfalter I und II. – Ulmer, Stuttgart.

FRIC, Z., WAHLBERG, N., PECH, P. & ZRZAVÝ, J. (2007): Phylogeny and classification of the *Phengaris – Maculinea* clade (Lepidoptera: Lycaenidae): total evidence and phylogenetic species concepts. – Sys. Entomol. 32: 558–567.

HERMANN, G. (2007): Tagfalter suchen im Winter/ Searching for Butterflies in Winter: Zipfelfalter, Schillerfalter und Eisvögel/Hairstreaks, Purple Emperors, Poplar Admiral & White Admirals. – Books on Demand GmbH. 228 S.

KÜHN, E., FELDMANN, R., HARPKE, A., HIRNEISEN, N., MUSCHE, M., LEOPOLD, P. & SETTELE, J. (2008): Getting the public involved into butterfly conservation – Lessons learned from a new monitoring scheme in Germany. – Israel Journal of Ecology and Evolution. 54: 89–104.

LAFRANCHIS, T. (2004): Butterflies of Europe. – Diatheo, Paris.

LEOPOLD, P. (2004): Arbeitskreis Tagfalter-Monitoring Nordrhein-Westfalen. – LÖBF-Mitteilungen 2/2004: 51.

LÖBF (1997): Praxishandbuch Schmetterlingsschutz. – LÖBF-Reihe Artenschutz, Band 1. Recklinghausen.

POLLARD, E. & YATES, T. J. (1993): Monitoring Butterflies for Ecology and Conservation. – Chapman & Hall, London.

SBN Schweizerischer Bund für Naturschutz (1991): Tagfalter und ihre Lebensräume. 3. Aufl. – Fotorotar, Egg.

SBN (Pro Natura – Schweizerischer Bund für Naturschutz; 1997): Schmetterlinge und ihre Lebensräume. Band 2. – Fotorotar, Egg.

SETTELE, J., R. FELDMANN & REINHARDT, R. (Hrsg., 2000): Die Tagfalter Deutschlands. – Ulmer, Stuttgart.

SETTELE, J., KÜHN, E. & THOMAS, J. A. (2005): Studies on the Ecology and Conservation of Butterflies in Europe, Vol. 2: Species Ecology along a European Gradient: Maculinea butterflies as a Model. – Pensoft, Sofia/Moscow. 289pp.

SETTELE, J., KUDRNA, O., HARPKE, A., KÜHN, I., VAN SWAAY, C., VEROVNIK, R., WARREN, M., WIEMERS, M., HANSPACH, J., HICKLER, T., KÜHN, E., VAN HALDER, I., VELING, K., VLIEGENTHART, A., WYNHOFF, I., & SCHWEIGER, O. (2008): Climatic Risk Atlas of European Butterflies. – Bio Risk 1: 1-710 (Special Issue). Pensoft, Sofia/Moscow.

STETTMER, C., BRÄU, M., GROS, P. & WANNINGER, O. (2006): Die Tagfalter Bayerns und Österreichs. – Bayerische Akademie für Naturschutz und Landschaftspflege (ANL) [Hrsg.]. 240 S.

WEIDEMANN, H. J. (1995): Tagfalter beobachten, bestimmen. – Naturbuch, Augsburg.

Angaben zu den Roten Listen

BOLZ, R. & GEYER, A. (2004): Rote Liste gefährdeter Tagfalter (Lepidoptera: Rhopalocera) Bayerns. In: Rote Liste gefährdeter Tierarten **Bayerns**. – Schriftenreihe Bayerisches Landesamt für Umweltschutz 166: 217–222.

CASPARI, S. & ULRICH, R. (2008): Rote Liste der gefährdeten Tagfalter (Rhopalocera und Hesperiidae) und Widderchen (Zygaenidae) des **Saarlandes**. – Ministerium für Umwelt und Delattinia (Hrsg.): Rote Liste gefährdeter Pflanzen und Tiere des Saarlandes, Atlantenreihe Band 4. – Saarbrücken.

DUDLER, H., KINKLER, H., LECHNER, R., RETZLAFF, H., SCHMITZ, W. & SCHUMACHER, H. (1999): Rote Liste der gefährdeten Schmetterlinge (Lepidoptera) in **Nordrhein-Westfalen**. 3. Fassung mit Artenverzeichnis. – Schriftenreihe der Landesanstalt für Ökologie, Bodenordnung und Forsten/Landesamt für Agrarordnung 17: 575–626 (4. Fassung in Vorb. – JELINEK, K.-H. et al.).

EBERT, G., HOFMANN, A., MEINEKE, J.-U., STEINER, A. & TRUSCH, R. (2005): Rote Liste der Schmetterlinge (Macrolepidoptera) **Baden-Württembergs** (3. Fassung). In: Ebert, G. (Hrsg.): Die Schmetterlinge Baden-Württembergs. Band 10: Ergänzungsband. S. 110–133. – Ulmer, Stuttgart.

GELBRECHT, J., EICHSTÄDT, D., GÖRITZ, U., KALLIES, A., KÜHNE, L., RICHERT, A., RÖDEL, I., SOBCZYK, T. & WEIDLICH, M. (2001): Gesamtartenliste und Rote Liste der Schmetterlinge („Macrolepidoptera“) des Landes **Brandenburg**. – Naturschutz und Landschaftspflege in Brandenburg, Beilage zu Heft 3.

GERSTBERGER, M., STIESY, L., THEIMER, F. & WOELKY, M. (1991): Standardliste und Rote Liste der Schmetterlinge von **Berlin** (West): Großschmetterlinge und Zünsler. In: Rote Listen der gefährdeten Pflanzen und Tiere in Berlin. – Landschaftsentwicklung und Umweltforschung S 6: 207–218.

KOLLIGS, D. (1998): Rote Liste der Tagfalter **Schleswig-Holsteins**. – Kiel 1998.

LANGE, A. C. & BROCKMANN, E. (2008): Rote Liste (Gefährdungsabschätzung) der Tagfalter (Lepidoptera: Rhopalocera) **Hessens**. Dritte Fassung, Stand 06.04.2008. Zusammengestellt im Auftrag des Hessischen Ministeriums für Umwelt, Landwirtschaft und Verbraucherschutz im Namen der Arbeitsgemeinschaft Hessischer Lepidopterologen. – Manuskript.

LOBENSTEIN, U. (2004): Rote Liste der in **Niedersachsen** und **Bremen** gefährdeten Großschmetterlinge mit Gesamtartenverzeichnis. 2. Fassung, Stand 1.8.2004. – Informationsdienst Naturschutz Niedersachsen 24 (3): 165–196.

REINHARDT, R. (2008): Rote Liste Tagfalter – Freistaat **Sachsen**. – Materialien zu Naturschutz und Landschaftspflege. Dresden.

REINHARDT, R. & BOLZ, R. (2008/2009): Rote Liste Tagfalter der **Bundesrepublik Deutschland**. – In: Rote Liste gefährdeter Tierarten – Wirbellose. – Naturschutz und Biologische Vielfalt (in Vorbereitung).

SCHMIDT, A. et al. (2008): Die Grosschmetterlinge (Macrolepidoptera s. l.) des Landes **Rheinland-Pfalz**, Standard-Faunenliste mit integrierter Roter Liste, Entwurf (Stand 1.5.2008), Mainz/Koblenz.

SCHMIDT, P., SCHÖNBORN, C., HÄNDEL, J., KARISCH, T., KELLNER, J. & STADIE, D. (2004): Rote Liste der Schmetterlinge (Lepidoptera) des Landes **Sachsen-Anhalt** (2. Fassung, Stand: Februar 2004). – Berichte des Landesamtes für Umweltschutz Sachsen-Anhalt 39: 388–402.

STÜBINGER, R. (1989): Rote Liste der gefährdeten Großschmetterlinge in **Hamburg**. – Naturschutz und Landschaftspflege Hamburg 28.

THUST, R., KUNA, G., FRIEDRICH, E. & ROMMEL, R.-P. (2001): Rote Liste der Tagfalter (Lepidoptera: Papilionidea et Hesperioidea) **Thüringens.** – Naturschutzreport 18: 216–219.

WACHLIN, V., DEUTSCHMANN, U., KALLIES, A. & TABBERT, H. (1993): Rote Liste der gefährdeten Tagfalter **Mecklenburg-Vorpommerns.** Schwerin.

Danksagung

Ein herzliches Dankeschön geht an alle Freunde und Kollegen, die zum Gelingen des Werkes beigetragen haben. Insbesondere wollen wir uns für die zum Teil sehr schnelle Reaktion auf unsere Anfrage nach Bildern noch fehlender Arten bedanken bei: Albert Vliegenthart, Andreas Nunner, Bernhard Jost, Chris van Swaay, David Jutzeler, Detlef Kolligs, Eddie John, Erwin Rennwald, Helmut Höttinger, Heiner Ziegler, Jeroen Mentens, Josef Pennerstorfer, Jürgen Trautner, Karl-Heinz Salpeter, Kars Veling, Martin Albrecht, Matthias Dolek, Michael Rommel, Niels Anthes, Otakar Kudrna, Patrick Gros, Ralf Bolz, Rudolf Bryner, Rudolf Thust, Ted Benton, Thomas Schmitt, Thomas Sobczyk und Valérie Goethals. Auch wenn wir letztlich nicht alle Fotos verwenden konnten, hat uns die Bereitschaft zu schneller Unterstützung sehr weitergeholfen!

Für die Anfertigung der Zeichnungen bedanken wir uns bei Doris Böhme, Ewa Sliwinska, Helmuth Flubacher und Gerhard Raschpichler. Für die Anfertigung der Farbtafeln bei Christoph Sandig.

Für konstruktive Kommentare und andere Hilfestellungen bedanken wir uns des Weiteren bei Andreas C. Lange, Alexander Harpke, Axel Schmidt, Dirk Maes, Elisabeth Kühn, Erwin Rennwald, Jörg Gelbrecht, Jürgen Hensle, Karl-Hein Jelinek, Noah Feldmann, Rainer Ulrich, Roger Dennis, Steffen Caspari und Thomas Fartmann.

Für die Bereitstellung der Sammlungstiere des Tafelteils geht unserer besonderer Dank an das Pfalzmuseum für Naturkunde, das Entomologische Museum Ulf Eitschberger, das Naturkundemuseum Leipzig sowie an Wolfgang Seufert und Martin Brändle.

Ganz besonders möchten wir noch die intensive und sehr gute Betreuung durch den Ulmer Verlag hervorheben und uns hierfür speziell bei Ina Vetter, Thomas Eisele, und Nadja Kneissler bedanken.

Dieses Buchprojekt wurde ideell oder auch materiell unterstützt durch das Helmholtz-Zentrum für Umweltforschung – UFZ (www.ufz.de), Butterfly Conservation Europe (www.bc-europe.eu), die Gesellschaft für Schmetterlingsschutz (GfS; www.european-butterflies.eu), die Aktion „Abenteuer Schmetterling“ (die vom ZDF, dem BUND e. V. und dem UFZ getragen wurde), sowie durch die EU-Projekte EuMon (www.EuMon.net; Förderkennzeichen: 006463-SSPI), MacMan (www.macman-project.de; Förderkennzeichen: EVK2-CT-2001-00126) und ALARM (www.alarmproject.net; Förderkennzeichen: GOCE-CT-2003-506675).

Register

Deutsche Falternamen

Abbildungen auf den Tafeln sind mit einem Stern* gekennzeichnet.

Wissenschaftliche Gattungs- und Artnamen

Abbildungen auf den Tafeln sind mit einem Stern* gekennzeichnet.

Anschriften der Autoren

PD Dr. Josef Settele
Helmholtz-Zentrum für Umweltforschung – UFZ
Department Biozönoseforschung
Theodor-Lieser-Str. 4
06120 Halle/Saale
E-Mail: Josef.Settele@ufz.de

Roland Steiner
Arbeitsgruppe für Tierökologie und Planung
Johann-Strauß-Str. 22
70794 Filderstadt
E-Mail: info@tieroekologie.de

Rolf Reinhardt
Burgstädter Str. 80a
09648 Mittweida
E-Mail: Reinhardt-mittw@t-online.de

Dr. Reinart Feldmann
Helmholtz-Zentrum für Umweltforschung – UFZ
Abt. Umweltbildung u. Veranstaltungen
Permoserstr. 15
04318 Leipzig
E-Mail: Reinart.Feldmann@ufz.de

Gabriel Hermann
Arbeitsgruppe für Tierökologie und Planung
Johann-Strauß-Str. 22
70794 Filderstadt
E-Mail: info@tieroekologie.de

Bildquellen

Fotos:
Roland Steiner mit Ausnahme der folgenden:
Adi Geyer: S. 57 (unten: Ei; unten: Falter), 135 (unten: Raupe); **Albert Vliegenthart**: S. 10 (*L. pirithous*); **Andreas Nunner**: S. 121 (oben: Falter); **Chris van Swaay**: S. 10 (*L. boeticus*); **David Jutzeler**: S. 63 (unten: Falter; unten: Raupe), 83 (unten: Raupe), 85 (oben: Raupe), 89 (unten: Falter), 113 (unten: Raupe), 115 (oben: Falter; oben: Raupe), 117 (oben: Eier), 121 (oben: Raupe), 123 (unten: Falter), 137 (oben: Raupe), 151 (oben: Raupe), 151 (unten: Raupe), 157 (unten: Falter), 159 (oben: kleines Bild), 161 (oben: Falter; oben: Raupen), 165 (unten: Raupe); **Erwin Rennwald**: S. 43 (oben: Raupe); **Josef Pennerstorfer**: S. 53 (unten: großes Bild), 83 (oben: Falter); **Jürgen Trautner**: S. 69 (unten: Eier), 85 (oben: Falter), 85 (unten: Raupe), 97 (unten: Falter), 99 (oben: Ei), 139 (unten: Raupe); **Kars Veling**: S. 31 (oben: Falter); **Martin Albrecht**: S. 31 (unten: Falter), 35 (oben: Falter), 37 (oben: Falter; oben: Raupe), 89 (unten: Ei und Raupe auf einem Bild); **Patrick Gros**: S. 31 (oben: Eiablagestelle); **Ralf Bolz**: S. 131 (unten: Jungraupengespinst), 137 (unten: Jungraupengespinst); **Rudolf Bryner**: S. 33 (oben: Falter), 35 (oben: Raupe), 39 (oben: Raupe); **Ted Benton**: S. 41 (oben: großes Bild); **Thomas Sobcyk**: S. 157 (unten: Raupe), 165 (unten: Falter); **Valérie Goethals**: S. 41 (oben: kleines Bild); **Christoph Sandig**: alle Farbtafeln (S. 172–231) und „Piktogramme" bei den Art-Texten; **Heiner Ziegler**: S. 61 (unten links), 178 (Mitte)

Zeichnungen:
Helmuth Flubacher: Vordere Umschlaginnenseite; Karte hintere Umschlaginnenseite nach Vorlagen von E. KÜHN und A. HARPKE
Ewa Sliwinska: S. 84
Doris Böhme: S. 30
Gerhard Raschpichler: alle übrigen Zeichnungen

Titelfoto: Himmelblauer Bläuling *Polyommatus bellargus*
Foto S. 2: Wald-Wiesenvögelchen *Coenonympha hero*
Foto S. 4: Brauner Feuerfalter *Lycaena tityrus*
Foto S. 24/25: Silbergrüner Bläuling *Polyommatus coridon*

Bibliografische Information der Deutschen Bibliothek
Die Deutsche Bibliothek verzeichnet diese Publikation in der Deutschen Nationalbibliografie; detaillierte bibliografische Daten sind im Internet über http://dnb.ddb.de abrufbar.

ISBN 3-8001-5898-0

Wollgrasweg 41, 70599 Stuttgart (Hohenheim)
E-Mail: info@ulmer.de
Internet: www.ulmer.de
Printed in Germany
Lektorat: Ina Vetter, Christine Schneider
Herstellung: Thomas Eisele
Satz: Dörr + Schiller GmbH, Stuttgart
Druck und Bindung: Offizin Andersen Nexö Leipzig GmbH, Zwenkau